"十三五"国家重点出版物出版规划项目
体系工程与装备论证系列丛书

U0174652

装备体系试验理论与技术

郭齐胜 彭文成 董志明 李亮 吴溪 等 著

电子工业出版社
Publishing House of Electronics Industry
北京 · BEIJING

内 容 简 介

本书分析了装备体系试验的军事需求和国内外研究现状，界定了装备体系试验的基本概念，总结了装备体系试验的特点与要求，阐述了装备体系试验原理与方法、组织实施与技术问题等基本理论和应用理论，探索了装备体系试验的设计基础、评估指标体系设计、想定设计、科目设计、环境设计、仿真系统设计，以及装备体系试验评估基础、装备作战效能试验评估、装备作战适用性试验评估、装备体系适用性评估和装备在役适用性评估等试验设计和试验评估技术，并结合具体实例给出装备作战试验和装备在役考核示例。

本书具有较强的创新性和实用性，可供从事装备试验鉴定工作的工程技术人员和管理人员使用，也可作为军队院校军事装备学相关专业的教材。

图书在版编目（CIP）数据

装备体系试验理论与技术 / 郭齐胜等著. —北京：电子工业出版社，2023.7
（体系工程与装备论证系列丛书）
ISBN 978-7-121-43461-7

Ⅰ. ①装…　Ⅱ. ①郭…　Ⅲ. ①武器装备－武器试验－研究　Ⅳ. ①TJ01

中国版本图书馆 CIP 数据核字（2022）第 080673 号

责任编辑：陈韦凯
文字编辑：李　然
印　　刷：北京虎彩文化传播有限公司
装　　订：北京虎彩文化传播有限公司
出版发行：电子工业出版社
　　　　　北京市海淀区万寿路 173 信箱　邮编 100036
开　　本：720×1 000　1/16　印张：26　字数：500 千字
版　　次：2023 年 7 月第 1 版
印　　次：2024 年 8 月第 4 次印刷
定　　价：98.00 元

凡所购买电子工业出版社图书有缺损问题，请向购买书店调换。若书店售缺，请与本社发行部联系，联系及邮购电话：（010）88254888，88258888。
质量投诉请发邮件至 zlts@phei.com.cn，盗版侵权举报请发邮件至 dbqq@phei.com.cn。
本书咨询联系方式：chenwk@phei.com.cn，（010）88254441。

体系工程与装备论证系列丛书
总　　序

1990 年，我国著名科学家和系统工程创始人钱学森先生发表了《一个科学新领域——开放的复杂巨系统及其方法论》一文。他认为，复杂系统组分数量众多，使得系统的整体行为相对于简单系统来说可能涌现出显著不同的性质。如果系统的组分种类繁多，具有层次结构，并且它们之间的关联方式又很复杂，就成为复杂巨系统；再如果复杂巨系统与环境进行物质、能量、信息的交换，接收环境的输入、干扰并向环境提供输出，并且具有主动适应和演化的能力，就要作为开放复杂巨系统对待了。在研究解决开放复杂巨系统问题时，钱学森先生提出了从定性到定量的综合集成方法，这是系统工程思想的重大发展，也可以看作对体系问题的先期探讨。

从系统研究到体系研究涉及很多问题，其中有 3 个问题应该首先予以回答：一是系统和体系的区别；二是平台化发展和体系化发展的区别；三是系统工程和体系工程的区别。下面先引用国内两位学者的研究成果讨论对前面两个问题的看法，然后再谈谈本人对后面一个问题的看法。

关于系统和体系的区别。有学者认为，体系是由系统组成的，系统是由组元组成的。不是任何系统都是体系，但是只要由两个组元构成且相互之间具有联系就是系统。系统的内涵包括组元、结构、运行、功能、环境，体系的内涵包括目标、能力、标准、服务、数据、信息等。系统最核心的要素是结构，体系最核心的要素是能力。系统的分析从功能开始，体系的分析从目标开始。系统分析的表现形式是多要素分析，体系分析的表现形式是不同角度的视图。对系统发展影响最大的是环境，对体系形成影响最大的是目标要求。系统强调组元的紧密联系，体系强调要素的松散联系。

关于平台化发展和体系化发展的区别。有学者认为，由于先进信息化技术的应用，现代作战模式和战场环境已经发生了根本性转变。受此影响，以美国为首的西方国家在新一代装备发展思路上也发生了根本性转变，逐渐实现了装备发展由平台化向体系化的过渡。1982 年 6 月，在黎巴嫩战争中，以色列和叙利亚在贝卡谷地展开了激烈空战。这次战役的悬殊战果对现代空战战法研究和空战武器装备发展有着多方面的借鉴意义，因为采用任何基于武器平台分析的指标进行衡量，都无法解释如此悬殊的战果。以色列空军各参战装备之间分工明确，形成了协调有效的进攻体系，是取胜的关键。自此以后，空战武器装备对抗由"平台对平台"向"体系对体系"进行转变。同时，一种全新的武器装备发展思路——"武器装备体系化发展思路"逐渐浮出水面。这里需要强调的是，武器装备体系概念并非始于贝卡谷地空战，当各种武器共同出现在同一场战争中执行不同的作战任务时，原始的武器装备体系就已形成，但是这种武器装备体系的形成是被动的；而武器装备体系化发展思路应该是一种以武器装备体系为研究对象和发展目标的武器装备发展思路，是一种现代装备体系建设的主动化发展思路。因此，武器装备体系化发展思路是相对于一直以来武器装备发展主要以装备平台更新为主的发展模式而言的。以空战装备为例，人们常说的三代战斗机、四代战斗机都基于平台化思路的发展和研究模式，是就单一装备的技术水平和作战性能进行评价的。可以说，传统的武器装备平台化发展思路是针对某类型武器平台，通过开发、应用各项新技术，研究制造新型同类产品以期各项性能指标超越过去同类产品的发展模式。而武器装备体系化发展的思路则是通过对未来战场环境和作战任务的分析，并对现有武器装备和相关领域新技术进行梳理，开创性地设计构建在未来一定时间内最易形成战场优势的作战装备体系，并通过对比现有武器装备的优势和缺陷来确定要研发的武器装备和技术。也就是说，其研究的目标不再是基于单一装备更新，而是基于作战任务判断和战法研究的装备体系构建与更新，是将武器装备发展与战法研究充分融合的全新装备发展思路，这也是美军近三十多年装备发展的主要思路。

关于系统工程和体系工程的区别，我感到，系统工程和体系工程之间存在着一种类似"一分为二、合二为一"的关系，具体体现为分析与综合的关系。数学分析中的微分法（分析）和积分法（综合），二者对立统一的关系是牛顿-莱布尼兹公式，它们构成数学分析中的主脉，解决了变量中的许多问题。系统工程中的"需求工程"（相当于数学分析中的微分法）和"体系工程"（相当于数学分析中的积分法），二者对立统一的关系就是钱学森的"从定性到定量综合集成研讨方法"（相当于数学分析中的牛顿-莱布尼兹公式）。它们构成系统工程中的主脉，解决和正在解决大量巨型复杂开放系统的问题，我们称之为"系统工程 Calculus"。

总之，武器装备体系是一类具有典型体系特征的复杂系统，体系研究已经超出了传统系统工程理论和方法的范畴，需要研究和发展体系工程，用来指导体系条件下的武器装备论证。

在系统工程理论方法中，系统被看作具有集中控制、全局可见、有层级结构的整体，而体系是一种松耦合的复杂大系统，已经脱离了原来以紧密层级结构为特征的单一系统框架，表现为一种显著的网状结构。近年来，含有大量无人自主系统的无人作战体系的出现使得体系架构的分布、开放特征愈加明显，正在形成以即联配系、敏捷指控、协同编程为特点的体系架构。以复杂适应网络为理论特征的体系，可以比单纯递阶控制的层级化复杂大系统具有更丰富的功能配系、更复杂的相互关系、更广阔的地理分布和更开放的边界。以往的系统工程方法强调必须明确系统目标和系统边界，但体系论证不再限于刚性的系统目标和边界，而是强调装备体系的能力演化，以及对未来作战样式的适应性。因此，体系条件下装备论证关注的焦点在于作战体系架构对体系作战对抗过程和效能的影响，在于武器装备系统对整个作战体系的影响和贡献率。

回顾 40 年前，钱学森先生在国内大力倡导和积极践行复杂系统研究，并在国防科学技术大学亲自指导和创建了系统工程与数学系，开办了飞行器系统工程和信息系统工程两个本科专业。面对当前我军武器装备体系发展和建设中的重大军事需求，由国防科学技术大学王维平教授担任主编，集结国内在武器装备体系分析、设计、试验和评估等方面具有理论创新和实践经验的部分专家学者，编写出版了"体系工程与装备论证系列丛书"。该丛书以复杂系统理论和体系思想为指导，紧密结合武器装备论证和体系工程的实践

活动，积极探索研究适合国情、军情的武器装备论证和体系工程方法，为武器装备体系论证、设计和评估提供理论方法和技术支撑，具有重要的理论价值和实践意义。我相信，该丛书的出版将为推动我军体系工程研究、提高我军体系条件下的武器装备论证水平做出重要贡献。

汪浩[①]

2020.9

---

① 汪老已于 2023 年 1 月 1 日仙逝，这是他生前为本丛书写的总序。

体系工程与装备论证系列丛书
编　委　会

《装备体系试验理论与技术》
著作者名单

（按姓氏笔画排序）

李　亮　　李巧丽　　吴　溪　　宋敬华　　张　宇

张子伟　　郭齐胜　　彭文成　　董志明　　蒲　玮

樊延平

前　言

　　武器装备（以下简称装备）体系化发展要求装备试验目的由"考性能"向"考效能"转变，试验环境由"标准化"向"实战化"转变，试验对象由"单装"向"体系"转变，试验方法由"实装试验为主"向"实装与仿真相结合的一体化试验"转变。为了综合体现装备试验的"四个转变"，作者在国内率先提出了"装备体系试验"的概念。随着军队领导机构改革调整落地，新的试验鉴定体制诞生，装备作战试验与在役考核成为全新的试验类型，需要新的试验理论指导和技术支持。作为军事装备学下的二级学科，传统的军事装备试验学难以满足装备体系化发展需求。因此，对"装备体系试验"的概念进行了修正：装备体系试验指为考核与评估装备（单装、系统或体系）的作战效能、作战适用性等，依据装备作战任务，在近似实战条件下，按照作战流程，成建制、成体系组织开展的试验活动，主要包括作战试验和在役考核两种类型。

　　体系试验是装备试验的发展方向和重点。近十年来，作者团队一直致力于装备体系试验理论与技术的研究，主持完成了十余项相关理论、技术与应用科研项目，从宏观和系统的角度对装备体系试验活动进行科学抽象和概括，并对试验过程进行一般性规律总结，形成了装备体系试验理论与技术成果，其中包括我军首部装备作战试验工作指南和首部装备在役考核工作指南，还有多项成果获原总装备部军事理论研究优秀成果奖。本书正是上述研究成果的系统总结，并在军事装备学研究生教学应用中进行了多轮应用与完善，旨在构建装备体系试验的理论与技术框架，系统回答"为什么、是什么、评什么、试什么、怎样试、怎样评"等装备体系试验关注的主要问题。本书分为理论篇、技术篇和应用篇。其中，理论篇由基本理论和应用理论组成；技术篇分为试验设计和试验评估两部分，试验设计的内容包括试验设计基础、评估指标体系设计、想定设计、科目设计、环境设计和仿真试验系统设计，试验评估的内容包括试验评估基础、作战效能评估、作战适用性评估、体系适用性评估（分为体系融合度评估和体系贡献率评估）及在役适用性评估；应用篇分为装备作战试验和在役考核示例。本书内容已经过大量应用实践检验，希望对推进我军装备体系试验发展具有理论意义与应用价值。

本书由郭齐胜设计框架并参与编写，其余参与编写的人员有彭文成、董志明、李亮、吴溪、樊延平、宋敬华、张宇、李巧丽、蒲玮和张子伟。在本书编写过程中得到了唐应恒主任、王凯教授、罗小明教授、易兵研究员、孟庆均博士、杨学会博士、刘中甽博士及张纬华工程师等的大力支持和帮助，在此一并表示感谢。书中存在的不妥之处，敬请批评指正。

郭齐胜

2022.12

目 录

理论篇

技术篇
（试验设计）

（试验评估）

应用篇

理论篇

第1章

装备体系试验概述

随着武器装备（以下简称装备）体系化发展，装备体系试验成为装备试验的重要内容。本章通过分析装备体系试验的军事需求和国内研究与国外发展现状，界定装备体系试验的概念，总结装备体系试验的特点和基本要求，为介绍装备体系试验理论与技术奠定基础。

1.1 装备体系试验军事需求

装备试验鉴定是装备建设决策的重要支撑，也是摸清装备效能底数、确保装备实战适用性和有效性的重要手段。我军在装备试验鉴定方面，存在不少短板或弱项，特别是体系化、实战化检验考核方面存在不足。

1.1.1 装备体系化发展对装备试验鉴定提出了"四个转变"要求

装备定型试验是检验装备是否达到设计需求的检验性试验，其目的是"交装备"。形势的发展迫切要求装备试验在验证装备性能效能底数、保障"交装备"的基础上，探寻装备作战运用规律，以形成装备运用、人员培训及装备携行标准等体系化作战运用成果，实现"交能力"的目标，并缩短新装备形成战斗力的周期。装备试验"交能力"迫切需要实现"四个转变"。

（1）试验目的由"考性能"向"考效能"转变。装备列装后，仍然会暴露出一些不适应作战使用要求的问题，如装备不好用、不耐用。究其原因，主要是过去我军装备技术状态的鉴定，侧重于装备的技术指标，而对装备的作战效能、作战适用性的检验和评价严重不足。这就要求既要考核性能，还要在体系中按照作战流程来考核装备的作战效能和作战适用性。

（2）试验环境由"标准化"向"实战化"转变。装备性能指标试验通常在标准条件下进行，而为了客观全面地评价装备的作战使用性能，装备试验必须在尽可能逼真的、接近实战的环境下进行。这就要求考核装备既要考核典型、理想条件下的指标，更要考核边界、极限、复杂条件下的指标，努力在近似实战的对抗环境中将装备性能底数摸清摸透，从而确保装备实战适用性。

（3）试验对象由"单装"向"体系"转变。传统的装备试验对象大多是具备独立作战能力的单装（单系统），而作战效能和适用性考核需在体系环境中完成，以体现装备体系化发展运用对装备提出的需求。这就要求试验对象由"单装"向"体系"转变，既要考核单装性能，更要考核装备体系作战效能。

（4）试验方法从"实装试验为主"向"实装与仿真相结合的一体化试验"转变。装备体系效能考核，采用实装试验法，其试验可信度高，但参加试验的装备（以下简称参试装备）规模难以满足成体系要求，且试验周期长、成本高，也难以实施破坏性试验；而采用仿真试验法，虽然安全、经济、高效，但试验可信度难以评估。采用实装与仿真相结合的一体化试验法，可综合实装试验与仿真试验的优点、克服二者的不足，成为装备体系试验方法的发展方向。

1.1.2　装备试验研究成果不能满足装备试验体制改革需求

2016 年，随着军队领导机构改革调整落地，新的试验鉴定体制诞生，全新增加了装备作战试验和在役考核的内容，因而有很多工作需要从头做起。一是理论上，装备作战试验和在役考核理论缺失、法规标准空白；二是方法上，作战试验和在役考核体系化、实战化的试验设计、数据采集和分析评估都缺乏有效方法指导；三是技术上，虚实结合的一体化仿真试验分布交互架构不成熟，导致实时性难以保证、虚实要素配置难以确定，以及异构系统难以快速柔性集成，制约了部分体系试验任务的开展；四是应用上，装备作战试验与在役考核试点任务全面展开，在组织实施上缺乏工作指导，影响了体系试验任务的有效展开。

1.1.3　装备试验学科建设需要装备体系试验理论和方法

军事装备试验学已成为军事装备学下的二级学科。但目前装备试验主体是型号试验，未能反映装备体系试验本身固有特征，难以满足装备体系化发展对军事装备试验学理论和技术的要求。开展装备体系试验理论与技术研

究，从宏观和系统的角度对装备体系试验活动进行科学抽象和概括，并对试验过程进行一般性规律的总结，以形成理论边界清晰、层次衔接严密的理论体系和能够指导装备体系试验活动的技术体系，这是丰富和完善军事装备试验学内容体系的现实需求。通过强化学科建设，将有利于全面系统、持续深入地推进装备体系试验领域的学术研究与人才培养工作。

1.2 国内装备体系试验研究现状

国内关于装备体系试验的相关研究，主要包括开展美军联合试验与鉴定研究、我军装备体系试验探讨，以及开展作战单元装备体系试验探索。

1.2.1 美军联合试验与鉴定研究

近年来，国内许多专家学者对美军联合试验与鉴定进行了研究，内容包括美军联合试验与鉴定发展历程、环境构建、试验体系、试验技术与联合试验方法，在联合试验体系、模式及技术等方面提出了许多有价值的建设性意见。其中，关于联合试验方法没有涉及其后续发展与具体成果。造成对联合试验方法研究较少、不够深入的原因有三：一是重视程度不够、军事需求不足，各军兵种成建制成体系联合试验缺少必要的牵引；二是我军缺少相应专职机构，不能统筹全军各个试验基地及相关力量开展联合试验研究；三是理论基础薄弱，虽有系统工程学、试验统计学等学科的指导，但联合试验方法探索需要一个过程。

1.2.2 我军装备体系试验探讨

我军有关装备体系试验的探讨主要包括装备整体性能试验、作战试验和在役考核 3 方面，国内有关装备体系试验的研究较少。本章最后列出的参考文献[11] ~ [16]，对装备作战单元整体性能试验评估问题做了系统研究，界定了装备体系整体性能的概念，建立了试验评估指标体系，重点研究了基于非满编虚实结合的装备体系试验的装备体系构建和实施方法，为开展装备体系整体性能试验奠定了理论基础。在此基础上，原总装备部某基地牵头开展了数字化合成营装备体系试验研究，这是陆军较早开展的成体系的试验研究。但由于多种原因，研究成果并未得到应用检验。文献[17]率先探讨了装备体系试验问题，给出了装备体系试验的定义、分类，总结了装备体系试验的特点和关键技术，并提出了关于我军开展装备体系试验的若干对策建议。文献[25]

立足我军装备体系试验的理论研究与工程实践需求，提出了装备体系试验工程的概念，并从装备体系试验工程的产生背景、基本框架与建设重点等方面进行了系统阐述，为构建装备体系试验工程理论体系奠定了基础，并为深入开展装备体系试验提供了指导。文献[26]是国内论及装备体系试验方面的著作，介绍了装备体系试验的程序、设计方法、评估方法、试验环境设计和试验模式。文献[39]在分析体系化装备试验需求的基础上，提出了体系化装备的试验程序、试验任务规划方法，研究了体系化装备试验环境构建方法、试验信息管理与运用，提出了体系化装备体系连通性、体系适应性和体系贡献率试验评估方法。上述文献讨论了装备体系试验的概念、体系试验内容和体系试验的关键技术，为开展装备体系试验提供了指导。但是总体来说，我军装备体系试验研究还处于刚刚起步的状态，需要在试验鉴定的各个环节进行深入而系统的研究。

1.3　美军联合试验与鉴定

在基于信息化的联合作战思想指导下，美军装备试验与鉴定突出了联合、协同、共享、共用、互操作的理念，强调联合试验和联合训练能力的提升，大力推行联合试验与鉴定项目管理办公室的"联合试验与鉴定计划"（Joint Test and Evaluation，JT&E）项目，经过若干年的建设，形成了适合联合试验的方法——能力试验方法（Capability Test Methodology，CTM）。

1.3.1　联合试验与鉴定计划

"联合试验与鉴定计划"的概念源自 1970 年美国国会"蓝丝带国防小组报告"（Blue Ribbon Defense Panel Report）。该报告认为"迄今为止，还未尝有过一种高效的联合作战试验与鉴定手段。此前进行的多次试验努力遇到了种种困难，几乎没有取得有用的试验结果。尽管如此，联合作战试验与鉴定的需求仍然是越来越迫切的"。为满足联合作战试验与鉴定的需求，美军启动了"联合试验与鉴定计划"（JT&E），目的是为联合作战行动提供一种有效的试验与评估方法。联合试验与鉴定计划是目前美军装备试验与鉴定的重点。

联合试验与鉴定指不同装备靶场、不同军兵种或者任意不同的试验实体，为了共同完成一项试验与鉴定任务，在联合试验指挥机构的统一指挥下，利用各自的试验资源，实现试验系统功能互补、试验能力最优化的行为。简单地说，联合试验与鉴定就是承包商、政府和作战试验鉴定部队共同制订一

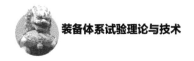

个试验与鉴定计划，联合进行试验。

美军多军种试验与鉴定（Multi-Service Operational Test and Evaluation，MOT&E）由 2 个或 2 个以上的国防部所属部门实施，实现跨部门的采办或装备接口。所涉及的军种及其各自的作战试验与鉴定部门均可参与多军种试验计划的设计、实施、报告和评估。其中一个军种被指定为牵头军种，负责项目的管理工作，并制定一份单独的作战效能和作战适用性报告。

与多军种试验与鉴定不同，美军联合试验与鉴定是由作战试验与鉴定局局长（Director Operational Test and Evaluation，DOT&E）领导的特别计划。它是一种检验联合军种战术和条令的方法。根据美国国防部于 2005 年 9 月发布的 DoD 5011.41 号指令，"联合试验与鉴定计划"的主要目的包括：鉴定军兵种装备在联合作战中的互操作性；鉴定联合技术、作战概念并提出改进建议；验证联合试验与鉴定所使用的技术和方法；利用试验数据提高建模与仿真（Modeling and Simulation，M&S）的有效性；利用定量数据进行分析以提高联合作战能力；为国防系统采办与联合作战部门提供反馈信息；改进联合战术、技术与规程（Joint Tactics，Techniques and Procedures）。图 1-1说明了美军确定"联合试验与鉴定计划"目标的过程。

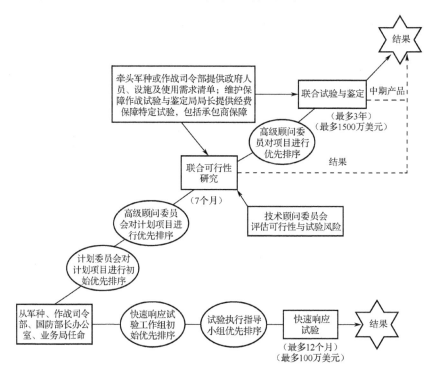

图 1-1　美军确定"联合试验与鉴定计划"目标的过程

一体化联合试验与鉴定（Integrated Joint Test and Evaluation）是联合试验与鉴定发展的高级形态，也是对信息时代装备试验与鉴定体系的发展阐释。它是基于信息系统的试验与鉴定体系，将试验要素、试验单元、试验系统和试验力量有机融合，按照一定结构进行耦合关联，按照相应机理实施运作，跨地域和组织边界，跨真实、虚拟和构造资源，在陆、海、空、天、电、网等多维一体的试验空间，用以对装备生存能力、作战适用性及作战效能进行全面验证、检验和考核的有机整体。它强调包含真实的（真实的人操作真实的装备）、虚拟的（真实的人操作由计算机虚拟生成的装备）及构造的（虚拟的人操作虚拟的装备）各种试验要素，以及跨部门、跨地域（包括作战部队、试验基地和实验室）的试验资源整合。一体化联合试验与鉴定体系的集成机制和运行框架如图 1-2 所示。

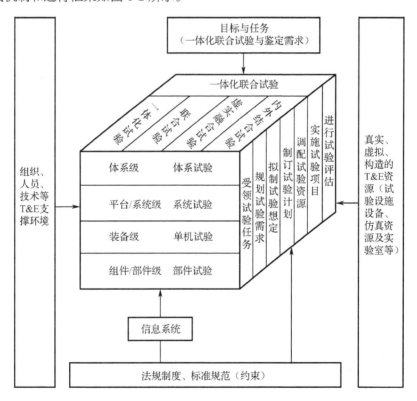

图 1-2　一体化联合试验与鉴定体系的集成机制和运行框架

一体化主要着眼于集成，是事物内在的主观驱动；联合主要着眼于融合，

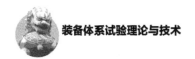

是事物外在的客观要求。采用一体化联合试验与鉴定才能系统、完整地表征基于信息系统的装备试验与鉴定体系。跨地域空间、跨军兵种力量、跨虚实资源的一体化联合试验与鉴定是装备试验与鉴定的发展趋向，也是解决装备体系对抗及联合试验与鉴定问题的唯一途径。

1.3.2　联合试验与鉴定的能力试验方法

能力试验方法（CTM）是美军为了在联合作战背景下有效进行装备试验与鉴定而开发的一种方法，旨在真实的、虚拟的、构造的分布式环境（Live，Virtual，Constructive Distributed Environment，LVC-DE）中对被试系统（体系）进行试验，以评估其性能、联合作战价值、生存能力、作战适用性和作战效能。联合任务环境中试验的复杂性要求在综合真实、虚拟和构造模型的分布式环境中进行试验，并将硬件、软件、数据库和网络集成到系统中进行试验，以确保它们能够按预期计划运行。

1）产生背景

2006 年 2 月，美国国防部长办公室、作战试验与鉴定局、空军作战中心联合授权 JT&E 项目管理办公室开展 JTEM 研究，要求用 3 年时间制定一套通用的 JT&E 方法，即能力试验方法（CTM）。2009 年 12 月，JT&E 项目管理办公室发布了 CTM3.0 文件，包括《CTM 项目经理手册》《CTM 行动办公室手册》和《CTM 分析员手册》。这些文件提出在联合任务环境中对被试系统（体系）的性能、联合作战价值、生存能力、作战适用性及作战效能进行试验与鉴定的方法和程序，并从国防系统采办周期不同参与方的角度，阐述了 CTM 实现过程，内容涉及采办周期中的各个 T&E 阶段。

2）主要特点

能力试验方法（CTM）以真实的、虚拟的、构造的分布式环境（LVC-DE）为基础，可灵活应用于各种类型的试验与鉴定活动，不仅适用于单一装备、单一系统、单一平台的试验，也适用于装备体系试验或非装备解决方案开展试验，具有继承并兼容、模型化驱动、线程式实现、灵活可剪裁和严谨而规范等特点。需要指出的是，CTM 不是替代美军装备试验与鉴定现有的规程，而是对现有的试验方法与程序进行补充和扩展，它是一种以适应未来一体化联合作战为目的、灵活的试验与鉴定方法。

（1）继承并兼容。在 CTM 出台之前，美军各军种已对联合试验与鉴定进行了大量研究。CTM 开发人员对各个 T&E 阶段中所使用的方法进行了总结、吸收和提高，同时大量使用支持国防部体系运行中的联合能力集成与开发系统（Joint Capabilities Integration and Development System，JCIDS）、国防采办系统（Defense Acquisition System，DAS）及规划、计划、预算与执行系统（Planning，Programming，Budgeting and Execution，PPBE）等生成文件进行 T&E 分析，并运用国防部体系结构框架（DoD Architecture Framework，DoDAF）描述 T&E 过程，以便于现实操作中人员的理解和沟通，体现了良好的兼容性。

（2）模型化驱动。JTEM 使用模型驱动方法开发 CTM，设计模型有：

① CTM 流程模型。它实现了包括需求分析、试验规划、试验构造与设置、试验运行及综合评估等在内的 CTM 所有步骤。

② 能力评估元模型。它是为了统一描述关于联合能力评估的实现，可作为 LVC-DE 仿真中数据评估需要交换或存储的语义数据概要。

③ 联合任务环境基础模型。它主要用于实现 LVC-DE 中联合任务环境的仿真。

（3）线程式实现。CTM 由 3 个主线程（评估线程、系统工程线程、T&E 管理线程）和 2 个子线程（作战子线程、基础设施子线程）组成，如图 1-3 所示。决策点对 CTM 每一阶段性工作进行划分，由于篇幅所限，本节只列出决策点 1 之前的工作，包含 T&E 策略制定的全部内容。由图 1-3 可知，这样做有利于每个线程（子线程）代表不同 T&E 分工，以便安排 T&E 人员执行。评估线程的处理运行构成了 CTM 能力评估的计划与执行，同时还驱动着作战子线程，后者完成 T&E 中联合作战背景的描述及处理。系统工程线程的处理运行构成了联合任务环境系统/体系的设计与执行，同时还驱动着基础设施子线程，后者对全部 T&E 相关设施进行开发、整合及更新。T&E 管理线程的处理运行构成了 T&E 策略选择、联合任务环境中的试验事件计划和执行等内容。

（4）灵活可剪裁。模型化驱动、线程式实现使 CTM 具有使用灵活的特点。CTM 并不要求所有 JT&E 项目都按照全部步骤执行，而是特别强调试验人员可根据实际情况对 CTM 步骤进行剪裁和灵活取舍。

（5）严谨而规范。虽然 CTM 的文件内容广泛、附件繁多，但操作时并不会杂乱无章。CTM 对流程中的每个步骤，甚至到 3 级步骤，都设计了输入输出文件清单列表，清楚列出该步骤实现前需要准备哪些文档或材料，以及该步骤实现后以何种形式输出结果，以便用户操作，并具有良好的规范性。

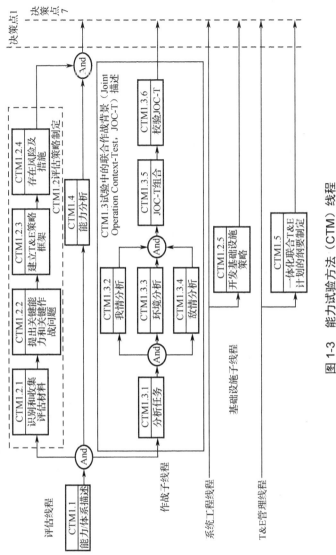

图 1-3　能力试验方法（CTM）线程

3）流程步骤

能力试验方法流程包括 6 个步骤，如图 1-4 所示。这 6 个步骤的实现是并发进行的，相辅相成，共同完成被试系统（体系）在联合任务环境中的 T&E。CTM 详细规定了每个阶段及每个步骤的输入、活动和产品等，为规范联合试验与鉴定提供了标准和技术指导。

（1）制定 T&E 策略。根据部队联合作战能力需求对被试系统（体系）进行战技性能和作战使用性能研究，设计评估指标体系并制定评估策略。

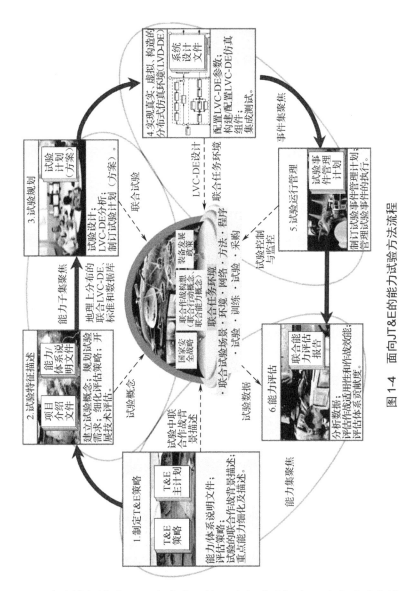

图1-4 面向JT&E的能力试验方法流程

（2）试验特征描述。明确试验目的，建立试验概念，确定试验方法，并对 T&E 策略文件的重点进行分析，对指标测量的试验技术进行可行性分析，提出 LVC-DE 建设方案并进行选择。

（3）试验规划。深入分析联合作战能力、联合任务环境和 T&E 策略对试验设计、计划、数据分析、LVC-DE 仿真参数配置及校核、验证与确认（Verification，Validation and Accreditation，VV&A）措施的影响，制订试验计划（方案）。

（4）实现 LVC-DE。对仿真联合任务环境的 LVC-DE 进行逻辑设计与编程，并进行仿真平台的校验与调试。

（5）试验运行管理。按照试验计划对 LVC-DE 中的事件进行管理。事件指在仿真中为获得被试系统（体系）的试验数据而推动试验运行的响应或触发。

（6）能力评估。整理和分析试验数据，向采办部门提交关于被试系统（体系）的《联合能力评估报告》。

4）实践应用

2008 年 8 月，由美军未来战斗系统（Future Combat System，FCS）联合试验与鉴定机构出资赞助，JTEM 项目组使用了"联合任务环境试验能力"（Joint Mission Environment Test Capability，JMETC）项目的相关设施，组织联合战场空间动态分解（Joint Battlespace Dynamic Deconfliction，JBD2）事件仿真试验，应用能力试验方法（CTM）对设想中一种由未来战斗系统装备组成的联合空地体系进行了评估并获得成功。图 1-5 所示为美国陆军未来战斗系统的评估策略。当需要开发试验与评估策略时，从顶层向底层进行分析，这样当从底层开始向上执行试验与评估策略时，就能使每个组件、子系统、系统与其使命效能的贡献相对应。美军的所有军种都参与了 JBD2 事件仿真试验，其试验场景构建包括 16 个不同的试验地点和超过 40 个不同的 LVC-DE 系统，地域跨越美国 4 个时区。由于 CTM 提供了一种 JT&E 标准化方法并取得了实践成功，故被 JT&E 项目管理办公室认为是一个具有里程碑意义的事件。

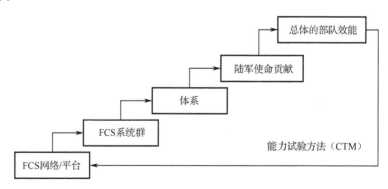

图 1-5　美国陆军未来战斗系统的评估策略

目前，CTM3.0 已在美国各军种和国防部业务局试验组织中推广使用。

例如在国防部、空军和联合系统集成司令部参与的"综合火力"试验活动中，美军运用 CTM，在 3 个月内规划并建成连接 19 个试验站点、分布在 5 个试验靶场的联合任务试验环境，选用 2 种被试武器系统（空对地、地对地火力打击平台）作为装备体系参与要素，在一体化联合作战环境下，有效检验了其对装备体系作战效能的贡献率。

1.3.3　对我军的启示

我军装备试验与鉴定工作经过几十年的探索实践，已基本建成了门类比较齐全、手段相对完备的试验与鉴定理论与实践体系。但与美军相比，我军的装备试验与鉴定水平仍有很大差距，特别是联合试验与鉴定尚处于研究和发展阶段，还需要大量的基础性和综合性工作。当前，我军装备发展建设正处在重要的战略机遇期，"能打仗、打胜仗"的要求对装备试验与鉴定提出了新的挑战。随着装备体系建设和信息化进程的强力推进，联合试验与鉴定的需求日渐迫切。所谓"他山之石，可以攻玉"。研究美军联合试验与鉴定的成功经验和做法，对于探索适合我国国情军情的装备试验与鉴定模式、推动我军装备试验与鉴定的转型创新，以及保证我军装备试验鉴定能力与装备体系建设的协同发展具有十分重要的参考和借鉴意义。

（1）建设联合试验与鉴定靶场。当今世界的军事竞争，本质上是打赢能力的竞争。"战场打不赢，一切等于零。"发展信息化武器装备、打赢信息化战争自然离不开信息化试验与鉴定靶场。信息化试验与鉴定靶场是军事靶场发展的高级形态。目前军事靶场尚处于这一高级形态的初级阶段。在该阶段，信息系统成为体系试验与鉴定能力构成要素中的关键环节，并发挥主导作用。军事靶场各要素、单元、系统和试验方式手段依赖信息系统的"孵化器""倍增器""黏合剂"或"催化剂"作用，实现高效聚合、结构演化、效能涌现，形成一体化联合试验与鉴定体系。没有信息系统的赋能作用，就没有基于信息系统的体系试验与鉴定能力的最终形成。因此，以联合作战为背景，做好信息化试验与鉴定靶场建设规划和法规标准的制定，对靶场基础设施进行信息化改造与建设，建立完善的靶场信息系统，发展和提升靶场信息化指挥控制和信息融合处理能力，开展跨军兵种、跨作战部队和试验基地的联合试验与鉴定，更好地为现有装备体系能力试验验证和未来装备体系发展规划论证服务，是当前信息化试验与鉴定靶场建设亟待解决的现实课题。信息化试验与鉴定靶场不仅要实现靶场内部资源与信息的共享、共用，还要实现靶场间、靶场与参试部队间的联合和互操作，使不同靶场间、靶场和参试部队间的资源与信息实现无缝链接，从而实现"试""训""研""用""保""评"（军事装备试验、部队训练、战法研究检验、部队使用、作战支援保障、综合评估）六位一体功能。

（2）建设联合试验与鉴定环境。成功复现逼真作战环境的程度直接影响联合试验与鉴定报告的可信度。未来的战争模式是以联合作战为背景的体系对抗，这就意味着必须锻造联合能力，研制"天生联合"的武器系统，并在联合任务环境中开展装备试验与鉴定，这就要求必须构建适应联合作战背景下装备体系对抗的试验环境。联合试验与鉴定环境是一个集应用开发、综合集成、联合试验与协同研究、数据分析与评估于一体的公共基础平台，主要包括军事想定描述、战场环境描述、试验资源的开发与集成、试验资源的管理与服务、联合试验规划与控制、可视化演示及综合评估等功能模块。联合试验与鉴定环境建设的主要内容有两项：一是建设逻辑靶场。逻辑靶场可通过建模与仿真技术提供互操作、可重用、可组合的试验与鉴定手段，将各种地域上分散、功能上分离的试验设施设备、仿真资源和工业部门的试验资源连接起来，形成一个联合试验与鉴定环境，以经济、可靠、高效的方式，为用户提供一种分布式的真实、虚拟、构造试验能力。二是建设近似实战的外场联合试验与鉴定环境，推动装备试验与鉴定由简单、典型、理想、程序的"标准"环境向多样、复杂、逼真、随机的"实战"环境转变，由注重装备战技性能和作战使用性能向全面考核装备作战适用性、作战效能及体系贡献率转变，由外场主导、实兵实装向仿真先行、虚实融合、内外结合转变。一方面，联合试验与鉴定须包括未来战场可能出现的所有要素，如机动地域的大小和类型、环境因素、昼夜作战能力及严酷的生存条件等；另一方面，联合试验与鉴定环境还需利用以下要素来复现：适当的战术和条令，在已部署威胁装备的环境中经过适当训练的有代表性的威胁部队（蓝军），对试验激励的自由响应，应力和逼真的战场环境（火焰、烟雾、核生化、电子对抗等），战时的作战节奏，实时作战评估，以及具备联合、互操作能力的部队等。

（3）开拓联合试验与鉴定新领域。美国国防部一直将建模与仿真（M&S）技术列为"国防关键技术"的重点项目，重点开发了分布式交互仿真技术、半实物仿真技术和虚拟试验场技术。1994年10月，通过美国空军主导，海军和陆军参与完成"联合先进分布式仿真"（Joint Advanced Distributed Simulation，JADS）演示验证，评估了在试验中应用建模与仿真技术所带来的试验成本降低情况，并且验证了在联合试验中应用建模与仿真这一技术途径的可实现性，进而确认了在未来的美军装备试验与鉴定中应用建模与仿真技术的必要性和可行性。目前，联合先进分布式仿真试验已成为美军联合试验与鉴定项目之一。从最新的试验与鉴定技术的发展趋势来看，试验与鉴定模式将由传统的"试验—改进—再试验"转变为"建模—仿真—试验"，即仿真、试验与评估过程（Simulation Test Evaluation Process，STEP）。STEP是一个将仿真与试验相结合的迭代过程，它极大地改变了建模与仿真应用于试验与评估的方式，其目的是交互式地评估并改进需采办的系统的设计、性能、联合作战值、生存能力、作战适用性和作战效能，并改进这些系统的使用功能。作为装备体系在联合任务环境中进行试验与鉴定的一种解决方法，能力试验方法的成功应用对我军装备试验与鉴定部门在现有联合作战体系内探究太空和网络电磁空间作战装备的试验与鉴定提供了参考。开展太空作战装备联合试验可从构建符合太空攻防作战和天基信息支援特点的实体、虚拟、构造仿真模型入手，在联合先进分布式仿真（JADS）环境中进行试验，并评估太空新概念武器的作战适用性、作战效能及体系贡献率。根据美军JT&E 项目管理办公室 2011—2013 年发布的财年报告，"联合赛博作战"项目已连续 3 年出现在其项目管理列表中，可见建模与仿真对网络电磁空间作战装备联合试验与鉴定的重要支持。此外，通过对战术型核生化武器装备和各种新型无人机装备开展建模与仿真应用研究，将有利于深化这些装备的研制进展及作战运用。

1.4　装备体系试验的基本概念

从定义、对象、内容和分类等方面阐述装备体系试验的基本概念。

1.4.1　装备体系试验的定义

装备体系试验指为考核与评估装备（单装、系统、体系）的作战效能、适用性等，依据装备作战任务，在近似实战的环境下，按照作战流程，成建制、成体系组织开展的试验活动。目前包括装备作战试验和装备在役考核两种类型，主要依托军队试验训练基地、作战部队、军事院校及科研院所等联合实施。

1.4.2 装备体系试验的对象

按照装备体系构成的复杂程度，装备体系试验的对象包括单装、装备系统与装备体系三类。

（1）单装。作为装备体系构成的基本元素，单装的体系试验是装备体系试验的重要组成部分，主要考核该型号装备在其所处的装备体系内的作战效能、作战效能贡献率和作战适应性。

（2）装备系统。这里指武器系统或多型同类装备，如多用途导弹武器系统，包括侦察车、指挥车、发射车、维修保障车和弹药输送车。

（3）装备体系。装备体系是由功能上相互关联的各类各系列装备系统构成的有机整体，具体指为完成一定的作战任务，将功能上相互支持、性能上相互补充的一定数量的装备及其系统和人员通过信息交互手段进行有机联系，按照一定的结构综合集成的更高层次的装备系统。

1.4.3 装备体系试验的内容

装备体系试验的内容为作战效能和适用性。

1）作战效能

作战效能指装备在一定条件下完成作战任务时所能发挥有效作用的程度。

2）适用性

装备体系的适用性主要包括作战适用性、体系适用性和在役适用性。

（1）作战适用性。作战适用性指装备作战使用的满意程度，主要包括装备的战备完好性、任务成功性和服役期限等指标。它与可靠性、维修性、保障性、测试性、安全性、环境适应性、运输性、标准化、适配性、人机工效、兼容性，以及战时使用率、训练要求、综合保障要素、文件记录要求等因素有关。

（2）体系适用性。体系适用性指装备在成体系使用中的满意程度。其影响因素包括体系融合度、体系贡献率等。体系融合度指单装与装备体系中其他装备接口兼容和任务协同而发挥整体作用的程度；体系贡献率是被试装备（单装、系统、体系）在装备体系能力、效能及效费比等指标中的作用的量化表征。

（3）在役适用性。在役适用性指装备在服役期间使用管理的满意程度。其影响因素包括部队适编性、服役期经济性等。部队适编性指装备列装后，发挥装备作战效能所需的各要素之间的适配程度，如装备与人员、装备之间等；服役期经济性指装备正式列装后至退役处置期间，使用与保障费用、退役处置费用的合理程度。

1.4.4 装备体系试验的分类

装备体系试验的合理分类，有助于合理定位和准确把握工作内容。可以从试验对象、试验强度、试验集成度和试验阶段 4 个侧面对装备体系试验工作进行分类。

1）依据试验对象

依据试验对象可以分为单装试验、装备系统试验和装备体系试验。

（1）单装试验。它是以单型号装备为试验对象，成建制、成体系组织开展的作战试验活动，如新型轻型坦克在装备体系中的体系试验。

（2）装备系统试验。它是以武器系统或多型同类装备为试验对象，成建制、成体系组织开展的作战试验活动，如多用途导弹武器系统（包括侦察车、指挥车、发射车、维修保障车和弹药输送车）试验。

（3）装备体系试验。它是以装备体系为试验对象所开展的试验活动，如轻型高机动部队装备体系试验。

（4）一体化联合作战装备体系试验。它是在一体化联合作战背景下，以多军兵种、多领域装备构成的装备体系为试验评估对象所开展的试验活动。

2）依据试验强度

依据试验强度可以分为高级装备体系试验和初级装备体系试验。

（1）高级装备体系试验。该类试验属于全面充分的体系试验，它将被试装备纳入相关装备体系，基于实战背景构建试验想定，成建制、成体系组织实施。通常对于地位作用重要、体系贡献突出、编配数量较大，以及通用程度和一体化要求高的重点装备，需要开展高级作战试验。

（2）初级装备体系试验。该类试验是对高级作战试验的适当简化。通常对一般装备可只组织开展初级体系试验。

3）依据试验集成度

依据试验集成度可以分为集成试验、分要素试验和综合试验。

（1）集成试验。该类试验需要解决的关键问题是被试装备集合能否构成系统或体系，试验目标是确定装备系统或体系的集成程度。

（2）分要素试验。它主要指以检验装备体系某个单项效能或适应性所开展的试验，具体可分为指挥控制试验、战场机动试验、协同火力打击试验、综合防护试验、综合保障试验和信息能力试验等。其中，装备系统或体系信息能力试验是重点。该类试验主要为了回答系统或体系作战的信息协同性问题，试验目标是确定装备系统或体系的信息能力。效能指标包括装备系统或体系内部信息共享能力、信息处理能力。共享能力的性能指标包括信息吞吐量、误码率、容量、时延及可靠性，数据元与单体的共享能力相同，但获取数据的对象是系统或体系的组成成员；信息处理能力的性能指标与型号单体的信息处理能力性能指标相同，数据元也相同，是将系统或体系看作一个整体开展试验。

（3）综合试验。它主要指为检验装备体系综合效能所开展的试验，一般在作战运用阶段，根据作战想定，按照合成全要素、昼夜连续实施、全过程实兵对抗的方式组织实施。该类试验主要回答装备系统或体系能否完成使命任务问题，试验目标是确定完成试验任务的能力。装备系统或体系作战效能试验包括系统或体系打击能力试验、侦察能力试验、指挥控制能力试验、防护能力试验及保障能力试验。试验内容与单体作战试验内容类似，但试验对象为整个装备系统或体系，试验条件也有所不同。

4）依据试验阶段

依据试验阶段可以分为作战试验与在役考核。

（1）作战试验。装备作战试验是在近似实战战场环境和对抗条件下，对装备及装备体系作战效能和作战适用性等进行考核与评估，检验装备完成规定作战任务的满足程度及部队适用性，摸清装备在特定作战任务剖面下的战术技术指标和能力底数，探索装备作战运用方式，为装备列装定型审查提供重要依据。

作为作战试验的高级形式的一体化联合（作战）试验，是以一体化联合作战为背景，涉及多军兵种、多领域的成建制、成体系装备试验鉴定活动。其主要目的是检验装备体系作战效能与作战适用性，发现装备体系短板弱项，强化装备体系实战运用，推动装备体系建设。

（2）在役考核。装备在役考核指装备列装定型后服役期间，通过跟踪掌握部队装备实际使用和保障等情况，进一步验证装备作战效能和作战适用性，考核装备适编性、适配性，提出装备改进意见及建议的活动。部分在装备性能试验和作战试验中难以充分考核的指标，也可以结合装备在役考核组织检验。

作为在役考核的高级形式的一体化联合检验，是在一体化联合作战背景条件下，结合部队演训任务，对整建制部队装备体系的作战效能、作战适用性等进行检验评估的试验活动。其主要目的是摸清部队装备体系作战效能和适用性，发现装备体系短板弱项、促进装备体系改进优化、确保装备体系实战适用性和有效性，促进部队体系作战能力提升。

1.5 装备体系试验的特点与要求

装备体系是一个复杂巨系统，涉及因素众多，相对于传统的装备试验，装备体系试验具有其自身的特点与要求。

1.5.1 主要特点

装备体系试验具有以下主要特点：

（1）试验指标体系探索性强。单装试验指标是明确的，被试装备的《研制总要求》或《研制任务书》会对其作战范围、战术技术性能指标和作战使用要求做出明确的规定；而装备体系试验指标目前尚不明确。装备体系试验是在各单装性能试验全部完成之后进行的，其试验指标以单装性能指标为基础，但又不是单装性能指标的简单汇总。另外，由于自身结构、功能及其使用环境的复杂性，装备体系试验指标多、组成关系复杂（一般是网状结构），试验指标体系有待深入研究。

（2）试验环境构建复杂。试验环境指装备试验过程中的地形、气候等硬环境与模拟信息化战场和一体化火力打击等软环境的综合。现代作战是信息化条件下的一体化联合作战，具有装备体系对抗性和战场环境复杂性的特征。装备体系试验环境必须尽可能地接近实际作战环境。另外，由于试验条件有限，装备体系试验一般采用实装与仿真相结合的试验模式，故而装备体系试验环境具有范围大、组成复杂等特点。因此，构建满足装备体系试验需求的试验环境非常复杂。

（3）试验实施复杂。装备体系试验因其涉及的装备多、规模庞大、持续时间长且参与人员多（试验参与方包括试验主管部门、试验基地、相关部队及科研院所），导致试验实施非常复杂。一是试验流程复杂。装备体系试验必须遵循作战运用原则，与单装性能试验相比，试验流程更复杂。二是组织协调复杂。除了需要试验系统内部的相互协同，还包含各级指挥系统之间的

相互协同。三是综合保障复杂。试验保障的项目多、数量大，主要包括人员保障、试验区与设施保障、气象水文保障、靶场测绘保障、计量鉴定保障、试验资料档案保障及试验后勤保障等。

（4）试验结果分析与评估复杂。试验结果的分析与评估直接关系到试验的成败。装备体系试验结果分析与评估的复杂性主要体现在以下方面：一是试验数据的类型多、关系复杂且动态变化；二是底层评估指标计算复杂，一般需要建立与装备体系结构和装备性能参数有关的、较复杂的计算模型；三是评估方法复杂，装备体系试验评估指标体系通常为网状结构，传统的线性综合方法无法满足装备体系试验评估需求，应当采用能反映复杂网状结构关系的非线性综合方法，如网络分析方法等。

1.5.2 基本要求

为了正确把握装备体系试验的科学内涵，高效组织完成装备体系试验的各项任务，以更好地验证装备体系总体设计思想与满足部队实际使用需求的程度，发现装备体系设计的短板与过度冗余，优化装备体系结构，进而提升装备体系整体性能和体系对抗效能，必须遵循以下基本要求：

（1）全要素体系构成。装备体系试验要求试验对象必须是全要素体系构成的，即要求成建制（人员岗位要素齐全，成建制地参与试验全程）、成体系（除被试装备外，部队所属相关主战、维修及保障等装备，以及试验人员单兵战斗状态下的所有武器装备，成体系地构建装备体系）。

（2）全流程信息联通。组分关系必须是全流程的信息联通。全流程指装备体系试验中为检验评价装备体系的整体作战效能与满足部队实际使用需求的程度，在试验构设的逼真战场环境中，通过设置适当的作战对手，装备体系开展实际作战运用和体系对抗全过程、各个阶段的作战使用流程，具体包括指挥控制、兵力部署与展开、预警探测、侦察告警、信息支援、兵力机动、有源/无源电磁干扰、火力协同打击、打击效果与战损评估、下一次指挥决策与兵力控制等流程。

（3）近实战体系对抗。装备试验与鉴定的结论是否客观、正确、可信，不仅取决于试验样本是否足够充分，而且在相当程度上还取决于试验环境和条件是否逼近实战。通常，任何一种武器装备都是针对特定的军事需求，在一定的作战使用环境与条件下研制建设的。由各种类、各系列功能上相互关联的武器装备构成的装备体系也是在一定的作战运用环境中使用的。在信息化条件下的一体化联合作战中，装备体系作战运用与对抗的环境和条件极其苛刻、复杂且瞬息万变。作战环境的复杂性对装备体系整体性能与作战效能的发挥具有不同程度的影响。这就要求装备体系试验必须尽可能贴近实战运用环境。这是由研制和建设装备体系的军事需求决定的，也是由装备体系试验目的（验证装备体系的总体设计思想与满足部队实际使用需求的程度，发现装备体系设计的短板与过度冗余，优化装备体系结构，进而提升装备体系的整体能力和作战效能）决定的。开展装备体系试验构设的试验环境必须是贴近实战的装备体系对抗环境，这样才能在战争使用之前从试验中预先暴露装备体系的问题，从而找出装备体系的缺陷和不足，并不断降低技术风险，为装备体系各单元的改进、生产、编配和调整提供决策依据，也为作战使用条令的制定及操作使用人员的训练提供参考。

（4）一体化的综合评估。一体化的综合评估主要体现在以下 4 方面：一是检验与评价装备体系的整体性能、作战效能及作战适用性等，需要一体化地综合评估装备体系各组分装备的功能、性能及效能等相关考核指标要素。二是开展装备体系试验时，需要综合运用多种试验资源对装备体系进行检验与评价，通过综合运用真实的（ Live ）、虚拟的（ Virtual ）和构造的（ Constructive ）试验资源获得的试验结果数据，开展一体化综合评估。三是装备体系试验需要创新性地综合运用多种试验模式，通过应用一体化联合试验模式与试、训一体化模式等，将试验要素、试验单元、试验系统和试验力量进行有机融合，实现跨地域和组织边界、跨现实和虚拟资源，在陆、海、空、天、电等多维一体的试验空间中开展训练，并考核评价装备体系的综合作战效能与满足部队实际使用需求的程度。四是一体化的综合评估要涵盖装备体系试验的各个阶段，包括装备体系有机集成性能试验阶段、整体性能试验阶段、体系作战效能试验阶段、体系作战适用性试验阶段及组分装备体系贡献率试验阶段等。试验结论的正确与否直接关系到试验的成败。装备体系试验结论必须是综合、全面、系统的一体化综合评估结论，这样才能全面、客观、科学地评价装备体系在未来战场中的实际作战效能，为装备体系的设计、改进、定型或装备部队提供正确意见。

参考文献

[1] 宋敬华. 武器装备体系试验基本理论与分析评估方法研究[D]. 北

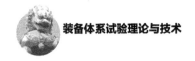

京：装甲兵工程学院，2015.

[2] 姚志军，郭齐胜，陈永和，等. 武器装备试验转型问题研究[J]. 装备学院学报，2013（6）：111-114.

[3] 刘盛铭，冯书兴. 美军面向联合试验的能力试验法及启示[J]. 装备学院学报，2015，26（3）：116-120.

[4] 傅妤华，刘建湘. 美军武器装备联合试验综述[J]. 军事运筹与系统工程，2008，22（2）：76-80.

[5] 孟凡松，汪勇，王萍. TENA 体系结构在美军 JMETC 中的成功运用[J]. 现代防御技术，2009，37（6）：67-72.

[6] 王国玉，冯润明，陈永光. 无边界靶场—电子信息系统一体化联合试验评估体系与集成方法[M]. 北京：国防工业出版社，2007.

[7] 石实，曹裕华. 美军武器装备体系试验鉴定发展现状及启示[J]. 军事运筹与系统工程，2015，29（3）：46-51.

[8] 李瑛. 美军的联合试验和评估计划[J]. 外国军事学术，2007（4）：53-55.

[9] 杨磊，武小悦. 美军装备一体化试验与评价技术发展[J]. 国防科技，2010，31（2）：8-14.

[10] 崔侃，曹裕华. 美军装备试验靶场建设发展及其启示[J]. 装备学院学报，2013，24（4）：110-113.

[11] 李希民，闫耀东，郭齐胜，等. 数字化部队武器装备系统整体性能试验评估指标体系构建方法研究[J]. 装备指挥技术学院学报，2010，21（6）：119-123.

[12] 李希民，闫耀东，郭齐胜. 数字化部队作战单元武器装备整体性能试验指标度量方法研究[J]. 装备指挥技术学院学报，2011，22（3）：105-109.

[13] 赵定海，黄辉，邓智昌，等. 装备体系整体性能试验基本原理[J]. 装甲兵工程学院学报，2011，25（3）：14-18.

[14] 闫耀东. 武器装备整体性能试验理论与方法[D]. 北京：装甲兵工程学院，2013.

[15] 闫耀东，郭齐胜，秦宝站，等. 武器装备体系整体性能试验基本问题研究[J]. 装备学院学报，2012，23（6）：111-114.

[16] 赵定海，黄辉，邓智昌，等. 装备体系整体性能试验基本原理[J]. 装甲兵工程学院学报，2011，25（3）：14-15.

[17] 郭齐胜，姚志军，闫耀东. 武器装备体系试验问题初探[J]. 装备学院学报，2014，25（1）：99-102.

[18] 张连仲，李进，薄云蛟. 一体化联合试验体系内涵和特征研究[J]. 装备学院学报，2014，25（5）：113-116.

[19] 曹裕华，周雯雯，高化猛. 武器装备作战试验内容设计研究[J]. 装备学院学报，2014（4）：112-117.

[20] 傅好华，邢继娟. 武器装备体系联合试验研究[J]. 军事运筹与系统工程，2015，29（1）：65-70.

[21] 李进，张连仲，申良生，等. 武器装备体系试验内涵与模式研究[J]. 装备学院学报，2015，26（5）：110-112.

[22] 尚娜，洛刚，王保顺，等. 联合试验组织模式及程序方法探讨[J]. 装备学院学报，2015，26（5）：101-104

[23] 张传友，薄云蛟，李进. 海军武器装备一体化联合试验体系结构框架及模型总体设计[J]. 装备学院学报，2014，25（4）：118-123.

[24] 郭齐胜，姚志军，闫耀东，等. 武器装备体系试验工程研究[J]. 装甲兵工程学院学报，2013，27（2）：1-5.

[25] 吴溪. 装备作战试验设计理论与方法研究[D]. 北京：航天工程大学，2018.

[26] 曹裕华. 装备体系试验与仿真[M]. 北京：国防工业出版社，2018.

[27] 张迪. 基于结构和能力的陆军武器装备体系结构评估研究[D]. 北京：装甲兵工程学院，2016.

[28] 张兵志，郭齐胜. 陆军装备需求论证理论与方法[M]. 北京：国防工业出版社，2016.

[29] 郭齐胜，罗小明，潘高田. 武器装备试验理论与检验方法[M]. 北京：国防工业出版社，2013.

[30] 谷国贤. 虚实结合的陆军数字化试验装备体系分析与设计研究[D]. 北京：装甲兵工程学院，2016.

[31] 罗小明，何榕，朱延雷. 装备作战试验设计与评估基本理论研究[J]. 装甲兵工程学院学报，2014，28（6）：1-7.

[32] 王凯. 武器装备作战试验[M]. 北京：国防工业出版社，2012.

[33] 武小悦，刘琦. 装备试验与评价[M]. 北京：国防工业出版社，2008.

[34] 常显奇，程永生. 常规武器装备试验学[M]. 北京：国防工业出版社，

2007.

[35] 杨榜林，岳全发. 军事装备试验学[M]. 北京：国防工业出版社，2002.

[36] 唐雪梅，李荣，胡正东，等. 武器装备综合试验与评估[M]. 北京：国防工业出版社，2013.

[37] 黄一斌，郭英. 装备作战试验基本问题初探[J]. 军事运筹与系统工程，2017（4）：69-74.

[38] 军委装备发展部. 装备试验鉴定指导性文件装备试验鉴定术语[S]. 2021：1-3.

[39] 曹裕华. 体系化装备试验与评估[M]. 北京：国防工业出版社，2017.

[40] 中国军事百科全书编审委员会. 中国军事百科全书[M]. 北京：中国大百科全书出版社，2011.

[41] 全军军事术语管理委员会. 中国人民解放军军语[M]. 北京：军事科学出版社，2011.

装备体系试验原理与方法

　　装备体系试验是一项复杂的系统工程，从试验的逻辑构想到试验的设计与实施，从试验数据采集到试验的评估与分析等，所有这些活动都需要一套系统的理论与方法来支撑。本章从认识论、方法论和实践论3方面对装备体系试验的理论和方法进行了研究，形成了以系统论为核心的装备体系试验原理与方法。首先，从认识论的角度分析了装备体系的复杂系统特征，主要包括装备体系的复杂性、不确定性、涌现性和演化性等；其次，从方法论的角度提出了以系统论为指导的装备体系试验基本原理，并阐述了从定性到定量的综合集成、人机结合等系统论具体方法在装备体系试验中的运用，同时针对"体系成长下的重复"问题，提出包括传统概率论与数理统计、大数据分析及机器学习等方法在内的装备体系试验数据统计分析理论；最后，从实践论的角度提出了以体系工程方法为指导的装备体系试验体系工程过程，并对此过程下装备体系试验的具体实施方法进行了介绍和比较。

2.1　概述

　　随着信息技术的飞速发展，以及其在装备中的广泛应用，装备的体系化发展特征越来越明显，它已成为世界各军事强国装备发展的主要模式。为适应装备的体系化发展，装备体系试验成为当前装备的主要试验模式。但由于体系的不确定性和复杂性，在组织装备体系试验时，传统的基于降维解析和原型逼近的系统工程方法，已无法满足全面评估装备体系作战效能和作战适用性的需要。另外，由于装备体系试验规模宏大，涉及人员、装备众多，故需要加强研制方、试验方及与用户等各部门的联合和协同。因此，需要一种科学的理论和方法来指导装备体系试验工作。

近年来，国内相关学者围绕装备体系试验进行了一系列的研究。本章最后列出的参考文献[1]对装备体系试验的需求、定义、特点、分类、方法、技术体系和关键技术进行了探讨；文献[2]首次提出了装备体系试验工程的基本概念，并从其产生背景、基本框架及建设重点等方面进行了论述；文献[3]提出了装备体系联合试验的方法流程；文献[4]介绍了美军装备体系试验的特点和做法，并从其组织管理机制、法规标准建设、关键技术方法和一体化试验环境等方面对我军装备体系试验建设提出了建议；文献[5]对装备体系试验的内涵和模式进行了研究；文献[6]～[8]分别对装备体系作战试验的方案设计和想定设计进行了研究；文献[9]对面向 LVC 的体系试验方法进行了研究。上述研究从概念、方法、技术及建设等方面对装备体系试验进行了有益的探索和实践，形成了具有我国特色的装备体系试验模式。

我国装备体系试验相关研究仍处于起步阶段，在装备体系试验基本理论和方法上还缺乏统一的认识，因此加强装备体系试验原理和工程方法的研究，确立科学的理论方法指导，是当前装备体系试验领域急需解决的一项基础性工作。

2.2 装备体系的复杂系统特性

装备体系作为一种复杂系统，具有复杂系统的基本特征，主要包括复杂性、不确定性、涌现性及演化性等。对装备体系复杂系统特征的科学认识，是探索装备体系试验理论和方法的基础。

2.2.1 复杂性

复杂性作为体系的基本特征，表现为无穷的多样性和异构性，从社会、物理、生物及意识等不同领域和不同层次可以对其给出不同的定义。从复杂性产生的根源来看，复杂性的形成主要源于系统的规模、系统组分的多样性、系统等级结构的层次性、系统边界的开放性、系统的动态易变性、系统演化的非平衡性、系统运行的不可逆性、系统的非线性关系、系统的不确定性，以及系统组分的主观能动性等。关于复杂性，钱学森指出，凡是不能或不宜用还原论方法处理的问题，而要用或宜用新的科学方法处理的问题，都是复杂性问题。

装备体系的复杂性主要源于装备体系的规模组成、作战运用及发展变化

3 方面。在规模组成方面，装备体系由许多具有自主特性和适应能力的组分系统组成，形成了装备体系复杂性的内在基础条件；在作战运用方面，对抗双方的装备体系组分之间、装备体系与作战环境之间大量的信息、功能的传播和交互，构成了装备体系复杂性的外在条件；在发展变化方面，有装备体系的静态演化和动态自适应演化两种演化方式，其中装备体系的静态演化，表现为在非使用状态下的新组分系统的加入和原组分系统的升级完善等；装备体系的动态自适应演化，表现为装备体系作战过程中基于效能的结构优化、功能完善和性能提升等，两种演化方式同样构成了装备体系复杂性的外在条件。

2.2.2　不确定性

不确定性是复杂系统复杂性的外在表现，主要特征包括随机性、模糊性和适应性等。这些表现可以是局部的，也可以是整体的；可以是暂时的，也可以是长期的。正是由于不确定性的存在，才使得体系具有无限可能性，对体系的研究也就更有现实意义。通过对体系不确定性的能动把握和认识，可以在不确定性中创造出更多积极的涌现行为。

装备体系的不确定性一部分来源于工程过程，也就是装备论证、装备设计及装备研制等工程过程的不确定性，这部分不确定性决定了装备的质量与作战适用性；另一部分来源于装备的使用过程，包括作战环境对装备作战过程影响的不确定性，作战过程中各作战要素交互作用造成的不确定性，以及作战决策中人的主观能动性所造成的不确定性等。

2.2.3　涌现性

涌现性是系统和体系都具有的一个重要特性，也是由组分之间、层次之间、系统与环境之间动态的非线性相互作用激发出来的整体效应。这种特性只能在经验上加以确认，却难以在逻辑上加以推导，贝塔朗菲将其表述为"整体大于部分之和"。现实中的涌现既包括积极的涌现，又包括消极的涌现，也就是整体既可能大于部分之和，也可能小于部分之和。因此，可将涌现表述为"整体不等于部分之和"，用公式表示为"1+1≠2"。

装备体系的涌现性是装备体系各组分系统形成整体后所形成的一种原来组分系统没有的整体装备性能，可增强或降低装备体系的作战效能。装备体系的涌现性产生动因包括：人作为装备体系主体进行创造性活动和决策所

产生的涌现，装备体系内全维信息的动态交互所产生的涌现，装备体系的层次结构性和自主结构变化所产生的涌现，以及装备体系与作战环境和作战对手边界的开放性所产生的涌现等。涌现性往往是难以预测、还原或追溯的，但装备体系涌现所产生的作战效果通常可以度量，因此可以通过装备体系作战效能的分析来追溯装备体系涌现性产生的机理，从而实现对装备体系涌现性的研究和利用。

2.2.4   演化性

演化性是体系的结构、状态和功能等随时间变化而发生的改变，其演化过程始终都在进行，从演化内容来看，主要包括体系要素的演化和体系结构的演化。体系要素的演化指体系要素成员的加入或退出，分为主动演化和被动演化两种形式；体系结构的演化是体系为适应外界任务和环境的变化而进行的编组关系的调整。

装备体系的演化同样包括装备体系要素演化和装备体系结构演化，但通常情况下两种演化是同时进行的，且以静态演化和动态演化两种形式进行。其中，静态演化是装备发展过程中，为适应作战使命任务不断变化的需要所进行的体系成员升级改造、新成员研发，以及随之产生的体系结构的变化，最终实现体系整体的不断更新；动态演化是装备进行体系对抗的作战过程中，为适应战场环境和形势任务的不断变化，以及双方体系要素成员在战斗中的不断增减，而从体系组成、结构、功能及流程方面进行的动态调整和变化。

在本节分析的装备体系复杂系统特性中，装备体系的不确定性和演化性导致了装备体系的复杂性，装备体系的复杂性又生成了装备体系的涌现性，因此可以看出装备体系各特性之间不是孤立的，而是相互依存、紧密关联。掌握装备体系的上述特征，有利于从认识论的角度实现对装备体系试验对象的深入研究，并根据装备体系发展变化的基本规律实现对装备体系试验的设计。

2.3   装备体系试验系统论

从方法论的角度出发，系统科学的研究经历了从还原论到整体论，再由整体论到系统论的发展历程。近年来，系统论方法作为处理复杂系统问题的科学方法，在众多科学领域得到有效验证。鉴于装备体系自身的复杂系统特征，对装备体系进行基于作战效能和作战适用性的试验研究和装备体系发展方向探索，既不能采用简单的、静态的方法，也不能采用传统的逐层分解、以局部反映整体的方法，而是要以系统思想为指导，既注重整体，又关注部分，在整体与部分的辩证统一中实现对装备体系的深层认识。

2.3.1　还原论、整体论和系统论

系统论由还原论和整体论发展而来，它是还原论和整体论的综合，在方法上是继承和发展的关系。

（1）还原论。还原论是通过将研究对象层层分解，用部分来说明整体的方法。该方法在近代科学研究中发挥了重要作用，尤其是在自然科学领域取得了巨大成就，如物理学中对物质结构的研究已分解到夸克层次，生物学中对生命的研究已分解到基因层次。但随着研究的深入，科学家发现即便分解到夸克和基因层次，也难以认清事物的真正面貌。也就是说，仅仅依靠还原论是不够的，因为局部难以回答整体的问题，并且宏观和微观难以统一。

基于还原论的装备体系试验，其基本原理是将整个作战推演过程划分为不同阶段，通过对不同阶段推演效果的综合来评估整个装备体系。对作战推演过程的划分，包括基于作战流程的划分、基于作战功能模块的划分，以及基于作战地域环境的划分等。该模式下的装备体系试验，降低了装备体系试验的复杂性，便于组织实施，是长期以来主要的试验模式。但由于对装备体系作战推演过程的分解，忽略了部分构成整体时的涌现性，简化了产生复杂性的非线性关系，难以反映真实的作战效果。

（2）整体论。整体论包括古代朴素整体论和近代整体论。其中，古代朴素整体论受限于当时科学技术和思维能力的不足，只强调对事物的整体认识，而缺乏对整体中各个细节的认识，因此往往带有直观、猜测、机械、思辨的性质。近代，为了克服还原论难以处理系统整体性的问题，以贝塔朗菲为代表的一些科学家于 20 世纪 40 年代提出了一般系统论，强调从整体上研究问题。但该时期的系统论只是从整体论整体、从定性到定性，缺乏具体的理论和定量的结果，实质上还是整体论。

基于整体论的装备体系试验，其基本原理是以作战使命任务为牵引开展整体连贯的作战试验活动，通过对最终作战试验结果的统计分析来评价装备体系的整体效能。该模式下的装备体系试验从整体上反映了装备体系的效能，较好地解决了装备体系的整体涌现性问题，但在对装备体系效能影响因素的追溯分析方面却面临诸多困难。由于装备体系具有复杂性、不确定性、

涌现性和演化性等复杂系统的特征,需要组织大量的装备体系试验来实现对整体效能的优化和探索,因此其可操作性不佳,通常以体系仿真试验的形式进行。

(3)系统论。20世纪80年代,钱学森提出系统论是还原论和整体论的辩证统一,并指出,系统论方法是解决复杂问题的唯一有效方法。运用系统论解决问题的基本思路是:首先从系统整体出发对系统进行分解,分解后既要研究局部,又要研究整体,并将局部研究结果和整体研究结果进行关联分析,这样既实现了从整体对系统的研究,又实现了从局部对系统的分析,做到"知其然和知其所以然"。总体来说,系统论是对还原论和整体论的综合运用,即发挥了它们各自的长处,又弥补了不足。系统论不仅是对还原论的超越,还是对整体论的发展,它是一种新的方法论。

基于系统论的装备体系试验,既要注重对装备体系的整体研究,又要注重对装备体系的局部研究,并且还要注重对整体特征和局部特征关联性的分析,从整体、局部和关联关系3方面实现对装备体系作战效能和作战适用性的研究和分析。在装备体系的整体研究方面,需要对装备体系完成整个作战任务的最终作战效果进行直接统计,而不能由分阶段、分功能的作战效果综合而来;在装备体系的局部研究方面,根据研究目标通过专家知识经验分析的方法划分不同作战阶段、不同功能模块和重点关注的问题,并对这些划分问题的作战效果情况进行统计分析;在整体和局部的关联性分析方面,通过对整体作战效果和局部作战效果之间的关联关系分析,发现整体作战效能的产生机理,并提出改进优化策略。

2.3.2　从定性到定量综合集成方法

1990年,钱学森提出从定性到定量综合集成方法,该方法是系统论方法的具体化。其实质是将专家知识、经验等定性信息,以及收集的数据、资料等定量信息,通过计算机等信息处理技术进行有机融合和集成。该方法的应用可分为3个步骤,一是定性综合集成;二是定性与定量相结合的综合集成;三是从定性到定量的综合集成。定性综合集成,即根据从实践中获得的对事物的整体认识,提出经验性假设,其认识一般为定性的、不全面的感性认识;定性与定量相结合的综合集成是以定量的方法对经验性假设进行验证和分析;从定性到定量的综合集成是根据定量分析结果,结合人的主观判断对经验性假设进行修正。

从定性到定量综合集成方法在装备体系试验中的运用,同样分为3个阶段，如图 2-1 所示。

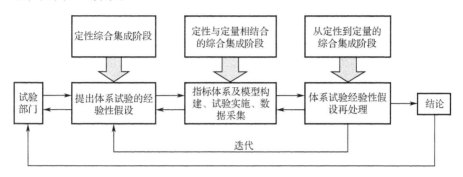

图 2-1　从定性到定量综合集成方法用于装备体系试验的示意图

在定性综合集成阶段，根据装备体系试验问题提出经验性假设，包括能够反映体系整体水平的评价准则假设，能够影响体系整体效能的局部因素假设等，通常这些假设不是由一个或一个领域内的专家提出的，而是通过专家体系的方式将不同领域的专家知识和经验进行磨合、碰撞、综合、集成，从而形成整体的、智慧的、综合的定性假设。在定性与定量相结合的综合集成阶段，根据定性综合集成阶段提出的经验性假设构建针对装备体系试验问题的指标体系，并对各个指标进行模型构建，实现对研究问题从定性到定量的描述，再根据体系试验获得的真实统计数据信息，实现对经验性假设的验证和判断。在从定性到定量的综合集成阶段，根据定性综合集成阶段提出的经验性假设，以及定性定量相结合的综合集成阶段的定量化描述，专家体系通过集成研讨的方式实现对装备体系试验经验性假设的再处理，并且本阶段经验性假设的再处理，是在经过定量分析实现知识和经验的再获得和再认识的基础上进行的，最终实现经验性假设的不断进化和确认。

2.3.3　人机结合方法

人机结合方法是"综合集成方法"实现的技术途径，它强调对物联网、大数据、云计算及人工智能等新信息技术的运用，但仍坚持以人为主的思想。人机结合中的"人"指专家体系，它具有逻辑思维能力和形象思维能力，逻辑思维可处理定量、微观信息，形象思维可处理定性、宏观信息，两种思维结合可产生创造性思维。人机结合中的"机"指信息技术设施体系，它具有强大的逻辑思维能力，不仅处理速度快，可处理大信息量问题，而且善于精确计算，但在形象思维方面还难以胜任。因此，通过结合专家体系和机器体

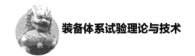

系，并以人的创造性为主导，辅以机器强大的信息处理能力，做到各取所长、优势互补，从而形成"人帮机、机助人"的综合体系，是经过验证的处理复杂问题的有效方法。

装备体系试验中的人机结合方法，运用专家体系处理非结构化的问题，包括试验评估模型的构建、模型参数的修正及试验结论的判别等；运用机器体系处理结构化问题，包括数学模型和计算机模型相结合的装备体系仿真试验、计算机模型和实体模型相结合的装备体系虚实结合试验，以及数据模型和计算机模型相结合的装备体系试验数据分析系统等。专家体系和机器体系的融合，在于用机器体系的结构化序列逐步逼近专家体系提出的非结构化问题的过程中，以专家体系为主进行可信性和满意度的判断，该过程体现了以人为主的思想。

本节在对基于还原论和整体论的装备体系试验原理进行分析的基础上，提出了基于系统论的装备体系试验原理。在系统论的思想框架下，系统论方法、从定性到定量综合集成方法与人机结合方法三者之间是逐步细化、层层递进的关系。其中，系统论方法为装备体系试验问题的研究提供了顶层方法指导，将体系分为整体、局部及整体与局部关联关系 3 部分进行研究；从定性到定量综合集成方法为装备体系的整体研究、局部研究及整体与局部关联关系研究提供了具体的解决方法，既坚持定性的分析，又坚持定量的验证，通过定性与定量分析相互支撑、迭代融合，实现对装备体系试验问题认识的不断深入；人机结合方法从技术层面提出解决装备体系试验问题的方法，强调在以人为主的条件下充分运用计算机等新技术，实现人机优势互补和深度融合，以提高处理装备体系这一复杂问题的能力。

2.4 装备体系试验数据统计分析理论

简单系统是一个封闭系统，在封闭系统中，一个事件 A 的发生，必然伴随连续事件 B 的发生。封闭系统的规律性被激活的前提是，系统的内在条件和外在条件同时得到满足。对封闭系统的试验研究通常表现出精准的"可重复性"。依靠传统的概率论与数理统计的方法可以实现对试验数据的统计和分析。

复杂系统是一个开放系统，由于其结构的复杂性和不稳定性，基于"可重复性"的因果规律几乎无法获得，但这并不代表开放系统不具有寻求真实性的可能性。复杂系统研究的不可靠性，也不能使复杂系统的试验研究变得可有可无，而应从"真实性"的角度出发，运用大数据分析、机器学习等处理复杂系统问题的智能数据分析方法，开展复杂系统试验研究，以探索复杂系统的运行机理和规律特征。

复杂系统试验虽然具有不可重复性，但对其进行评估分析的基础性指标依然需要依靠概率论与数理统计方法获得，因此，在传统概率论和数理统计的基础上综合运用大数据分析和机器学习理论是对复杂系统试验数据进行统计和分析的有效方法。

2.4.1 概率论与数理统计

装备体系试验评估的基础性指标可分为三类：第一类是需要经过实际使用统计大量数据并进行分析才能得出的定量指标，如反映火力打击效能的命中概率和毁伤概率，可靠性评估指标中的平均故障间隔时间（MTBF）和平均严重故障间隔时间（MTBCF）等；第二类是需要通过演示试验统计少量数据并进行计算才能得出的定量指标，如单车战斗准备时间、重要部件更换时间等；第三类是需要通过演示试验统计少量信息并进行分析即可得出的定性指标，如保障资源应满足适用、安全等要求。以上各类试验评估指标的获取需要运用概率论和数理统计的基本方法。此外，装备体系试验中不同的评估指标，需要的样本量也有不同，如何确定样本量，基本方法有很多。根据随机试验理论，试验样本量仅与具体试验指标和精度要求有关，在给定精度下均可运用因子设计、回归设计等概率论与数理统计的方法给出。同时，被试装备数量的确定、试验时间或周期的确定等同样需要运用概率论与数理统计中的参数估计、假设检验等基本方法。

以概率论与数理统计方法为基础，通过对装备体系试验的试验设计和评估基础性指标的统计分析，不仅可以获得反映装备体系情报侦察、指挥控制、火力打击、机动部署、隐蔽防护及综合保障等不同功能特点的分系统作战能力和效能，还可以获得反映装备体系整体作战情况的作战任务完成度、歼敌情况、作战损失及作战效率等方面的作战效能指标。但由于装备体系的复杂系统特征，以及装备体系试验的不可重复性，每次试验所获得的评估指标都是对装备体系试验运行内外部环境的共同反映，具有一定的独立性和代表性。仅仅通过对以上各类基础性指标的统计综合来反映装备体系的整体性能会产生较大偏差，甚至会产生错误的估计。因此，在运用传统概率论和数理统计的方法对试验基础数据进行简单统计分析的基础上，采用大数据分析和

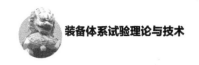

机器学习的方法，对装备体系试验基础数据进行关联关系分析和非线性回归预测，是探索和挖掘复杂系统内在规律的可行方法。

2.4.2 大数据分析

大数据分析方法是数据密集型科研的一种，即通过从大量的、不完全的、有噪声的、模糊的、随机的装备体系试验数据中，提取隐含其中的人们预先不知道的潜在有用信息和知识，以寻找影响体系作战效能发挥的关键点、脆弱点，发现体系的异常，实现对体系作战效能产生机理的深度分析。大数据分析方法不是着力挖掘数据中的因果关系，而是注重分析数据之间的关联关系，并从中发现新知识、新规律。在这些方法中，我们更关注聚类分析法和关联规则法两类。

聚类分析法是无监督学习方法的一种，不需要先验知识，可根据数据对象的特征进行数据分区。聚类分析法主要通过对各种类型的海量数据进行处理，以发现数据中隐藏的模式、相关关系和其他一些潜在的有用信息。目前聚类分析法在数量上已经有近百种，根据聚类标准的不同主要可分为以下 5 个类别：划分方法（ Partitioning Method, PM ）、层次方法（ Hierarchical Method, HM ）、基于密度的方法（ Density-Based Method, DBM ）、基于网格的方法（ Grid-Based Method, GBM ），以及基于模型的方法（ Model-Based Method, MBM ）。

关联规则法也属于无监督学习方法，通过对数据的关联分析揭示数据中隐含的关联特征，从而挖掘事物之间隐藏的联系规律和结构特征。其最早被应用于分析超市顾客在选取商品时购买各种商品之间的关联规律，以优化相关商品的陈列位置，该案例被称为购物篮（ Market Basket Analysis ）案例。关联规则的目的在于，发现存在于大数据集中的关联性，在数据分析中如果发现两个或多个数据项的取值同时出现且频率很高，则认为它们之间存在某种关联，可以建立这些数据项之间的关联规则。关联规则法在体系作战效能评估中也有大量的应用，主要用于探索作战效能指标之间的关联关系。典型的关联规则法有 Apriori 法、FP-growth 法。

2.4.3 机器学习

机器学习方法可通过对装备体系试验历史数据的学习实现自动预测功能，其实现预测的过程包括分类模型建立和使用分类模型预测两个阶段。在分类模型建立阶段，首先对样本数据集进行分类特征选取，然后根据选取的分类特征对数据集进行训练，形成能够科学预测的分类模型；在使用分类模型预测阶段，主要是利用训练好的分类模型对新的样本数据进行自动分类。机器学习分类模型的建立是有监督学习的一种，目前分类方法种类较多，并形成了一套完整的分类方法库。典型的机器学习分类方法主要有贝叶斯网络法（Bayes Network，BN）、人工神经网络法（Artificial Neural Network，ANN）及支持向量机法（Support Vector Machine，SVM）等。

（1）贝叶斯网络法。贝叶斯网络又称为信度网络，它是对联合概率分布的一种表示，于 1986 年由图灵奖获得者贝叶斯网络之父 Judea Pearl 提出，他指出应该用概率演算的方式而非规则来进行因果推理，这种结合图论和概率论的图模型能够更好地处理较为复杂的、模糊的或不确定的问题。贝叶斯网络涉及结构学习和参数学习，其中结构学习是有向无环图构建的过程，包括专家知识构建和数据学习构建的方法；参数学习是在给定的网络机构基础上，从训练数据中学习条件概率分布表的过程。鉴于其良好的推理和分析能力，被越来越多地应用于装备体系试验评估领域，如通过一定样本量的装备体系试验数据，实现对未来装备体系试验的预测和分析。

（2）人工神经网络法。人工神经网络是基于模仿人脑神经网络结构和功能而建立的一种具有很好收敛性的线性或非线性复合数学模型，简称神经网络。它由大量的简单计算单元即神经元构成网络系统，通过模拟人脑信息处理、存储及检索功能，使其不仅具有处理数值数据的一般计算能力，还具有处理知识的思维、学习和记忆能力。自 1982 年 Hopfield 提出第一个具有完整理论基础的神经网络模型起，又发展出了反向传播（Back-propagation，BP）、自组织映射（Self-organizing Map，SOM）、受限波耳兹曼机（Restricted Boltzmann Machine，RBM）及深度置信网络（Deep Belief Network，DBN）等训练算法的神经网络模型。装备体系试验中存在"维数灾难"、"复杂性灾难"和"非线性特性"等问题，而各种神经网络模型所具有的强大非线性并行处理能力，是解决这类问题的有效方法。

（3）支持向量机法。支持向量机法是 Vapnik 等于 1995 年针对二分类问题提出的有监督学习分类算法，后被推广应用到回归和多分类问题。该方法是建立在统计学习理论基础上的分类算法，通过采用结构风险最小化原则代替传统的经验风险最小化原则，将最大分类面分类器思想和基于核的方法相结合，用以寻求最佳泛化能力。与其他机器学习方法相比，SVM 具有可适应

有限样本的优点，并且可以有效解决维数问题和决策速度问题，避免出现局部极值的情况。

综上所述，装备体系试验仍然需要重复和统计，但不是简单还原论下的重复，是复杂系统理论下体系成长的重复。

2.5 装备体系试验体系工程方法

装备体系试验过程是典型体系工程过程，其体系工程 V++模型如图 2-2 所示，包括体系工程、系统工程和虚拟映射空间 3 个层次。

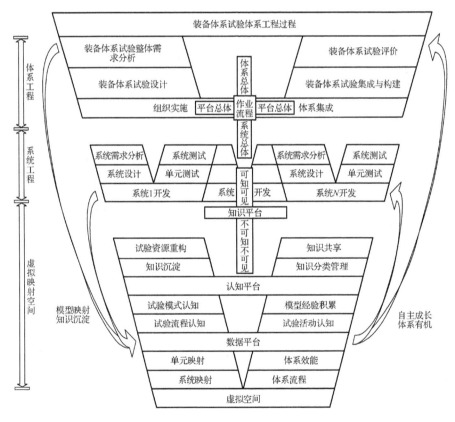

图 2-2 装备体系试验体系工程 V++模型

2.5.1 体系工程层

装备体系试验的体系工程层包括装备体系试验整体需求分析、装备体系试验设计、装备体系试验集成与构建，以及装备体系试验评价等工程模块。

（1）装备体系试验整体需求分析模块。其主要功用是：根据装备体系试验总体任务，分析体系试验任务形势，明确体系试验活动总体目标，筹划设计体系试验活动，分析体系试验活动概念和逻辑，拟制体系试验总体实施方案，以及制订体系试验实施计划等。

（2）装备体系试验设计模块。其主要功用是：在体系试验组织实施前，依据装备体系的使命任务和能力需求，在对体系试验进行需求分析的基础上，综合考虑试验人员、设备、场地和时间等资源限制，对体系试验进行合理规划，选取合适的体系试验方法，最终形成科学有效的体系试验内容和方案。具体设计内容包括体系试验任务设计、体系试验流程设计、体系试验评估指标设计、体系试验评估方案设计、体系试验科目设计、体系试验想定设计和体系试验环境设计等。

（3）装备体系试验集成与构建模块。一是在装备体系试验设计及各设计内容开发实现的基础上，进行人力资源、装备资源、环境资源和数据资源等试验资源的集成，构建一体化装备体系试验；二是将各作战阶段试验、各组分系统试验及各功能模块试验等试验内容进行集成，通过仿真试验、虚实结合试验和实装试验等多种试验模式相结合的方式，形成多模态、多内容融合的装备体系试验。

（4）装备体系试验评价模块。一是根据试验结果数据进行综合分析，形成对装备体系试验问题的评价，从而为装备体系发展提供决策支持；二是对装备体系试验工作本身的评价，主要从试验任务是否能够满足、试验资源消耗费效比是否合理、试验效率是否高效，以及试验发展的可持续性等方面进行综合评判，以实现对试验工作本身的改进和升级。

2.5.2　系统工程层

装备体系试验的系统工程层主要包括系统需求分析、系统设计、系统开发、单元测试及系统测试等工程模块。系统工程层各模块的作用是对装备体系试验分解形成的系统模块进行分析、设计、开发和测试，这些系统包括试验实体模型系统、试验环境系统、试验数据分析系统和试验控制管理系统等。

2.5.3　虚拟映射空间层

装备体系试验的虚拟映射空间层主要根据体系工程层和系统工程层的工程实践，通过虚拟映射的方式进行数据模型构造，形成包括试验单元和试

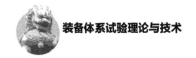

验系统的数据平台，并且在数据平台的基础上进行知识沉淀，形成包括知识分类管理和知识共享的认知平台，最终通过认知平台的知识碰撞和交互形成包括试验模式、试验流程、试验活动、试验模型及试验评估等知识的提炼和升华，并将其运用到下一轮的装备体系试验中，实现装备体系试验体系工程的自主成长，解决了体系试验的动态演化问题。

2.6 装备体系试验方法

装备体系试验方法是进行装备体系试验活动所采用的形式和手段，也就是通过有目的、有控制地影响作战现象、事件、过程及环境条件来研究装备作战性能的方法。它既是运行装备体系试验活动的基本途径，也是达成装备体系试验目标的必由之路和推动力。根据所采用的技术手段不同，装备体系试验方法可划分为实装试验法、仿真试验法和综合试验法 3 种类型。

2.6.1 实装试验法

实装试验法是在逼真的战场环境条件下，全部采用实装作为试验对象所进行的试验。对抗性综合演练与训练、实战检验法都是实装试验法的重要形式。

对抗性综合演练与训练，是指试验部队和试验靶场（训练基地）在总指挥部（联合指挥部）的统一组织下，依据作战想定情况，综合多个装备体系试验项目或多项内容，实施互为假想敌、互为条件的模拟交战或演练活动，目的是检验装备作战适用性、作战效能及体系贡献率。其实质是为了提高装备体系作战能力。

实战检验法是在战争条件下进行的装备系统的对抗性演练和演习，也是实战条件下的作战应用，并且还是其他试验不能替代的试验，它主要考核装备系统的实际作战性能。作战训练和军事演习是最好的实战检验，它既是实战条件下的考核，又不是过去试验的重复。实战检验法不仅是在战争条件下检验装备体系的战术技术性能、作战效能和适用性最好、最真实的试验，也是对装备系统战场环境条件下的人机环境最真实、最实际的检验。

实装试验法代价最高、周期最长、过程最为复杂。首先，实装试验需动用大量的装备、人员和基础设施，在试验前要有很充分的准备才能做到万无一失；其次，试验项目繁多、涉及范围广，试验内容须照顾到装备体系中的每个分系统的每个功能，这样试验的组织、指挥、协同和管理就变得很复杂，试验前要有完善的试验计划和预案；最后，试验周期长，由于实装试验往往与部队相结合，在试验中要考虑部队的正常运行与试验的关系。虽然实装试验法面临种种挑战，但其优点也很明显，即试验数据具有较高的可信度。现代仿真技术虽有了长足进步，但还很难达到完全逼真的程度，特别是考虑到复杂的战场环境和有关决策、战术运用等因素的影响，实装试验具有无可替代的"真理的真实检验"的作用。

2.6.2　仿真试验法

仿真试验法是以相似原理、系统技术和信息技术等为基础，以计算机和各种专用物理效应设备为工具，利用系统模型对装备体系潜在的或客观存在的作战使用性能进行动态研究，从而预测和评估装备体系性能和效能的试验方法。简而言之，就是基于系统仿真的试验方法。

1）系统仿真的分类

系统仿真可分为实况仿真、虚拟仿真和构造仿真三类。

（1）实况仿真（Live Simulation）。它指真实的人使用真实装备在真实战场上执行仿真想定中规定的行动。

（2）虚拟仿真（Virtual Simulation）。它指真实的人操作虚拟的装备，往往表现为人在环操纵模拟系统，又称为人在环仿真。虚拟仿真利用多媒体技术为操作者呈现虚拟环境下的系统应用过程。

（3）构造仿真（Constructive Simulation）。它指虚拟的人操作虚拟的装备，又称为纯数字仿真。构造仿真简单讲，就是利用数学模型和仿真模型（二次建模）描述系统组成要素之间的关联关系及运作过程，真正将战场"搬进"计算机；具体讲，就是以现代建模与仿真技术为核心支撑，综合运用现代信息技术、计算机技术、网络技术及效能评估技术等多种先进技术，构建接近真实的武器装备和作战使用环境的数学模型及仿真模型，并在分布式网络化的计算机系统中运行，通过评估武器装备模型在虚拟环境中的表现，近似真实地考核装备在实际作战运用中的作战适用性、作战效能及体系贡献率。

半实物仿真也称为硬件在回路仿真，它是以现代建模与仿真技术为基础，将全数字仿真手段和物理仿真手段有机结合起来，从而将真实装备或真实装备的物理效应设备与虚拟的计算机仿真模型融为一体，发挥其各自的优势，以求更加真实、准确地揭示装备体系特性的一种试验方式。

LVC 仿真指在仿真系统中同时具有实况仿真、虚拟仿真和构造仿真 3 种类型的仿真。

从用途来看，虚拟仿真更多地应用于人员的训练或演示，而构造仿真和半实物仿真可利用仿真试验数据，能够进行系统的论证和评估。半实物仿真可提供装备操控及战场环境、"红蓝对抗"方式、系统威胁表示和装备作战性能极限的动态试验等功能。近年来，由于全数字仿真体系试验方法具有其他一些试验方法无可比拟的优势，故而备受重视，发展很快，逐渐成为装备体系试验方法体系中不容忽视且应用越来越广泛的一类重要方法。

2）仿真试验法的一般过程

装备体系试验涉及众多要素，不仅包括装备体系包含的装备实体，还包括通信系统、指挥与控制（以下简称指控）系统等多个功能系统，以及其他内容。这些要素之间的相互作用关系需要通过大量的模型来表达，而模型中又有大量的参数需要确定，模型及其参数的正确与否关系到仿真的可信度。因此，仿真试验法在真正应用之前，还需要做大量的研究工作。装备体系试验的系统仿真过程与其综合评估过程可以是相互独立的，也可以是相互联系的，如图 2-3 所示。

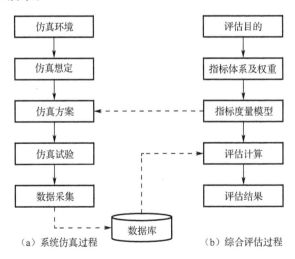

图 2-3　系统仿真过程与综合评估过程的关系

从装备体系试验的仿真过程来看，它包括仿真环境的构建、仿真想定（或剧情）的拟定、仿真方案的设计、仿真试验的执行，以及仿真数据的采集等步骤。

（1）仿真环境一般由被测对象、外部环境模拟设施、被控对象模拟器、仿真管理设备及数据记录与处理设备组成。被测对象就是要评估的装备体系的有关性能和能力；外部环境指被测对象的上下级及友邻指挥系统、情报和通信保障设施及战场环境等；被控对象一般是武器装备和指挥系统；仿真管理设备主要包括仿真控制台、时钟同步器和仿真数据库管理系统等；数据记录与处理设备指用于采集仿真数据和进行评估分析的设备及软件。

（2）仿真想定（或剧情）指对军事应用系统在作战中的应用背景、应用模式、应用过程规范化的描述，是设计仿真对象、开发仿真系统的基本依据。仿真想定是仿真推演过程的剧本，也是作战系统完成各种"规定动作"的基本描述。仿真想定可以是典型战例的"改编"，也可以是作战单元典型任务剖面的"改造"。随着战争形态的不断演化，仿真想定还可以是未来作战过程的某种"想象"。

（3）仿真方案是在仿真想定的基础上制定的更为详细的仿真过程描述。它包括每个角色的具体活动、作战要素之间的协同策略等。特别是要根据评估过程中"指标模型及参数"的要求，制定合理安排剧情，确保所有需要的数据都能够充分得到满足。

（4）仿真试验是将被试装备接入被试装备体系，并在被试装备的"删、减、改"情况下，在仿真环境中根据仿真想定和仿真方案的内容，进行多次体系对抗仿真。仿真试验过程一般采用红方、蓝方对抗的方式共同推进"剧情"，由"导调方"（白方）进行仿真管理和数据采集，并将采集的数据进行存储后传递给"评估过程"。虽然仿真试验不能完全做到和真实战场环境一致，但是可以保证多次测试的战场环境之间高度一致。通过多次的体系对抗仿真，可以得出体系作战效能和体系贡献率的稳态结果（如果结果不一致，也可发现其中的规律）。

系统仿真过程与综合评估过程共有两种联系：一是由体系评估过程中的"指标模型"向系统仿真过程提出"数据采集需求"，即为度量指标需要提供的各种数据，这种"数据采集需求"在仿真方案设计时必须予以考虑，否则最终采集的仿真数据很难满足评估的要求；二是系统仿真过程采集的数据通过数据库传递给综合评估过程，这些数据成为度量末级指标的依据，最终会影响评估结果。基于系统仿真试验法的指标度量过程如图 2-4 所示。

从指标度量的角度来看，仿真试验法与实装试验法有很多相似之处，它们的区别在于提供数据的手段不同，即在仿真试验法中，数据来自仿真数据的采集；而在实装试验法中，数据来自试验过程中评估人员的数据收集和记录。

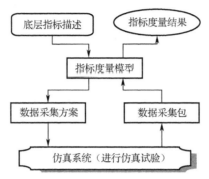

图 2-4　基于系统仿真试验法的指标度量过程

3）仿真试验法的特点

与实装试验法相比，系统仿真试验法具有如下特点：

（1）安全性高。如果使用真实的装备进行装备体系试验，则必然会涉及装备使用的安全问题，由于受到试验环境的复杂性、人员情绪的波动及其他方面不可预知因素的影响，很可能出现试验装备安全事故，不但影响试验的进程，而且可能带来人员伤害或装备与经济上的损失。采用仿真试验法在安全性方面具有独特优势，可以说是最为安全的试验方法。由于试验对象完全是使用单纯数学方法构建的仿真模型，仅需要配置达标、实现互联的若干台计算机即可开展试验，因此仿真试验法完全不受环境、时间及场地等约束条件的限制，可以在室内环境中随时地、连续地开展。此外，数字仿真系统受外界约束和影响较小，安全简便、易于实施。

（2）经济性强。使用仿真试验法，在试验的准备阶段，经费的消耗主要集中在建模方面，包括模型的开发费用和试验费用等，其他方面的消耗较少；在试验实施阶段，因为模型完全在计算机上运行，不需要其他真实装备的参与，所以经费的消耗主要集中在维持系统运行、保障试验人员等方面；在试验结束后，系统仅需简单恢复即可还原，经费很低。由此可见，采用仿真试验法开展装备体系试验对经费的需求是相当低的，具有很突出的经济性。

（3）易于重复。通常情况下，仅凭一次试验的结论很难说明某个问题，只有通过多次试验反复得出同一结论，才能确保结论的真实性和可信性。此外，仅凭一次试验很难发现隐藏的规律性问题，只有通过多次试验，尤其是调整输入参数情况下的多次试验，才能促使人们透过表象看到本质，从而更大地发挥试验的价值。此即装备体系试验具有很强的重复试验的需求。采用仿真试验法开展装备体系试验非常便于重复试验，模型可以完全依托计算机无限次地运行，即试验可以无限次地重复，而且，调整试验输入参数从而改变装备特征进行试验对于仿真模型而言同样非常方便。

（4）规模不限。装备体系试验涉及装备种类和数量较多，如果使用实装试验的方法对有大量装备构成的装备体系试验，其组织协调工作十分复杂、试验队伍相当庞大、试验测试工作非常艰难，试验中一旦某些具体的试验点出现问题和偏差，则很有可能导致整个试验的失效。然而，采用仿真试验法就可以有效避免由试验规模带来的试验复杂度的问题。采用仿真试验法进行装备体系试验的试验规模，主要受到计算机计算能力、网络数据交换能力、仿真模型运行能力和网络节点同步能力等方面因素的制约，如果武器装备仿真模型能够全面覆盖被试验对象并具有较高的可信度，同时计算机网络能够提供足够的数据交换速度，那么从理论上看，采用仿真试验法可以满足任意规模的装备体系试验需求。

（5）建模困难。制约采用仿真试验法开展装备体系试验的关键因素，就是系统仿真模型的可信度。模型是对系统的近似，因此通常期望模型能够尽最大可能接近真实系统，同时模型也是对系统的简化，但凡简化就有可能造成信息的丢失从而导致失真。因此，模型真实性差、可信度低通常是数字仿真系统无法回避的客观实际。由于进行装备体系试验要面对装备、环境等诸多因素，要想使建立的模型逼近真实系统是非常困难的，有时甚至是不现实的，故而模型的可信度成为制约仿真试验法使用的瓶颈，这也是仿真试验法优势如此之多，仍无法完全替代实装试验的根本原因。

2.6.3　综合试验法

真实环境下的真实系统试验逼真度较高，但试验成本也高，开展体系试验所需的复杂环境和边界条件难以实现；虚拟环境下的全数字仿真试验和半实物仿真试验成本较低，可以构造所需的复杂环境和边界条件，但如果没有真实系统试验数据支持，其仿真结果的置信度会降低。综合试验法就是结合先验试验数据进行综合性的试验规划与设计，综合协同利用试验和分析、数学建模、仿真和分析等多种试验分析方法，以建模与仿真作为试验与评价知识库及各试验流程之间的沟通、反馈工具，使构造仿真、虚拟仿真、实况仿真和实装试验有机结合对装备体系进行试验与评估的试验方法。简而言之，综合试验法就是在组织关系不变的情况下，以实装、模拟器与数字仿真系统相结合进行的试验。综合试验法将靶场相互独立的内、外场资源统筹兼顾，

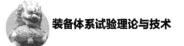

形成虚实融合、功能互补、实时运行、统一控制的虚实合成试验体系，能够完成因受环境条件制约真实系统难以完成，或受模型因素制约仿真系统难以完成的试验任务，是靶场进行体系试验必须采用的技术手段，也是开展体系效能评估的有效技术途径。综合试验法实质上就是"虚实结合试验法"，即将仿真试验与实装试验进行一体化设计，对考核内容与试验项目进行统一管理，对试验数据进行一体化处理，最终对试验结果进行综合评估的过程。虚实结合的试验方法强调实兵实装、实兵虚装、虚兵实装及仿真实验（虚兵虚装）几种模式的综合运用，它更强调的是一种试验的模式和理念，而不是具体的方法。

1）试验指标度量过程

基于综合试验法的试验指标度量过程如图 2-5 所示。

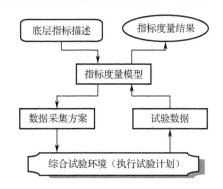

图 2-5　基于综合试验法的试验指标度量过程

整个试验指标度量过程是以指标度量模型为核心的。首先，根据底层指标描述建立指标度量模型，并根据指标度量模型设计数据采集方案；然后，根据数据采集方案构建综合试验环境，并执行试验计划；最后，根据试验执行情况进行试验数据的收集，并以指标度量模型计算出指标度量结果。

2）主要特点

与实装实验法和仿真试验方法相比，综合试验法可吸收二者优点、克服二者不足，主要表现在以下方面：

（1）传统的仿真试验法只是在计算机上依照模型运行计算，调用的数据是存储在数据库里的静态数据。综合试验法则是在充分考虑以往试验数据的基础上，在计算机、模拟器与实装有机结合构成的试验环境下进行的。它可以及时、动态地获取数据，及时输出结果到其他活动中进行运用和检验。因此，综合试验法的模型可以得到动态地检验和确认，从而能保证整个试验较高的可信度。

（2）在保证试验可信度的条件下，综合试验法可以最大限度地降低试验难度和试验成本。综合试验法在装备试验非主要部位或非关键环节可以用模拟器代替实装，用模拟器进行作战指挥信息的收发与处理，既减少了试验所需的实装数量，解决了大量实装难以集结的困难，又降低了试验成本，可大大缩短试验周期。

（3）综合试验法的数据来源有先验数据、仿真数据和实测数据，需要使用更多的数据处理方法，数据处理更为灵活，能更为全方面地评估装备体系基本作战单元整体性能。

由此可见，相对于实装试验和仿真试验而言，综合试验能够综合两者的优点，既能简化组织关系，降低试验成本，避免危险，节约时间，又能保证试验较高的可信度。

2.6.4 三种方法综合比较

三种方法的综合比较见表 2-1。

表 2-1 三种方法的综合比较

试验方法	费用	周期	操作复杂性	危险性	可重复性	可信度
实装试验法	高	长	高	高	不可重复	高
仿真试验法	低	短	中	低	全部可重复	低
综合试验法	中	中	较高	较低	部分可重复	较高

试验方法选择的基本原则如下：

（1）效果可信性原则。在装备体系试验过程中，应根据具体试验任务，综合分析试验方法的优缺点，全面评估各种试验方法的效果可信性，对各种试验方法进行优化分析，科学确定试验方法在具体试验项目中的应用原则和范围。

（2）技术可行性原则。装备体系试验技术含量高，对试验设备、试验场地和试验人员均有较高的要求，应充分考虑技术可行性原则，根据试验装备的技术性能情况和试验人才专业素质情况，经过综合考虑来选择装备体系试验方法。如果本单位实际试验技术能力达不到试验方法的要求，就要慎重考虑，否则可能误导试验结论。

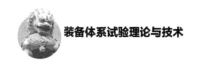

（3）经济可行性原则。在选择试验方法时，还应考虑其经济可行性问题，要根据试验经费保障程度，本着厉行节约的原则进行试验。力争在不影响试验效果的前提下，通过对试验方法进行优化综合，尽量减少试验消耗，取得试验质量效益和经济效益的双重成果。

根据上述原则和我军实际情况，进行装备体系试验，应以综合试验法为基础，采取"物理、仿真相结合""规模由小到大"的试验模式。其中，"物理、仿真相结合"的综合试验，是指在组织关系不变的情况下，以实装、模拟器和数字仿真系统相结合进行的试验。相对于实装试验法和仿真试验法而言，综合试验法能够综合两者的优点，不仅可以简化组织关系、降低试验成本，还能保证试验较高的可信度。"规模由小到大"的试验，指的是在装备体系基本确定后，按照基本作战单元、作战单元、体系的顺序进行试验。其中，体系由作战单元组成，作战单元由基本作战单元组成，基本作战单元试验和作战单元试验是体系试验的基础，也是体系试验的组成部分。

参考文献

[1] 郭齐胜，姚志军，闫耀东. 武器装备体系试验问题初探[J]. 装备学院学报，2014，25（1）：99-102.

[2] 郭齐胜，姚志军，闫耀东，等. 武器装备体系试验工程研究[J]. 装甲兵工程学院学报，2013，27（2）：1-5.

[3] 傅妤华，邢继娟. 武器装备体系联合试验研究[J]. 军事运筹与系统工程，2015，29（1）：65-70.

[4] 石实，曹裕华. 美军武器装备体系试验鉴定发展现状及启示[J]. 军事运筹与系统工程，2015，29（3）：46-51.

[5] 李进，张连仲，申良生，等. 武器装备体系试验内涵与模式研究[J]. 装备学院学报，2015，26（5）：110-112.

[6] 凌超，王凯，刘中旺，等. 武器装备体系作战试验方案设计研究[J]. 装备学院学报，2016，27（6）：112-116.

[7] 凌超，王凯，刘忆冰，等. 装备体系作战试验想定设计[J]. 装甲兵工程学院学报，2018，32（1）：12-17.

[8] 刘帅，廖学军，张宏江，等. 装备体系作战试验总体方案设计[J]. 装甲兵工程学院学报，2019，33（3）：10-16.

[9] 董志明，高昂，郭齐胜，等. 基于 LVC 的体系试验方法研究[J]. 系统仿真技术，2019，15（3）：170-175.

[10] 苗东升. 复杂性科学研究[M]. 北京：中国书籍出版社，2012.

[11] 钱学森. 创建系统学（新世纪版）[M]. 上海：上海交通大学出版社，2007.

[12] 胡晓峰，杨镜宇，张明智，等. 战争复杂体系能力分析与评估研究[M].北京：科学出版社，2019.

[13] 张宏军. 武器装备体系原理与工程方法[M]. 北京：电子工业出版社，2019.

[14] BERTALANFFY L V. General system theory: foundation, development, applications[M]. New York: George Braziller, 1968.

[15] 于景元. 系统科学和系统工程的发展与应用[J]. 科学决策，2017（12）：1-18.

[16] BHASKAR R. A realist theory of science[M]. Hassocks, England: Harvester Press, 1978.

[17] PAWSON R D, Tilley N. Realistic Evaluation[M]. Sage Publications Ltd, 1997.

[18] HOPFIELD J J. Neural networks and physical systems with emergent collective computational abilities[J]. Proceedings of the National Academy of Sciences of the United States of America, 1982, 79(8): 2554-2558.

[19] 郭齐胜,罗小明,潘高田. 武器装备试验理论与检验方法[M]. 北京：国防工业出版社，2013.

第3章

装备体系试验组织实施与技术问题

试验组织关系与实施流程是装备体系试验工作必须解决的重要问题。本章简要介绍装备体系试验组织关系，以及装备体系仿真试验、一体化试验、作战试验与在役考核的基本流程和装备体系试验技术问题。

3.1 装备体系试验组织关系

由于装备体系试验组织复杂，分系统设置方式相对较多，信息和资源交互较为频繁，为了简洁表达组织关系，专门构建了组织关系视图模型。

3.1.1 组织机构划分

在装备体系试验活动中，在试验开始前按照编制隶属关系，试验活动涉及的单位包括试验活动监管部门、试验组织实施部门及试验技术支持单位等，根据试验检验需要，从这些单位中抽组形成体系试验专项机构。

3.1.2 试验系统划分

试验展开后，专项机构将形成指挥部、导调部、红方兵力、蓝方兵力、测试测量系统、试验资源管理系统、技术保障系统及试验保障系统等不同分系统，各司其职，完成检验任务。装备体系试验组织编成关系如图 3-1 所示。

3.1.3 试验角色分工

装备体系试验工作需要由 7 种角色共同完成，分别是试验管理者、分析评估人员、试验设计人员、运行支撑人员、导调人员、参试人员及技术支持人员，具体见表 3-1。

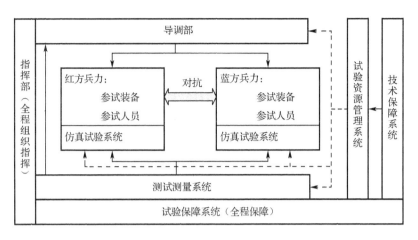

图 3-1 装备体系试验组织编成关系

表 3-1 体系试验角色分工

序号	角色名称	系统节点	主要职责	相关部门
1	试验管理者	指挥部	作为试验任务发起者，主要负责任务活动决策、经费划拨及验收审查等	主管机关
2	分析评估人员	导调部、试验资源管理系统	主要负责试验任务分解、结果评估，并辅助主管机关做好管理工作	总体分析评估单位
3	试验设计人员	测试测量系统、试验资源管理系统	主要负责试验总体方案论证、试验科目设计	试验基地、相关院校
4	运行支撑人员	测试测量系统、试验资源管理系统	主要负责数据采集、仪器设备操作及系统管理等，是试验资源的拥有者	试验基地、试验部队
5	导调人员	导调部	主要为试验活动导调和协调人员	有关部门
6	参试人员	红方兵力、蓝方兵力	主要为装备操作人员、指挥人员	部队
7	技术支持人员	技术保障系统	主要为系统维护人员、系统开发人员	军工集团、高校与研究院所、国有与民营企业等

3.2 装备体系试验基本流程

本节重点介绍装备体系仿真试验、一体化试验、作战试验和在役考核的基本流程。

3.2.1 装备体系仿真试验基本流程

合理开展装备体系仿真试验，能够有效增加作战试验评估的可信性，并减少实装试验的时间和费用，为试验前的预测和试验后的验证与外推（补充试验）提供数据支持。其主要任务如下：

（1）总体方案论证。主要包括优化试验科目、评估试验计划、验证试验安全、推演作战过程，以及分析试验数据需求等。

（2）任务实施。主要包括预估试验结果、辅助实装试验，以及开展独立仿真试验等。

（3）分析评估。主要包括开展补充试验、校核仿真模型，以及外推试验结果等。

作战试验仿真的基本流程包括仿真试验的设计、准备、实施及总结 4 个阶段。

3.2.1.1 仿真试验设计

在确定试验任务后，具备仿真试验能力的单位通过开展需求分析，细化试验目的和要求，明确试验问题和方法，确定试验步骤和输入、输出要求，以制定仿真试验实施方案。

1）问题分析

问题分析内容包括：

（1）依据作战试验总体方案和仿真试验任务，选择评估指标。

（2）确定仿真试验的自变量和干扰变量，重点是可控的关键自变量（试验因子），并明确变量的类型、量度及取值、分布等。

（3）建立试验变量与指标体系之间的关系，构建计算模型。

（4）确定试验的边界和限制条件。

2）仿真设计

仿真设计内容包括：

（1）确定试验分析方法，对试验因素进行选择和规划，优化仿真试验参数。

（2）确定试验模型、数据和运行环境需求，具体包括仿真模型的种类、数量、粒度和接口，基础数据的类型、数量和交换格式，硬件的数量、规格和网络链接要求，以及软件的版本、数量和部署要求等。

（3）对仿真试验的运行方式和控制参数进行设置，包括运行次数、运行步长、起止时间、仿真粒度和异常处理条件等。

（4）对仿真试验的输出数据进行规划，明确采集记录仿真数据的内容、频度、格式和存储要求等。

3）方案拟制

试验方案包括下述内容：

（1）概述。主要包括试验目的、依据等。

（2）试验任务。主要包括研究的问题及对应的试验科目、试验条件和基本假设等。

（3）试验方法。主要包括采用的试验设计方法、数据采集要求、结果测量或统计方法、试验分析方法及问题处置方法等。

（4）试验计划。主要包括参与人员与培训计划、试验各阶段进度安排及试验次数设定等。

（5）系统要求。主要包括拟采用的仿真系统名称、对模型和数据的内容要求及硬件环境要求等。对需要新增模型（数据）的试验方案，应明确模型（数据）的来源及模型合理性校验的责任与方法。

（6）基本想定。主要包括作战背景、兵力编成与部署、责任区域划分及兵力出动计划等。

（7）保障条件。主要包括对试验组织、人员管理、经费使用和试验实施等相关要求。

3.2.1.2　仿真试验准备

仿真试验准备工作包括：

（1）硬件准备。根据试验方案要求和试验条件，配置试验硬件环境，具体包括使用的设备型号、规格及网络链接要求等，并对试验环境进行调试、检测和确认。

（2）模型准备。根据试验指标评估需求，确定试验模型的数量、种类、粒度要求及获取方法。对新增的模型需要进行 VV&A，以确保其可信度。

（3）数据准备。根据试验指标评估需求，确定试验输入数据及格式要求、获取方法。对新采集的数据需要进行 VV&C，以确保其可信度。

（4）想定准备。仿真试验想定以作战试验想定为基础进行转化，其内容可根据试验任务和仿真系统情况进行适当剪裁。

（5）工具配置。根据仿真试验要求，对试验设计、态势显示、数据分

析及结果展示等工具和服务构件进行恰当组织和集成，用于解决具体试验问题。

（6）人员配置。根据试验方案要求，配齐所需的试验人员，包括试验管理员、想定制作员、系统操作员、试验监督员、试验记录员和试验分析员等。参加试验操作的人员需持证上岗。

（7）系统校准。仿真系统校准可结合数据校准进行。将仿真数据录入仿真系统，实现对装备性能参数进行仿真，同时结合数据校准过程对仿真系统的软硬件环境进行校准。仿真系统一旦校准完毕，系统技术状态将被固化。

3.2.1.3　仿真试验实施

仿真试验实施内容包括：

（1）试验运行。按照已评审通过的实施方案（或试验大纲）组织实施仿真试验。

（2）数据采集。按照预先制定的数据采集策略采集试验数据，包括初始条件数据、试验控制数据、仿真态势数据和仿真结果数据等，并按规定要求进行存储。

3.2.1.4　仿真试验总结

仿真试验总结包括：

（1）数据预处理。对仿真试验设计和试验方案预定的输出结果进行初步统计分析，检验输入/输出的匹配性和合理性。

（2）结果评估。依据仿真试验方案中规定的评估方法和确定的指标体系进行分析评估，为方案优化、结果预估提供支撑。

（3）报告撰写。完成试验数据的预处理和结果评估后，撰写作战试验仿真分析报告。

3.2.2　装备体系一体化试验基本流程

装备体系一体化试验过程可划分为需求计划、筹划设计、条件准备、试验实施及试验总结 5 个阶段，而这 5 个阶段又可细分为 35 个步骤，如图 3-2 所示。

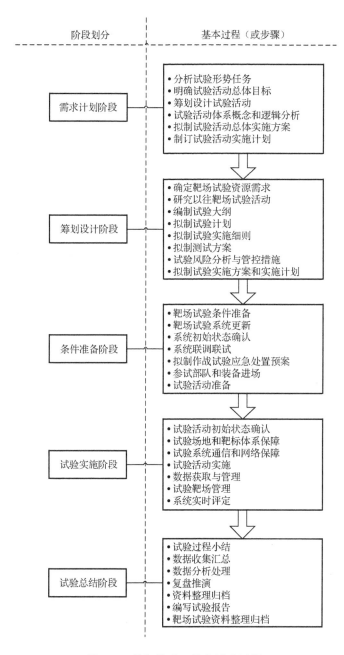

图 3-2　装备体系一体化试验过程

3.2.2.1　需求计划

装备体系一体化试验在装备论证阶段将形成一个总案、三个大纲,作为

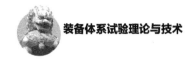

检验的指导文件贯穿装备全寿命周期。试验由管理机构组织、总体单位牵头，其他承试单位参加，目的是完成检验总体方案编制，明确检验的目的和总体设想，确定评估指标，并在适当时机下达检验任务，拨付检验经费。

1）基本步骤

需求计划阶段侧重于对上级赋予的试验任务进行细化，须在试验活动开展前完成。在该阶段，管理者、分析评估人员和训练设计人员协同工作，以确定试验活动的总体目标。分析评估人员和训练设计人员通过对试验活动进行可行性分析，以及对任务能力进行评估，筹划设计试验活动，拟制企图立案。基于试验任务和企图立案将试验体系概念模型分解为物理实体、环境实体、组织实体及层次结构等。随后生成相关方案计划，明确如何从试验活动中得出相关结论、结论的获取需由哪些数据支撑，以及如何获取和分析相关数据。该阶段的主要输入是开展试验活动的依据，即上级赋予的试验任务。试验活动管理者、分析评估人员及训练设计人员依据上级赋予的试验任务筹划设计试验活动。基本过程可分为分析试验形势任务、明确试验活动总体目标、筹划设计试验活动、试验活动体系概念和逻辑分析、拟制试验活动总体实施方案，以及制订试验活动实施计划 6 个步骤，如图 3-3 所示。

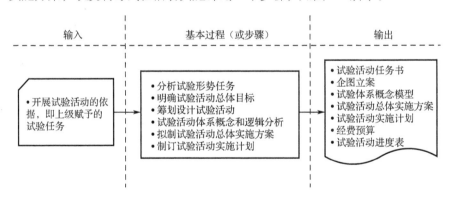

图 3-3　需求计划阶段工作流程

（1）分析试验形势任务。领会理解上级关于组织试验活动的决策意图，分析本单位试验现状和形势任务，找准能力差距和条件建设不足，确定试验活动的指导思想和总体原则。

（2）明确试验活动总体目标。明确组织试验活动需达到的总体目标，即通过开展试验活动最终能达成的目的和实现的目标。这些目标最终将包含在试验活动总体方案中。

（3）筹划设计试验活动。规划设计参与试验活动的场地、兵力、装备及仿真系统、试验科目、主要行动、试验环境构成、虚实兵力和模拟器编配关系等。描述所有参与对象及其基本行为，包括想定运行时所有对象之间的相互关系。

（4）试验活动体系概念和逻辑分析。组织对试验活动体系进行概念分析，对活动全流程进行逻辑分析。这些分析与试验活动中哪些兵力和装备是真实的、哪些兵力和装备是虚拟的无关，这样可以保证试验活动能够与上级赋予的试验任务具有可追溯性，并与试验活动的总体目标相一致。

（5）拟制试验活动总体实施方案。积累之前步骤的结果并形成试验活动的总体实施方案，具体包括指导思想和原则、总体目标、任务安排、兵力装备、科目设置、主要行动、仿真系统构建及试验环境等内容。

（6）制订试验活动实施计划。主要形成试验活动分析计划（通过分析各步骤，阐明如何完成试验活动的目标）、进度安排和经费预算等。

2）主要输出

该阶段的主要输出包括 7 项内容：试验活动任务书、企图立案、试验体系概念模型、试验活动总体实施方案、试验活动实施计划、经费预算和试验活动进度表。

（1）试验活动任务书。它主要用来描述试验活动的决策意图、需回答和解决的问题、想得出的结论、要达成的目标和试验活动的相关约束条件。相关约束条件主要包括开展试验活动的经费预算、活动实施进度、虚实兵力装备确定，以及规定的数据收集和分析方法。

（2）企图立案。站在管理者的角度描述试验活动的背景，而不必关注场景的具体实现方式（如哪些实体是真实的，哪些实体是通过仿真实现的）。企图方案是在规定的约束条件下，明确参与试验活动对象的粒度和数量、组织实体、参与试验活动的人员，以及试验活动的时间安排等内容。

（3）试验体系概念模型。包括参与试验活动实现的实体类型、数量和交互关系等。该模型是规划试验活动的基础，并且提供有关试验体系中仪器设备、数据采集、通信联络和各类资源调配的信息。

（4）试验活动总体实施方案。包括指导思想和原则、总体目标、任务安排、兵力装备、科目设置、主要行动、仿真系统构建和试验环境等内容。

（5）试验活动实施计划。文档包含从试验活动中得出何种结论，以及这些结论如何确定。文档主要从上级赋予的试验任务出发，结合企图立案并根据从试验体系概念及活动实施期间采集的数据及其处理方法得出试验的结论。

（6）经费预算。根据上级赋予的试验任务和可用预算，综合开展试验活动各方面因素，形成一个全面的预算。

（7）试验活动进度表。它是根据上级赋予的试验活动任务所制定的整体进度安排，负责明确试验活动策划中的事项和步骤（试验策划中发生事件的详细时间表）。

3.2.2.2 筹划设计

该阶段的主要目标是明确试验任务，生成一系列详细计划，具体包括：试验活动执行；想定中的实体、事件和时间线；靶场资源保障；分析操作；数据采集。在事前阶段规定参与人员和必要的靶场资源基础设施。完成创建活动所有必需的计划，包括想定、经费预算和进度的详细计划。试验活动策划的输出是文档，而非硬件或软件。

1）主要输入

筹划设计阶段的输入主要来自需求计划阶段的输出，即试验活动任务书、企图立案、试验体系概念模型、试验活动总体实施方案、试验活动实施计划、经费预算和试验活动进度表，如图3-4所示。

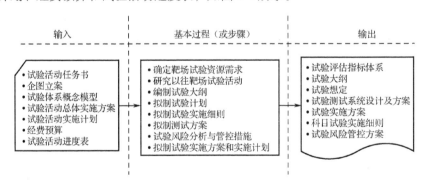

图3-4 筹划设计阶段工作流程

（1）确定靶场试验资源需求。梳理完成试验资源活动的信息列表，包括参与人员、计算机、软件、网络、应用程序、被测系统或者参训人员。这一步要考虑试验活动的约束条件，包括可用性、成本、安全限制、真实性和精确性，以及质量和风险管控等。另一个目的是，列出当前的靶场内部资源，因为这些资源会被设计成可以在不同试验活动中反复使用。

（2）研究以往靶场试验活动。通过研究分析以往的试验活动（包括试验活动的想定、试验数据及经验教训），确定此次试验的环境，以满足典型条件下作战效能和作战适用性的考核要求；兼顾武器装备的作战运用方式和能力检验要求，合理确定试验规模，以满足关键问题试验需求。

（3）编制试验大纲。制订靶场试验活动的详细计划，包括任务依据、试验类型、试验目的、试验时间及地点、参加兵力、被试装备与陪试装备和测试仪器设备、试验弹药及靶标和威胁物、试验想定概述、考核指标及方法与准则、试验科目方法及要求、数据采集方法及管理要求、通信指挥显示方案、试验风险分析与管控措施、试验中断与恢复、试验组织与任务分工、试验保障，以及编制说明等内容。

（4）拟制试验计划。具体包括兵力动用、装备动用、后勤保障、装备保障、通信保障、安全保密、试验环境构设及仪器设备使用等计划。

（5）拟制试验实施细则。明确试验时间和区域、参试兵力与装备及弹药，以及试验实施的具体方法，按节点按步骤详细描述；明确测试装备、靶标等具体安装布设，以及作战和对抗环境的构建，按照测试装备、人员的分工制定数据采集方案，要求定岗、定人、定位，并制定数据采集表，明确科目实施所需的通信、测绘、机要、气象、安全、弹药器材及试验损耗等保障要求及责任单位和人员。

（6）拟制测试方案。对测试系统进行设计，包括测试系统构建依据、功能描述及作用，给出测试系统总体架构，并明确架构中各要素的含义；给出信息采集层对应的仪器设备组成、用途和工作原理等，明确信息传输方式和组网方式、试验数据管理分析系统软件架构与软件功能和界面示例，以及测试系统关键技术和解决方法，依据作战试验内容和科目，具体给出测试内容、测试设备和测试方法。

（7）试验风险分析与管控措施。试验风险分析与管控措施是试验大纲中的内容，它主要根据识别出的风险，本着提前预防的原则，消除风险源，从而降低风险发生造成的损失，同时明确各类试验风险的类别、危害等级和预防措施。

（8）拟制试验实施方案和实施计划。实施方案内容包括试验时间和地点、试验内容、兵力和装备动用、器材和弹药需求、组织机构、试验实施、安全风险评估及应急处置预案等，并以附件的形式，分科目制定作战试验实施细则。实施计划包括完成试验所需人员、装备、弹药及场地等的组织实施计划。

2）主要输出

该阶段的主要输出有试验评估指标体系、试验大纲、试验想定、试验测试系统设计及方案、试验实施方案、科目试验实施细则，以及试验风险管控方案。

（1）试验评估指标体系。评估指标体系是试验总案作战试验部分的重要内容，也是试验科目设计和实施的基础，还是作战试验评估的基本依据。其内容包括评估指标体系类型、评估指标体系构建原则与流程、评估指标体系构建方法，以及评估指标阈值确定方法。

（2）试验大纲。其内容包括任务依据、试验类型、试验目的、试验时间及地点、参加兵力、被试装备与陪试装备和测试仪器设备、试验弹药及靶标和威胁物、试验想定概述、考核指标及方法与准则、试验科目方法及要求、数据采集方法及管理要求、通信指挥显示方案、试验风险分析与管控措施、试验中断与恢复、试验组织与任务分工、试验保障，以及编成说明等。

（3）试验想定。其内容包括企图立案、基本想定和补充想定。

（4）试验测试系统设计及方案。其内容包括概述、设计原则、系统设计、拟解决的关键技术和测试方案等。

（5）试验实施方案。其内容包括概述、试验时间、试验地点、兵力和装备培训、组织机构、指挥关系、试验进度安排、试验实施细则、作战试验实施最低条件、试验中断与恢复，以及试验安全等。

（6）科目试验实施细则。其内容包括试验时间和区域、参试兵力、装备及弹药、试验准备、试验实施、数据采集、相关保障，以及试验风险分析与管控措施等。

（7）试验风险管控方案。预测试验实施期间的各类风险并给出处置措施。

3.2.2.3　条件准备

条件准备阶段的总体目的是为试验活动做好物质准备。不同于试验活动策划环节的文档输出物，该阶段的输出是软件应用程序、数据库和靶场资源配置。作为该阶段的一部分，需要完成逻辑靶场对象模型（LROM）的定义，全部靶场资源应用程序被升级到能够支持LROM，同时对逻辑靶场配置进行集成、测试、预演，并为试验活动的执行做好准备。

1）主要输入

条件准备阶段的输入共有7项，主要来自上一阶段的输出，即试验评估指标体系、试验大纲、试验想定、试验测试系统设计及方案、试验实施方案、科目试验实施细则，以及试验风险管控方案，如图 3-5 所示。

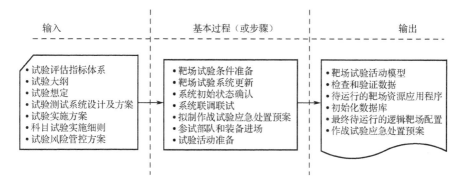

图 3-5　条件准备阶段工作流程

（1）靶场试验条件准备。其内容包括试验场地条件准备和系统条件准备。试验场地条件准备，是在勘察试验场地的基础上，由参训部队负责构建试验所需工事、障碍和掩体等，试验单位和参训部队分工负责靶标体系的设置、安装、调试和维护。系统条件准备包括：试验单位负责、相关承试单位配合完成数据采集系统的安装、调试工作；担负作战试验仿真的单位同步构建仿真系统环境，并构建、完善仿真模型。

（2）靶场试验系统更新。在试验实施前，做好装备技术准备工作，重点检查被试装备、参试装备、数据采集所需的仪器设备、靶标系统及实兵对抗交战系统等技术状态、系统功能，对装备进行加改装、调试、校验和保养等。

（3）系统初始状态确认。每个靶场资源应用程序需要一些信息才能成功启动，该信息可以包括想定信息、合成环境信息和初始化参数等。每个应用根据其具体需求将需要不同的初始化信息。在靶场活动开始前，创建所有信息并将其存储在试验活动数据管理系统中。

（4）系统联调联试。组成逻辑靶场的硬件、软件、数据库和网络通过组装形成一个系统并进行测试，以确保它们能够按预期进行通信和操作。通常，在整个逻辑靶场集成之前，先进行逻辑靶场分系统的设置和测试，从而可以在全系统联调测试之前确保分系统正常工作。注意，该步骤也包括仪器的校准工作。

（5）拟制作战试验应急处置预案。该步骤旨在针对逻辑靶场的硬件、软件、仪器和网络可能出现的异常制定相应的解决预案。

（6）参试部队和装备进场。依据试验任务要求和人员、装备动用计划，由试验指挥机构组织参试人员和装备进驻场地。

（7）试验活动准备。试验单位、作战部队、科研院所和军事院校、承研承制单位等联合组织作战部队参试人员进行先期基础培训、实装操作培训、系统运用训练和数据采集培训，再通过适时组织考核评估，根据试验需求选择参试人员。

2）主要输出

条件准备阶段的主要输出是可运行的逻辑靶场，包括逻辑靶场的对象模型、相关靶场资源应用程序和数据库，主要如下：

（1）靶场试验活动模型。即对试验靶场所包含的靶场资源应用程序之间传输的所有信息进行编码。它可以包含标准对象和自定义对象。

（2）检查和验证数据。即描述执行前的逻辑靶场的状态，包括在测试和预演步骤中发现的任何局限。

（3）待运行的靶场资源应用程序。在逻辑靶场运行中使用的靶场资源应用程序可能需要升级才能兼容特定的逻辑靶场对象模型。升级后，这些应用程序可在特定靶场活动中执行。

（4）初始化数据库。每个靶场资源应用程序需要相应的初始化信息，才能在特定的靶场活动中启动。逻辑靶场开发人员和靶场资源开发人员在执行该事项时创建数据库，并作为试验活动数据管理系统的一部分。

（5）最终待运行的逻辑靶场配置。该事项的最终产品是一个功能齐全、已经过测试的完整逻辑靶场，它包括已经能正式执行的所有应用程序、工具和网关。

（6）作战试验应急处置预案。其内容包括目的、原则、影响因素分析和处置方法等。

3.2.2.4　试验实施

试验实施阶段以试验活动策划为指导，基于试验活动构建、设置和预演之后创建和测试的靶场资源、数据库和网络，执行试验活动，并由试验活动操控人员监测、管理和控制。在执行过程中会采集必要的数据，并进行一系列实时/快速分析。

1）主要输入

试验实施阶段的主要输入有 5 项，具体如下：

（1）靶场活动执行计划——指导靶场活动的最重要的文件，在试验活动策划过程中产生。

（2）逻辑靶场对象模型——信息交换的蓝图，用于指导靶场资源应用程序运行时的信息交换和数据采集器、分析应用程序之间的信息交换。其在试验活动构建、设置和预演过程中形成。

（3）待运行的靶场资源应用程序——应用程序本身，在试验活动构建、设置和预演过程中实现升级或创建。

（4）最终待运行的逻辑靶场配置——逻辑靶场本身，在试验活动构建、设置和预演过程中集成和测试。

（5）初始化数据库——包含逻辑靶场中每个参与者正常运行所需的信息。在试验活动构建、设置和预演过程中创建。

2）基本步骤

试验实施阶段工作过程如图 3-6 所示。

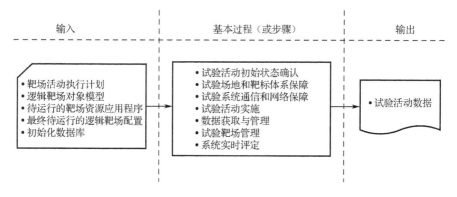

图 3-6　试验实施阶段工作流程

（1）试验活动初始状态确认。在该过程中，所有逻辑靶场资源从数据管理系统中读取初始化信息，并将这些信息代入其运行状态，所有试验活动角色做好试验活动的准备工作。

（2）试验场地和靶标体系保障。为了让每个靶场资源充分发挥其功能，必须在试验活动执行期间控制和监测应用程序的运行。该过程可以检测出应用程序的错误，并进行解决或改善。

（3）试验系统通信和网络保障。通信管理工具能辅助监测和管理逻辑靶场所使用的网络。

（4）试验活动实施。即根据计划运行想定。每个作战单元或系统，无论

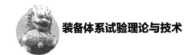

是否作为试验活动的一部分，都根据其计划和导调人员的反馈而行动。

（5）数据获取与管理。基于数据采集计划（试验活动分析计划中的一部分）进行相关数据的采集。

（6）试验靶场管理。试验靶场作为一个整体被管理和监测，并以满足委托方的需求为目的进行调整。

（7）系统实时评定。虽然在事后会针对试验活动产生的数据进行分析评估并形成报告，但在这里会针对试验活动进行评定。基于实时数据分析的评定着眼于改变一个试验活动的进程，以确保按计划满足委托方的需求。

3）主要输出

执行任何一个逻辑靶场的主要输出是试验活动数据，即试验活动运行期间采集的数据。其他重要的非实体输出可能包括试验活动专门创建的测试或训练环境，以及参训人员获得的培训经验。作为主要输出的试验活动数据，其中一部分数据（定义在数据采集计划——试验活动分析计划的一部分）在实时分析中会被用到。这些数据通过逻辑靶场对象模型（电子数据）和靶场活动执行计划（不能用数据采集器在网络上采集的过程数据和其他数据）进行描述。

3.2.2.5 试验总结

试验总结阶段的主要目的是针对试验活动执行情况及采集的数据进行详细总结和分析。对于试验活动，分析评估回答了决策层的基本问题。对于训练活动，在试验活动执行环节已经实现大量的训练价值；然而，分析评估也为参训人员和其他参与者提供了重要的反馈，从而增强了训练活动的价值回报。针对试验活动的回顾可以对执行过程中所有观察到的且有望解决的问题和异常进行经验总结。分析评估与形成报告需要访问分布存储的数据，才能完成分析、显示、任务报告、重放和形成报告等目标。

1）主要输入

试验总结阶段的主要输入有 4 项，具体如下：

（1）初始化数据——在试验活动构建、设置和预演过程中创建。

（2）试验训练活动数据——来自试验活动执行的实时或非实时数据存档。

（3）分析评估应用——来自试验资源库的定制或可重用的应用。

（4）试验活动分析计划——来自试验活动策划。

2）基本步骤

试验总结阶段工作过程如图 3-7 所示。

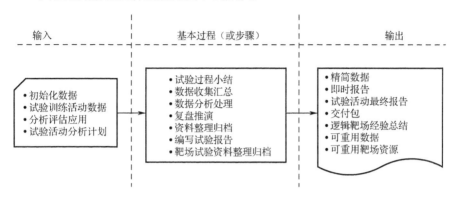

图 3-7　试验总结阶段工作流程

（1）试验过程小结。该分析进程在试验活动仍运行的情况下执行。这种分析的基础可能是由专门的实时数据分析程序或实时查询 EDMS 所收集的数据。即时报告的相关内容将会在试验活动分析计划中详细规定，并以试验活动指挥员或参训人员的要求为基础。

（2）数据收集汇总。在许多情况下，需要在整个逻辑靶场内的多个地理位置收集训练试验活动数据。只有将数据汇总在一个中心位置才可能进行高效率的分析。此汇总进程需要一些时间，必须在进行全面详细的分析之前完成。

（3）数据分析处理。该进程将试验活动数据转换为知识，如在试验活动中发生了何事及其发生的原因。分析数据用于确定被测系统如何执行或参训人员如何表现，并确定在试验活动过程中出现的重大或重要趋势。可重用的分析工具可提供复杂的数据挖掘、模式识别、可视化和统计分析技术，用于协助试验活动分析人员处理数据并得到恰当的结论。

（4）复盘推演。在此进程中，试验活动的重要部分被重播或总结，目的是更好地理解所发生的事项。试验与训练使能体系结构（TENA）重放通用工具可以提供重放特定部分的功能，甚至在必要的情况下可以重放整个试验活动，以达到分析或汇报的目的。

（5）资料整理归档。任何新的可重用软件（包括靶场资源应用程序、网关和应用工具）可提交给靶场资源库，以备后期重用。

（6）编写试验报告。对于试验活动，编写最终试验报告并分发给委托人，

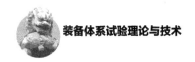

报告包含与试验目的有关的所有信息的总结和分析。对于训练活动，参训人员在训练后会执行事后回顾，目的是强化其在活动期间得到的训练，并形成经验。此外，对于训练演习，同样会生成一个类似最终试验报告的交付包。

（7）靶场试验资料整理归档。每个靶场均与相关知识库相连，知识库中包括特定技术、配置、遇到的问题及采取的解决方案。这些经验教训，为了使其在试验领域能够更好地推广，必须以一种用户友好的格式存储在靶场资源库中，以便逻辑靶场设计人员可以从之前的逻辑靶场已研究并解决的问题中得到启发。

3）主要输出

试验总结阶段的输出是针对试验活动的全方位报告，这种报告可以提供委托方所需的信息，以满足委托方的目的。它主要有7项：精简数据、即时报告、试验活动最终报告、交付包、逻辑靶场经验总结、可重用数据和可重用靶场资源。

（1）精简数据。即由后处理过程生成的数据，包括数据总结和重要训练效能的概况。

（2）即时报告。即时报告是实时或近似实时地对逻辑靶场执行快速粗略分析的结果，其信息内容和格式在试验活动分析计划中说明。即时报告通常是基于逻辑靶场执行过程中的"健康状态"指标监测和异常识别而形成的。

（3）试验活动最终报告。报告通过比对试验活动计划来评估试验活动的实际执行情况，所有数据采集问题、即时评估结果和分析目标均被记录。报告基于试验活动分析计划中阐明的原则，对收集的试验活动数据进行理解，从而得到结论。

（4）交付包。该文档提供试验活动期间产生的所有相关信息，以便委托方工作需要。对于试验活动，交付包可包括试验活动数据管理系统中关于本次活动的全部内容。对于训练活动，交付包由训练教案描述，并由参训人员带回，用以强化其在训练期间获得的经验。

（5）逻辑靶场经验总结。该文档可以帮助了解各种实现方法的相对优点，并探讨试验活动中的配置选项。此外，还描述了逻辑靶场策划和执行中遇到的所有问题，并且通过事后反省，介绍如何能更好地构建试验活动。

（6）可重用数据。本次训练所使用的未来可能有价值的数据，将被存入TENA资源库，如初始化数据、想定数据、环境数据和对象模型数据等。

（7）可重用靶场资源。这些软件应用程序在试验活动构建、设置及预演过程中的"实施更新"步骤创建。它们代表额外的可重用性，可用于后续的逻辑靶场。

3.2.3 装备作战试验基本流程

装备作战试验工作流程是对整个试验工作的全面概括，从装备试验全寿命出发，该流程大致分为 4 个阶段：试验论证阶段、试验准备阶段、试验实施阶段、评估总结阶段，如图 3-8 所示。

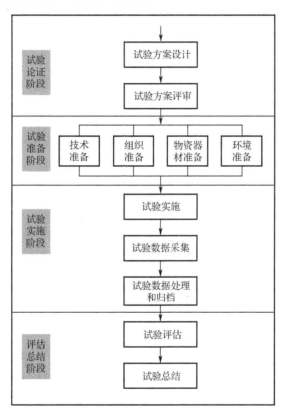

图 3-8 装备作战试验工作流程

1. 作战试验论证

作战试验论证即编制作战试验总案，是编写试验大纲、制订实施计划的基本依据，旨在装备研制立项时，先期明确作战试验考核内容、保障条件等，为装备进入作战试验阶段能够顺利实施提供必要支撑条件。通过评估设计，明确试验基本任务、评估指标和评价准则，以及评估数据需求等；通过初步

试验设计，确定试验想定要求、主要试验科目，形成初步试验方案，明确试验资源需求等。

作战试验论证内容主要包括编制依据、装备系统组成、作战使命任务、作战样式、典型作战任务剖面、作战试验考核内容、指标体系及评估数据需求、评估方法、试验条件、初步试验方案、试验资源需求及管理、作战试验数据管理，以及有关问题说明等。

作战试验论证的基本步骤如下：

（1）确定试验需求。在确定评估指标体系及评价准则的基础上，提出评估数据需求，并给出对应的试验方法、试验科目、数据测试测量方法及试验条件等。

（2）明确想定要求。根据试验需求，明确作战任务的类别（如通道封控、城市作战等）、作战行动及过程（如远程机动、集结、冲击、占领等），以及行动与过程中的环境条件和对抗条件（如自然环境、电磁环境、对抗环境等），坚持"作战牵引、装备主导"的原则，立足将装备作战试验融入作战进程，并根据作战试验要求，基于实战要求设置作战试验环境，按照便于组织全体系、全要素、全过程综合验证，便于装备（体系）作战效能检验，以及便于探索装备（体系）运用模式的要求进行编制。

（3）制定方案。在确定评估数据需求和试验想定要求的基础上，开展初步试验设计，明确试验科目，形成初步试验方案。方案内容主要包括：作战任务描述、作战试验进度安排、各阶段试验的主要目标、被试/陪试装备编配及作战运用要求；考核内容、考核标准、被试/陪试装备数量、主要承试单位及试验基本要求；试验的主要风险及应对措施等。

（4）确定试验资源需求。试验资源需求的确定应遵循统筹规划原则，根据试验科目实际，结合陆装试验条件建设现状，在统一的试验技术标准框架下，提出试验所需的测试、靶标、场地、仿真及后勤等方面条件的保障需求，必要时提出试验技术研发需求，预估所需经费预算。

2．作战试验准备

作战试验准备指从承试单位受领试验任务到试验正式实施的准备工作，主要包括试验前的文书、人员、装备和条件等准备工作。

1）文书准备

需要准备的文书主要包括作战试验大纲、测试方案、实施计划、实施方案及培训方案等。

（1）作战试验大纲。作战试验大纲依据上级下达的试验总案、研制总要求、作战试验任务的年度计划和有关试验规范编制，它是制定作战试验实施方案、组织实施作战试验活动的基本依据。

（2）测试方案。根据试验指标体系，对测试系统进行相应设计，以确保试验指标考核可重复、试验数据获取准确，进而生成作战试验测试系统及设计方案。

（3）实施计划。实施计划由各承试单位分头制订，主要包括兵力动用、装备动用、后勤保障、装备保障、通信保障、安全保密、试验环境构设及仪器设备使用等计划。

（4）实施方案。实施方案依据作战试验大纲而定，内容主要包括概述、试验时间、试验地点、兵力和装备动用、组织机构、试验进度安排、试验实施细则、试验中断与恢复及试验安全等。

（5）培训方案。其内容主要包括装备技术理论、操作使用、战法运用及试验测试等。

（6）制定风险管控方案和应急处置预案。

2）人员准备

组织承试作战部队进行先期基础培训、实装操作培训、系统运用训练和数据采集培训，并适时组织考核评估。

（1）先期基础培训。培训内容主要包括试验装备基础知识培训、主要岗位模拟训练、装备系统联网培训和体系对抗仿真训练等。

（2）实装操作培训。培训内容主要包括试验装备功能组成、工作原理、操作使用、维护保养技能及常见故障排除等，培训方式包括跟研跟产、工厂培训和部队培训。

（3）系统运用训练。它是装备到达试验场地或承试部队后所组织的部队培训训练，主要分为系统组网训练和实装对抗演练两部分，内容包括：成建制成系统的组网配置、开设和维护，装备系统综合运用，以及红蓝对抗演练等。其目标是承试作战部队能够掌握系统组网方法和熟悉实装对抗过程。

（4）数据采集培训。按照试验数据采集需求分科目进行培训。

（5）考核评估。各参与试前培训单位，根据职能分工，分头制定试前培训考核评估方案，对考试不通过人员组织深化培训并重新补考，如切实必要，需要更换考核不达标的参试人员。其总体目标是：试验部队参试人员应与装备列装后进行系统操作、维修和保障的人员专业水平相当。

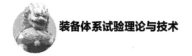

3）装备准备

该准备工作主要包括部队接装和装备技术准备。

（1）部队接装。该事项主要包括接装组织实施计划、装卸载及运输和交接验收等。

（2）装备技术准备。作战试验实施前，各承试单位应做好装备技术准备，主要包括两项工作：一是检查被试装备、陪试装备、数据采集所需仪器设备、靶标系统及实兵对抗交战系统等技术状态；二是对装备和器材进行调试、校验、保养、设置和安装等。

4）条件准备

作战试验通常采用实装试验与仿真试验同步进行的试验模式，既要准备试验场地条件，也要准备作战试验仿真条件。具体条件建设应符合装备作战试验条件建设相关规范和标准。

（1）试验场地条件准备。在勘察试验场地的基础上，主要由承试作战部队负责协调相关试验场地及相应的警戒清场事项，构筑试验所需工事、障碍、掩体，同时负责试验实施过程中的战场烟雾、电磁干扰等对抗条件设置。

（2）作战试验仿真条件准备。着眼试验复杂战场环境模拟需要，构建环境仿真模型；着眼作战标准需要，构建作战模型；着眼体系试验需要，构建虚拟装备模型；着眼试验评估需要，构建能力评估模型。相关模型应充分借鉴国内外同类装备作战、演习及演训数据，并以此为基础进行模型修正，确保仿真模型的可信性、针对性和科学性。原则上采取陆装仿真试验现有硬件条件，如无特殊需要，不采购新的仿真硬件。

3. 作战试验实施

作战试验实施指从试验现场准备到试验所有科目实施完毕过程中，按照试验大纲，通过控制试验各类资源，完成各项试验科目，以获取各项试验数据的实践活动。

1）成立指挥机构

为保障作战试验规范有序开展，作战试验任务现场应成立指挥机构即作战试验现场指挥部，具体包括试验总体指挥组、作战指挥组、测试指挥组、综合保障指挥组和蓝军指挥组等。

2）实施准备

试验实施准备主要包括人员装备进场、初始状态确认和联调联试等内容。

（1）人员装备进场。依据试验任务要求和人员、装备动用计划，由试验指挥机构组织人员和装备进场。

（2）初始状态确认。主要工作包括：确定被试装备、陪试装备及对抗装备的初始技术状态；确定数据采集设备、靶标设施及综合保障条件的准备状态；确定试验场区的清场警戒范围及要求；确定人员救护、消防和排爆条件的准备状态。

（3）联调联试。在开展试验科目之前，承试单位需要依据试验任务和试验想定，确定系统中各子系统之间的体系组成关系，并按先分系统后全系统的顺序进行联调联试，以确保被试/陪试装备指控通信联通，试验导调系统、数据采集系统、激光对抗系统和靶标系统运转正常。

3）科目开展

试验科目一般由分要素试验、专项试验和综合试验组成，现场组织有仿真试验、实装模拟对抗试验和实装实弹试验等方式。科目开展一般包括 3 部分：科目开展前准备、科目实施和科目结束。依照由简入繁的原则，综合考虑安全、时间和经济等要素，统筹安排试验科目开展进程，一般按照先专项试验后综合试验、先模拟对抗后实装试验的顺序开展试验科目。

4）科目转换

在一个试验科目结束后，试验现场指挥部组织实施科目转换，主要工作包括试验数据处理、试验结果分析及试验科目转换决策等。通过数据处理，初步掌握试验数据采集情况，分析数据样本量和可靠性，由试验现场总体指挥组组织制定试验结果分析报告，做出是否进行科目转换的决策，并适时组织开展下一科目的准备工作。试验结果分析报告一般包括科目名称、作战部（分）队及被试装备和数量、参试单位及试验装备和数量、任务完成情况描述，以及科目转换建议等。

5）异常处置

试验进程出现突发事件和异常情况，各岗位参试人员发现后须及时向总体指挥组报告。总体指挥组根据试验大纲规定的试验中断与恢复条件、风险管控方案和应急处置预案进行处理，并及时向管理机构报告。

6）质量管理

质量管理的主要工作内容是依据试验大纲要求，确定试验质量目标，明确各试验科目、环节的质量要求，以对试验关键过程进行分析与控制。在建立健全质量管理体系的基础上，应当依据作战试验要求，落实质量管理目标，

明确作战试验实施条件等质量要求，并在试验任务实施中严格管理过程，保证作战试验数据的完整性和可信度。总体单位应开展常态化试验质量检查，确保科目实施质量、数据采集质量及保障条件质量等。

7）试验转场

试验阶段任务完成后，应组织试验转场。交装单位负责协调装载站，落实发运日期，办理军运手续，组织装备装载和押运，并提前向接装单位通报卸载站、卸载日期及有关要求。接装单位负责装备卸载，并清点装备、随车工具、备品及技术资料等，确认无误后，交接双方在装备交接表上签字。

8）撤收与归建

在完成所有试验科目后，对试验现场进行清理，对装备、物资器材和弹药登记造册，并统一部署组织撤收；承试作战部队则按规定和要求归建。

4. 作战试验评估总结

作战试验评估总结主要包括作战试验综合评估、问题反馈与处理及作战试验总结等内容。

（1）作战试验综合评估。作战试验综合评估是在完成试验总案作战试验部分规定的所有试验任务后，对试验获取的有效数据进行深入分析，并对装备的作战效能、保障效能和部队适用性等进行综合评价的过程。完成综合评估后，输出作战试验综合评估报告，报告内容主要包括总体情况、评估结论、发现的各类问题、装备改进建议，以及对部队编配、训练、作战使用与综合保障等方面的建议和综合评估结论等。

（2）问题反馈与处理。问题反馈与处理是将装备作战试验过程中暴露的装备设计与质量、作战运用、编制编配、供应保障及维修保障等方面的问题，反馈至有关部门，并跟踪整改落实的过程。作战试验问题反馈与处理具有全程性，对于整个试验过程中装备出现的问题要求做好记录并及时逐级上报，在尽可能不影响作战试验进程的情况下，尽早做到技术、管理双归零。

（3）作战试验总结。试验阶段任务完成后，应当及时进行阶段性工作总结。其中，试验组织单位应对实装试验数据进行处理、统计和分析，并编写作战试验数据分析分报告；承试作战部队主要从试验实施方面，总结试验任务完成情况、对装备作战效能和适用性的评价，以及发现的问题和改进建议等；负责作战试验仿真的单位，在仿真试验基础上，基于仿真数据，编写作战试验仿真分报告。

3.2.4　装备在役考核基本流程

装备在役考核主要包括 4 个阶段：在役考核设计、准备、组织实施和评估总结。装备在役考核的主要工作包括：在役考核规划计划拟制、在役考核方案拟制、在役考核任务准备、在役考核组织实施、在役考核评估总结、在役考核问题反馈与处理等，以及贯穿整个在役考核过程的保障与管理工作。装备在役考核工作流程如图 3-9 所示。

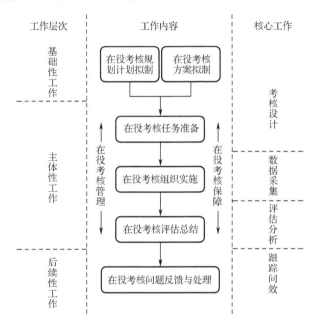

图 3-9　装备在役考核工作流程

上述工作流程中的工作内容可以分为 3 个层面：一是基础性工作，包括在役考核规划计划与在役考核方案拟制两部分内容，它是在役考核项目开展的前提基础工作；二是主体性工作，包括在役考核任务准备、在役考核组织实施及在役考核评估总结三部分内容，它是围绕在役考核项目完成的基本主体工作；三是后续性工作，主要指在役考核项目（或阶段性）任务完成后，组织开展的问题反馈与处理工作。

1．在役考核设计

1）初步设计

在役考核初步设计是在役考核方案编制的基础性工作。在役考核初步设计的主要任务是：根据装备考核对象规模、考核时机和考核强度的不同，充分考虑装备前期试验的成果和装备运用情况，合理确定在役考核的目的，明确在役考核的重点内容及需要解决的关键问题，进而明确在役考核基本任务、评估指标与评价准则及评估数据需求，形成初步考核方案，为后续在役考核大纲的编制和在役考核工作的开展奠定基础。

在役考核初步设计的基本过程是：从在役考核的目的出发，找准在役考核需要关注的重点问题，进而从"评估分析"和"考核实施"两条路线同步展开设计，设计结果最终通过"考核风险分析"确认被接受，从而得到在役考核大纲的核心内容，如图 3-10 所示。

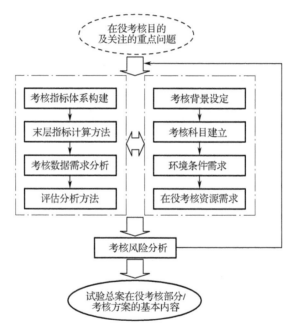

图 3-10   在役考核初步设计的基本过程

（1）以"考核目的"为中心的考核问题设计。在役考核因考核对象的规模不同、考核时机不同及考核强度不同，考核目的也不同。针对具体的在役考核项目的考核目的，考虑其前期开展试验情况，明确在役考核所需关注的重点问题。

（2）以"指标体系"为牵引的考核评估设计。评估是试验鉴定工作的"出发点"和"落脚点"。具体表现如下：一是依据确定的在役考核目的及关注的重点问题，围绕在役考核主要考核内容，确定具体在役考核项目的考核评估指标体系；二是构建指标体系内末层指标的计算模型，可采用作战使用（或战术运用）分析、专家经验及相似装备对比等方式，确定底层评估指标的定性或定量评判准则；三是从指标评判的角度，分析指标评判需要的定性或定量数据，提出数据采集的基本方法或手段；四是建立在役考核综合评判的方法或模型，必要时，可建立"一票否决"的最低判断标准。

（3）以"考核实施"为主线的考核科目设计。考核科目是获取在役考核数据的基本依托。具体表现如下：一是考核背景设定。对于一般在役考核项目，主要依托部队装备正常的战备、训练等工作开展考核，因此，在役考核背景就是围绕装备的动用、维修、管理和供应等计划。对于加强在役考核而言，需要拟制作战想定、开展专项试验，因而其考核背景为上述计划的基础加上作战想定。二是依托拟制的考核背景，并参考评估指标与评判准则及数据采集需求，细化形成在役考核项目。三是依据在役项目，提出考核所需各种环境与条件的构设需求、数据采集设备需求等。四是综合各个试验项目中关于试验资源的不同需求，形成满足整个在役考核工作的试验资源总需求。

（4）以"风险评估"为手段的方案优化设计。分析可能影响在役考核质量、周期及费用的不利因素，以及可能发生的安全问题等，提出在役考核工作的改进建议，不断优化完善在役考核工作内容。如果在役考核设计内容中存在风险过高或难以控制的问题，应返回考核目的，重新调整考核设计。

通过上述在役考核的设计，明确在役考核为什么考（考核目的与重点问题）、考什么（指标体系）、怎么考（考核科目）、怎么评（评估方法与准则）及条件需求等主要问题，初步设计工作成果将体现在试验总案在役考核部分或在役考核方案中。

2）详细设计

在役考核详细设计是在役考核大纲编制的前提性工作，需要重点解决"考什么、怎么考、评什么及怎么评"等关键问题，并统筹考虑在役考核准备、组织实施及评估总结的各项工作内容，为在役考核工作开展提供指导。在役考核详细设计的成果是在役考核大纲的重要输入，同时也是拟制考核实施方案、数据采集方案等各种文书的重要基础。

在役考核详细设计是在初步设计的基础上对在役考核内容与方法的进一步调整、细化，以便在役考核工作能够落实落地，从而为后续在役考核大纲的编制与在役考核的组织实施提供完整构思和具体指导。

（1）在役考核详细设计的输入。在役考核详细设计的输入包括4方面：

一是在役考核方案，它是在役考核详细设计的最重要的参考，也是前期初步设计成果的体现；二是下达的装备在役考核任务计划，它明确了在役考核任务的任务部队、主管机关、考核装备，以及兵力、油料、弹药等资源的动用情况，也是相关任务单位开展在役考核工作的基本约束；三是任务部队的年度训练计划和部队实际条件，其中年度训练计划将影响在役考核的实施内容、进度，而部队实际的场地条件、保障条件及训练条件等也会对在役考核产生影响。四是性能试验与作战试验开展情况，"性能试验—作战试验—在役考核"是迭代推进的 3 个阶段，同属试验范畴，在役考核的详细设计应充分考虑"已考核的内容"和"没有考核的内容"，有针对性地对在役考核内容进行调整与设计，为彻底摸清装备"底数"提供保证。

（2）在役考核详细设计的主要环节。在役考核详细设计的重点工作是对初步设计结果的调整与细化。按照逻辑顺序，包括以下 5 个环节：

① 在役考核目的和关注问题的调整与确认。随着装备列装服役，在役考核的目的和关注问题有可能发生变化，特别是试验总案在役考核部分的编制发生在装备立项与方案阶段，由于距在役考核已有较长的时间跨度，期间装备工程研制、性能试验、作战试验及列装服役等工作都会对在役考核工作产生影响，因此需要再次调整与确认在役考核的目的和关注问题。

② 在役考核指标与评估方法的调整与细化。在役考核目的与关注问题的调整，将直接影响在役考核指标产生，故应及时调整。不仅要详细给出指标体系中末级指标的计算方法或模型，还要对指标的评判方法（如横向对比、专家打分及阈值对比）和评判准则进行说明。

③ 在役考核数据需求的调整与细化。在役考核指标与评估方法的调整细化，提出了在役考核的数据需求。在役考核数据需求的详细描述是整个设计工作的核心——不仅"连接"上述评估指标，还"牵引"了后续数据采集所需的实施科目。数据需求的描述一般采用"数据源矩阵"的方式，见表 3-2[①]。

---

① 表 3-2 中的左侧是评估指标体系中的末级指标；右侧是考核评估的数据来源，针对考核科目应当制定相应的数据采集表，针对其他数据来源（如日常管理数据、试验数据及历史数据等）应当制定详细的数据获取方法说明。

表 3-2　数据源矩阵

评估指标	数 据 来 源			
	考核科目一	考核科目二	…	其他数据来源
评估指标一	数据需求，相关数据采集表	数据需求，相关数据采集表	数据需求，相关数据采集表	数据获取方法说明
评估指标二	数据需求，相关数据采集表	数据需求，相关数据采集表	数据需求，相关数据采集表	数据获取方法说明
评估指标三	数据需求，相关数据采集表	数据需求，相关数据采集表	数据需求，相关数据采集表	数据获取方法说明
…	数据需求，相关数据采集表	数据需求，相关数据采集表	数据需求，相关数据采集表	数据获取方法说明
XXX	XXX	XXX	XXX	XXX

④ 在役考核实施科目的调整与细化。根据在役考核数据采集需求，结合部队年度训练计划和部队实际情况，制定详细的在役考核实施科目，并说明科目实施的时间及周期、人员、装备、场地和过程等，形成在役考核科目指导书。

⑤ 在役考核条件构建的调整与细化。根据在役考核科目实施的要求，充分考虑在役考核任务部队的实际情况，按照"立足现有、创造条件、保障考核、提高效益"的原则，明确在役考核条件构建的需求，为在役考核准备工作提供输入。

需要说明的是，上述 5 个环节是按照逻辑上的顺序，在实施过程中可能会反复迭代、同步调整细化，进而达到详细设计的整体优化。

（3）在役考核详细设计的输出。在役考核的输出主要包括 4 方面：一是调整细化后的指标体系与评估方法，包括指标的计算方法或模型，以及指标的评判方法或准则；二是以数据源矩阵为基础的数据需求，以及相关的数据采集表，或者数据获取方法说明；三是针对每个考核科目的实施指导书，以便考核人员按要求开展工作；四是在役考核条件构建方案，以便在考核准备中同步进行场地、环境、保障、人员、装备及设施等考核条件的构建工作。

2．在役考核准备

在役考核任务准备主要包括：组织开展在役考核详细设计并拟制在役考核大纲，成立试验组织机构，拟制在役考核实施方案，进行动员与培训和各

种条件准备，以及开展在役考核条件核查等。

1）大纲编制

在役考核大纲是编制在役考核实施计划、条件准备及组织实施的主要依据，应在详细设计的基础上进行编制。在役考核大纲的编制一般由承试部队负责，于在役考核年度任务计划确定后启动编制工作。编制在役考核大纲的依据通常包括：装备试验鉴定有关法规标准，在役考核方案、性能试验报告、作战试验报告，以及年度训练计划等。在役考核大纲的主要内容一般应包括任务依据、考核目的、考核类型、考核对象、参试仪器设备、考核内容、评估方法、数据采集、计划安排、组织与分工、考核保障、安全要求及有关问题说明等。

2）在役考核实施方案编制

根据在役考核大纲和部队训练、演习、比赛等计划，以及装备日常管理情况，拟制在役考核实施方案。在役考核实施方案中应明确在役考核的依据、目的、时间、场地、项目、兵力和装备动用、器材保障等，以及组织指挥、质量管理、安全保密措施和数据记录要求等，一般包括以下4方面内容：

（1）考核任务。主要对任务来源、目的、考核对象及时间要求等进行说明。

（2）考核工作安排。主要对考核科目（项目）、考核实施的日程安排、人员分工安排及相关保障安排等进行详细说明。

（3）数据采集要求。对数据采集的规范、采集方法及采集时机等进行详细说明。

（4）附件。包含在役考核日程安排、数据采集表、参试人员分工及安全预案等。

3）动员与培训

该事项主要包括数据采集与处理培训和人员考核。

（1）数据采集与处理培训。按照在役考核数据采集与处理要求，聘请相关单位的专业技术人员，组织在役考核数据采集人员进行培训，使其明确在什么时机、利用何种仪器设备采集何种数据，并掌握采集数据要求、数据分类管理及常见问题处理等内容，以保证数据采集的及时性、准确性和完整性。对于数据类型、数据含义、数据处理和采集时机等方面的内容，可采取理论授课、专题讲座及疑问解答等方式进行培训；对于数据采集设备的使用、数据采集与处理软硬件的操作等内容，可采取实操演练、专题讲座等方式进行培训。

（2）人员考核。人员培训结束时须对其进行考核。对于人员考核的目的，一方面是确保使用操作人员达到一定的技能水平，降低在役考核的风险；另一方面是记录在役考核参与人员的初始状态，为后续在役考核的分析评估提供参考依据。人员考核可分为理论考核和实操考核两部分，理论考核部分一般采用试卷考试的方式开展；实操考核一般采用实装操作演示的方式开展。理论考核与实操考核成绩均达到及格水平以上的人员，方能列入在役考核参试人员。

4）条件准备

在役考核实施前，应扎实开展各项条件准备工作，积极协调相关考核准备事宜，确保在役考核任务的顺利进行。

（1）兵力和装备准备。按规定渠道申报兵力动用计划，请领参试装备、弹药、油料、器材备件，并检查其种类、数量和技术状态，确保参试装备符合考核大纲要求。

（2）场地准备。组织选取和勘察在役考核实施场地，确定警戒地域、战斗行军路线和战术行动地域等，并根据战术想定、在役考核大纲和实施方案的要求进行场地设置和相关测量，构设必要的工事、障碍及靶标等。

（3）试验物资准备。内容包括测试测量仪器设备准备、登统计表格准备及试验技术资料准备等。

3. 在役考核实施

在役考核实施主要包括组织考核、数据采集与处理及过程管控等。

1）组织考核

在役考核任务执行前，应对考核前各岗位人员数量、级别等进行例行检查，并对参加考核的装备进行技术状态检查，确保参加考核的人员和装备符合规定的要求。数据系统应核对各种登统计表是否发放到位，数据采集与处理设备、仪器等是否安装配置到位并处于良好状态。保障系统应检查场地、物资等各项条件是否到位，确保符合考核大纲、考核计划等文件的要求。

在役考核任务实施过程中，全体人员应按照在役考核实施方案执行任务，不得擅自改变在役考核计划中规定的事项，不得加严或者放宽考核条件，不得改变评判标准。数据系统按照相关要求进行数据采集和处理，定期对采集的在役考核数据进行收集、整理和分析。保障系统及时对物资、油料及场地等各项条件进行补充和调整。应特别关注在役考核过程的安全问题，确保考核过程不发生任何安全问题。

在役考核任务结束后，保障系统应及时对考核所用的场地、装备、设备及仪器等进行撤收，对于加装了数据采集仪器的装备，应在技术单位配合下，恢复其原有的外形和技术状态。

2）数据采集与处理

在役考核数据的采集与处理，应根据在役考核大纲要求，遵循准确可靠、完整系统、全程覆盖、及时连续、简便易行、标准规范的原则，按照统一的分类、属性、格式及构建模型、编制代码等技术性规定，客观记录在役考核的全过程信息。

3）过程管控

对于在役考核任务准备阶段，一要做好组织机构建立和方案计划的制订，确保各项工作的"时机、内容、程序、方法、标准、责任"明确；二要做好装备技术状态及各项保障条件的核查工作，确保达到在役考核大纲规定的考核条件。

对于在役考核组织实施阶段，一要严格按照在役考核大纲开展各在役考核科目，严禁私自更改大纲规定的项目内容和条件；二要严格按照在役考核大纲中关于数据管理的规定，规范开展数据采集、处理及存储等工作，务必做到及时、准确、全面，无漏项、无缺项、无错项。

对于在役考核评估总结阶段，一要根据考核过程中收集的数据，采用科学的方法和模型进行客观评价；二要认真对待在役考核工作中的经验教训，对成功的做法加以巩固，将效果好的进行标准化；对失败之处要采取防范措施，将遗留的问题在后续在役考核中加以解决。

4．在役考核评估总结

综合分析评估一般采用定性与定量相结合的方式进行，既充分考虑部队人员与相关专家对装备使用、管理、维修及保障等方面的定性评价，又通过数据和模型定量计算主要考核指标；通过与同类装备的"横向比较"和与历史数据的"纵向比较"，结合专家知识经验，给出分析评估结论；必要时，可以采用计算机仿真的方法，弥补实装考核的不足，给出某些分析评估结论。例如，为弥补在役考核周期、考核规模的不足，可利用历史数据构建仿真模型，对装备作战效能进行仿真评估，以保证考核结论的科学性与合理性。在役考核分析评估报告的内容主要包括在役考核实施情况概述、评估内容的界定、评估指标计算方法、采集数据综合分析、分析评估结论及相关意见和建议等。

3.3 装备体系试验技术问题

本节主要对装备体系试验的技术体系和关键问题进行介绍。

3.3.1 技术体系

按照"评什么-怎么评-试什么、怎么试"的总体思路（图 3-11），建立装备体系试验的技术体系框架（图 3-12）。

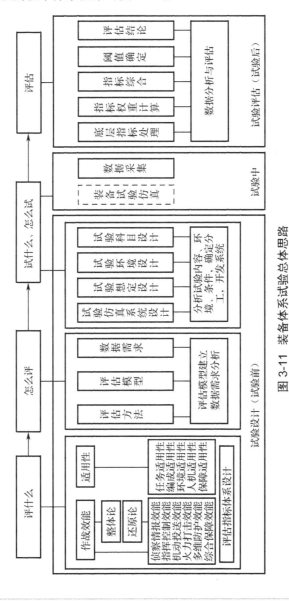

图 3-11 装备体系试验总体思路

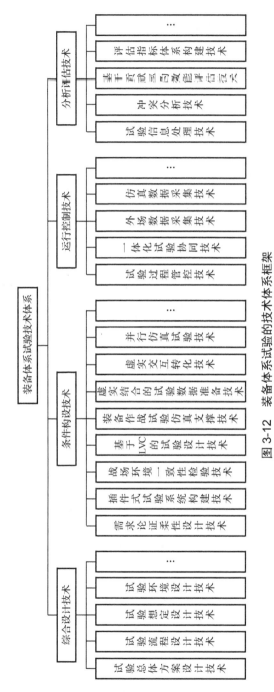

图 3-12　装备体系试验的技术体系框架

以技术体系框架中的试验综合设计为例,其涉及的技术主要包括以下 4 种:

(1)试验总体方案设计技术。该技术是在试验领导机构的统一指挥下,由技术指导机构牵头，在试验军事指导机构和评估指导机构的配合下共同完成诸如分析试验对象，确定试验方法；分析试验环境，确定影响因素；分析使命任务、作战样式，拟制作战试验想定；分析作战任务剖面，选择评估方法，构建评估指标体系；设置作战试验项目等全局性技术工作。

（2）试验流程设计技术。该技术通过对试验实施阶段进行划分，明确试验阶段任务、完成时间节点及阶段成果形式等；对试验实施的任务流程进行设计，规划各任务之间的衔接和映射关系，以顶层指导各项试验工作任务有序开展。

（3）试验想定设计技术。该技术是以被试装备和陪试装备构成的装备体系的使命任务为依据，对作战双方的兵力编成、作战企图、作战行动过程，以及被试装备体系编成、使用原则、使用流程进行设想和假定，编写作战试验想定，用于指导试验实施中的兵力行动和装备使用。

（4）试验环境设计技术。该技术是根据未来作战任务需要，设计贴近实战的试验背景环境，以提升装备体系试验效果。根据装备体系试验不同项目、不同种类、不同科目和不同内容的需要，综合运用现有的各基地导控评估、环境构设、模拟交战、信息支撑及作战数据实验推演五大系统，构建 8 种环境：复杂电磁环境、实兵交战环境、模拟空情环境、模拟核生化环境、实弹检验目标环境、战场机动环境、防御阵地环境和城市作战环境。

3.3.2 关键问题

装备体系试验主要存在两方面的难题需要破解，一是体系试验的设计问题，二是体系试验的评估问题。

1）体系试验设计

装备体系试验是基于体系对抗的试验过程，涉及参试各方大量的装备及配置和使用方案，其参数包括装备数量、装备类型、敌方部署、电磁干扰及地形情况等。上述影响对抗过程的参数，其所有可能的取值可以构成一个装备体系试验参数集，称为装备体系试验想定样本全空间。开展装备体系试验，涉及的样本全空间是极其庞大的，从工作量、周期、成本等多个角度分析，难以实现对样本空间的全部样本进行试验。而装备体系的建设是多个要素有机结合的过程，在装备体系建设过程中需要对装备体系贡献率、装备体系作战效能进行试验与评估，因而会涉及装备体系试验中的多输入和多输出问题。

（1）装备体系试验设计输入的多样化。一是设计过程中涉及的装备数量多。在设计装备体系试验时，因为装备体系内部涉及的装备数量多，且装备之间一般呈网络状结构，所以在设计作战试验时装备的数量是一个需要重点考虑的输入因素。二是设计过程环境多变。装备体系试验是面向实战化条件下的试验，在设计试验环境背景时，应充分考虑战场环境下部队可能面临的各种环境状态，如地理、气候、昼夜和气象等环境因素。这些环境因素简单组合便能使试验环境这个输入参数变得更加多变。三是人员及试验战法战术多变。在展开装备体系试验时，需要由真实的作战人员操作装备，以避免参与考核项目时装备的使用情况与实际作战情况出现偏差，并且在整个过程中，须按照作战试验计划，采取规定的战术和战法进行试验，以避免因为使用人员的主观能动性导致试验结果与预期产生偏差。

（2）装备体系试验设计输出的多样化。一是装备体系的作战效能及作战适用性。装备体系试验首先要做的是对待试装备体系作战效能和作战适用性进行评估，确定构建的装备体系能否在目标作战环境中进行战斗。如果不能进行战斗，则需要对装备体系中的要素进行改进，使之可以投入战斗；如果能进行战斗，则需要对试验得出的数据进行分析，判断构建的装备体系在相应环境中能否更好地战斗。二是体系中单装的作战效能及作战适用性。装备体系试验对象不只是装备体系，还包括待试装备体系中的单装。通过体系作战试验，在检验装备体系作战效能和作战适用性的同时，检验单装在体系中的作战效能及作战适用性，以确定待试装备融入体系的有效程度，为装备的改进提供相应数据支撑。

（3）装备体系试验设计的一体化。装备试验一体化设计分为面向性能试验、作战试验及在役考核等不同试验阶段的一体化设计，以及面向实装试验与仿真试验等不同试验方法的一体化设计。装备体系试验涉及上述两种一体化设计。例如，试验评估中的初期作战评估、中期作战评估和作战试验评估涉及不同阶段，可采用实装与仿真的方法，需要进行一体化设计，以提高装备体系试验的水平与效率。

2）体系试验评估

进行装备体系试验设计所涉及的样本空间是巨大的，其包含多个输入和多个输出，并且输入和输出还涉及环境因素、人员因素和装备因素等，因而在设计试验过程中为了评估结果的全面性，需要对多个变量同时进行评价。在大多数多目标优化问题中，每个目标函数之间可能是竞争的关系，即优化某个函数的同时，往往会以牺牲另一个优化目标为代价。如果将多目标转化为单目标函数进行优化，则各优化目标加权值的分配带有很大的主观性，必然造成优化结果的单一性，而没有考虑全局优化。装备体系试验设计更是如此，在体系作战试验设计的多目标优化问题中，对各个变量进行评估所得的最优解往往是相互独立的，很难同时实现最优。评估得到的结果甚至还会出现完全对立的情况，即针对某一变量评估所得的最优解却是另一个变量条件的劣解。因此，在设计体系作战试验时，要做到同时对试验样本空间里的参数进行评估还存在一定难度，需要采取一定的办法来破解这个问题。

装备体系试验评估方法包括定量评估和定性评估两种。定量评估是依据装备作战试验的任务、需求、计划、项目、实施、总结与评估的要求，采集并处理试验过程中的可测度信息。定性评估是以人的主观判定为基础，利用人的综合分析能力，从客观和整体上对试验所关注的核心问题进行评估，反映试验对象的整体特征。无论是定量评估还是定性评估，在得出试验评估结果过程中都需要按照一定的标准，从而能够得到标准化的结果。然而，由于体系试验受环境因素和战术战法等因素影响较大，这些因素的非标准化会导致评判的非标准化，因此在试验设计过程中难以制定一套涵盖所有变量的评判标准，使得在对目标装备体系进行综合评估后，得出的数据和评估结果缺乏可信度，试验无法达到预期效果，也无法支撑装备体系的建设。

参考文献

[1] 陆军装备部. 陆军装备作战试验工作指南. 2017.
[2] 陆军装备部. 陆军装备在役考核工作指南. 2017.

技术篇

（试验设计）

第 4 章

装备体系试验设计基础

体系试验设计是装备在进入体系试验实施阶段之前，依据被试装备的使命任务和能力需求，明确作战试验目的，通过综合考虑试验资源，对体系试验进行合理规划，并选取适用的试验方法，最终形成科学有效的体系试验流程计划和方案的过程。体系试验设计涵盖了装备体系试验规划计划、论证及准备等阶段。本章以作战试验为例进行阐述。

4.1　装备体系试验设计任务和设计原则

装备体系试验设计首先需要明确设计任务和设计原则。

4.1.1　设计任务

装备体系试验设计的主要任务是规划安排好装备的作战试验工作，制定一个可实施、可获取足够有效数据的试验方案。装备作战试验设计任务主要包括以下内容：

（1）确定相关指标（因素）对作战试验目的（任务）的影响程度。装备作战试验的目的与性能试验、在役考核的目的不同，它们所包含的作战试验评估指标体系、作战试验科目及评估方法等均存在差异。

（2）确定获取试验数据的取值水平、试验环境和条件。作战试验与装备其他类型的试验有明显区别——作战试验需要构建与战场环境尽可能一致的试验条件，以检验考核被试装备的作战性能指标。

（3）确定完成作战试验任务的试验内容、方法。作战试验设计不能只停留在传统统计学意义的试验设计上，而应从试验组织筹划上进一步明确作战背景的试验内容、方法，解决真实作战环境下"试什么"、"怎么试"及"如

何评"的问题。

4.1.2 设计原则

简单地讲，试验设计就是设计一个试验实施的过程，其目标是使试验实施过程中采集获取的数据更适于评估分析，以得到有效客观的试验结论。从科学角度讲，作战试验设计是为了解决试验资源成本与试验效益的平衡问题。其本质就是寻找有效、科学的试验方法，实现用最少的试验资源获取真实有效的试验数据。基于上述认识，装备作战试验设计应遵循以下原则：

（1）全面性。作战试验是装备试验鉴定的重要环节，重点考核被试装备的作战效能、作战适用性及体系适用性等指标。被试装备作为作战试验体系的主体和考核对象，在试验过程中必须充分考虑覆盖上述各类考核指标，以充分检验装备。

（2）客观性。作战试验的本质特征是要充分检验被试装备在实战中的"表现"，因而其对实战环境的逼真"模拟"设计要求很高。能否在作战试验过程中，客观真实地洞察被试装备的作战效能、作战适用性和体系适用性情况，是装备作战试验设计必须遵循的原则。

（3）科学性。作战试验是在模拟复杂战场环境条件下检验被试装备的。与理想试验环境相比，其作战试验方法、数据获取手段及科目设置均有较大的实际困难。装备作战试验设计需要按照科学性要求进行试验筹划设计。

（4）统筹性。按照装备试验鉴定划分为性能试验、作战试验及在役考核 3 类试验，其中作战试验是整个装备试验鉴定中的一个环节。装备作战试验设计应按照整个试验鉴定总体安排，统筹与性能试验、在役考核之间的界限，充分利用 3 类试验获得的数据，准确筹划装备作战试验设计工作。

（5）实施性。新研制装备的目的是为部队提供一类新装备，用于提升部队的某项新的作战能力。判断装备新的作战能力能否在实战环境中发挥应有的水平，是作战试验的最终目的。真实的战场环境异常复杂，影响因素众多，在作战试验过程中如果完全真实再现严酷的战场环境和条件，则会造成试验难以推进、展开或实施的问题。因此，应综合分析、统筹设计作战试验，使装备尽可能在逼近战场的真实环境下开展作战试验工作。

4.2　装备体系试验设计原理

下面主要从总体思路、基本逻辑、原理模型和基本内容 4 方面阐述装备体系试验设计原理。

4.2.1　总体思路

装备体系试验设计的总体思路主要包括：

（1）重点针对作战效能试验、作战适用性试验、体系适用性试验及在役适用性中的定性要求和定量指标要求，明确评价内容。

（2）分别建立各评价内容的评价模型，确定其评价方法，进而明确评价各内容所需的试验数据。

（3）在评价数据需求分析的基础上，对相关试验内容进行整合优化，形成不同的试验项目。

（4）在开展各类试验项目的过程中，采集所需的数据并加以处理，以供评价模型使用。

（5）根据选择的评价方法，对装备的各项评价指标逐一进行评定，并给出是否通过的结论。

4.2.2　基本逻辑

体系试验设计作为装备作战试验的总体筹划，应能为作战试验实践提供可实施的解决方法。由于被试装备创造真实战场环境所需的时间和资源有限，它比传统的基地试验环境的难度更大。因此，装备体系试验应充分考虑作战试验设计任务和原则，按照一定的作战试验逻辑，完成试验设计工作。

作战试验从科学理论上讲，还是一种科学试验。科学试验的基本方法经过多年的实践研究，已形成一定的认知规律和逻辑。从作战体系角度讲，作战试验的核心重点是解决被试装备或装备体系在复杂战场环境条件下，能否正常发挥其具有的作战能力，并弥补整个装备体系的作战能力需求差距的问题。按照上述认识，作战试验基本逻辑如图 4-1 所示。

作战试验逻辑的本质是从作战问题出发，提炼在装备解决方案中作战试验必须完成的试验任务，即通过作战试验验证分析，考核装备在作战实践过程中能否提供应有的作战能力。

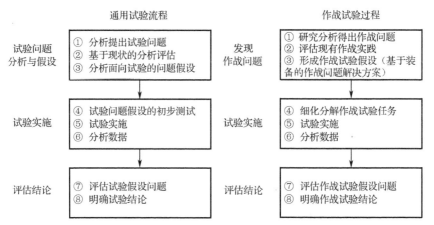

图 4-1　作战试验基本逻辑

4.2.3　原理模型

按照上述作战试验基本逻辑，作战试验设计的本质是以通用试验流程为基础，设计一套符合作战试验规则和约束的方法，以解决新装备（新技术、新方法）在实际作战中能否发挥应有作战能力的核心问题。因此，提出作战问题导向的装备作战试验设计原理模型，如图 4-2 所示。

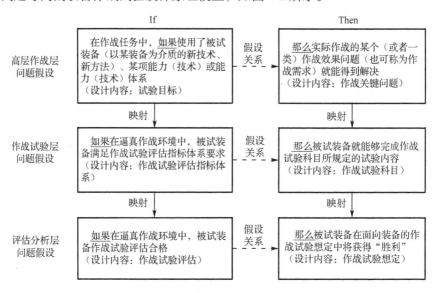

图 4-2　装备作战试验设计原理模型

作战问题导向的装备作战试验设计原理模型，将假设判定作为试验原理基础，以"如果具备某项能力（功能），那么就能完成某项任务"为基本假设，将作战试验设计分为高层作战层、作战试验层及评估分析层 3 个层次的假设模型。如果上述假设成功，那么作战试验就被认为是成功的。

（1）高层作战层问题假设。在作战任务中，如果"使用了被试装备（或以某装备为介质的新技术、新方法）、某项能力（技术）或能力（技术）体系"，那么"实际作战的某个（或者一类）作战效果问题（也可称为作战需求）就能得到解决"。

（2）作战试验层问题假设。如果"在逼真作战环境中，被试装备满足作战试验评估指标体系要求"，那么"被试装备就能够完成作战试验科目所规定的试验内容"。

（3）评估分析层问题假设。如果"在逼真作战环境中，被试装备作战试验评估合格"，那么"被试装备在面向装备的作战试验想定中将获得'胜利'"。

在上述 3 层假设之间，可以通过作战试验设计方法建立关联映射关系，最终完成装备作战试验的整体设计。由图 4-2 可知，装备作战试验设计原理模型是由作战问题导向的，应从高层作战层、作战试验层及评估分析层 3 个层次构建原理模型。

原理模型横向为假设关系，采用"If A,Then B"的假设关系模型。高层作战层的设计内容是从试验目标到作战关键问题，作战试验层的设计内容是从作战试验评估指标体系到作战试验科目，而评估分析层的设计内容则是从作战试验评估到作战试验想定。原理模型纵向为映射关系，"If A"从高层作战层、作战试验层到评估分析层的设计内容是"试验目标—作战试验评估指标体系—作战试验评估"的映射关系；而"Then B"从高层作战层、作战试验层到评估分析层的设计内容是"作战关键问题—作战试验科目—作战试验想定"的映射关系。整个作战试验设计过程通过假设关系和映射关系，将各项作战试验内容之间的内在联系和逻辑关系完整地串联在一起，全面系统地设计装备作战试验，为作战试验各项内容的设计研究奠定了坚实的理论基础。

4.2.4　基本内容

作战试验的目的是在近似实战环境条件下，在已有性能试验的基础上，全面摸清装备实战效能、体系融合度和贡献率等综合效能底数，为装备列装

定型提供依据，也为部队编配方案优化和战法、训法、保法创新提供支撑。作战试验设计就是为实现上述作战试验目的提供科学、可靠、有效的试验方案和试验计划的。

试验设计核心要素包括：试验目的（任务要求），试验条件及想定要求，考核指标体系及评价方法、准则，试验项目、方法及要求，试验进度、各阶段目标和内容，以及试验中断处理与恢复。装备作战试验设计内容应全部覆盖上述核心要素。将装备作战试验设计主要内容归纳为"6个1"：1份作战试验任务；1套作战试验流程（包括作战试验进度和安排、试验中断处理与恢复）；1套作战试验评估指标体系；1套作战试验评估流程（含评估方法）；1套作战试验科目；1套作战试验想定，如图4-3所示。另外，在作战试验设计中还需考虑试验资源的合理分配及战场真实环境的构设等内容，这些内容可在作战试验流程、作战试验科目和作战试验想定中进行全面综合分析。

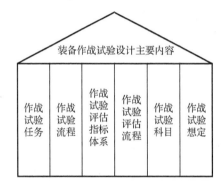

图4-3 装备作战试验设计主要内容

（1）作战试验任务。依据装备立项综合论证报告、研制总要求，研究分析被试装备体系（或型号）的作战任务，形成作战试验考核的任务清单，将作战试验目的清单化。

（2）作战试验流程。为完成装备作战试验任务，试验主管部门、实施部门及保障部门等单位协作完成试验任务的基本过程。

（3）作战试验评估指标体系。根据作战试验任务清单，逐层细化分解评估指标，建立作战试验评估指标体系。

（4）作战试验评估流程。按照作战试验评估指标体系分析处理作战试验数据，确定各级、各类指标的评估方法模型，明确指标合格判定准则，并提出数据测量需求，确定评估方法与指标合格判定准则，最终形成一套作战试验评估流程。

（5）作战试验科目。根据明确的作战试验采集数据的统筹安排，以作战试验想定和作战试验流程为主线，设计确定作战试验科目，研究建立作战行动与采集数据对应的关系矩阵，生成试验数据需求清单，完成作战试验。

（6）作战试验想定。以被试装备作战任务为依据，对作战双方的兵力编成、作战企图和作战行动过程，以及被试装备体系编成、使用原则和使用流程进行设想和假定，并编写作战试验想定，用于指导兵力行动和装备使用。

结合上述作战试验的设计原理模型和设计内容，作战试验评估指标体系、作战试验想定及作战试验科目等方面的设计需求更加突出，需要从根本上解决装备作战试验"试什么"、"怎么试"及"如何评"的关键现实问题。

4.3　装备体系试验设计框架

根据上述内容，主要针对作战试验流程、作战试验评估指标体系、作战试验科目及作战试验评估进行作战试验设计的方法研究，搭建作战试验设计内容之间的方法框架，说明各个方法的输入、输出，以及解决的主要问题。装备作战试验设计方法框架在作战试验设计原理模型的基础上做了进一步改进，如图 4-4 所示。

装备作战试验设计方法框架主要针对整个作战试验流程规划设计，采用基于 BPM 业务流程管理的流程设计方法；针对作战试验目标向作战试验评估指标的转化，采用基于映射、QFD 和树状分析等指标体系构建方法；针对作战试验评估指标体系集成综合，采用基于解释结构模型的设计方法；针对作战试验专项评估和综合评估不同的评估指标类型，采用基于云模型、满意度计算和同类装备对比等评估方法；针对作战关键问题向作战试验科目的转化，采用基于试验剖面分析及多级映射的作战试验科目生成方法。

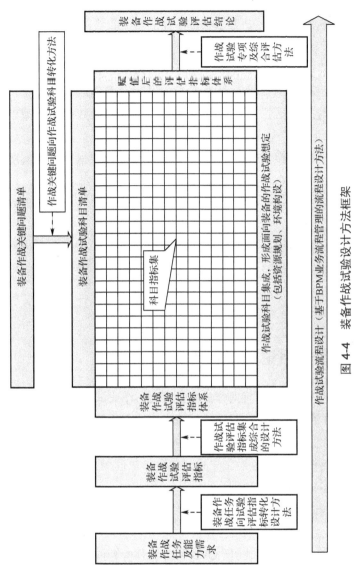

图 4-4 装备作战试验设计方法框架

参考文献

吴溪. 装甲装备作战试验设计理论与方法研究[D]. 北京：航天工程大学，2018.

第 5 章

装备体系试验评估指标体系设计

　　构建装备体系试验评估指标体系是试验鉴定工作的重要内容。评估指标体系设计的科学合理性，直接关系到试验设计的科学性、数据采集的完整性及试验评估的可信性，还会影响试验鉴定工作的质量效益。装备体系试验评估指标体系是通过全面系统的论证研究，探索装备体系试验评估指标内在基本规律和科学构建方法，努力形成的一套结构清晰、内容完整且便于使用的装备体系评估指标体系。它为装备体系试验的设计、实施及评估提供基础支撑，并为初期/中期作战评估、试验大纲拟制、数据采集分析及效能仿真评估提供参考依据。

5.1　装备体系试验评估指标体系设计原则和设计思路

　　装备体系试验评估指标体系设计首先需要明确设计原则和设计思路。

5.1.1　设计原则

　　设计科学合理的装备体系试验评估指标体系，通常应遵循系统性、简明性、客观性、时效性、可测性、一致性及可比性等原则。装备体系试验评估指标体系除满足一般评估指标体系建立原则外，还需从被试装备全面完成作战任务的角度体现装备满足作战任务要求的程度。

　　（1）满足作战任务要求。根据装备体系试验目的，装备体系试验需要全面检验被试装备在近实战环境下完成作战任务的能力。由于每型装备通常编配于不同类型的作战部队，遂行多作战方向、多作战任务，故其对应的作战背景对装备的影响各不相同。因此，在构建评估指标体系时，首先需要明确作战样式和作战任务剖面，通过分析装备能否满足军事需求、是否符合联合

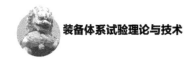

作战背景下的作战能力满足度，将作战任务要求与装备重要性能指标联系起来，明确装备采集与评估的重点，使评估指标体系更具针对性。

（2）基于能力需求进行分析。依据装备为了满足未来一体化联合作战需要所需符合的条件或具备的功能，考核装备是否达到完成任务要求，必须着眼于装备体系的整体能力。因此，能力试验要求试验主体对系统能力的评估应超越被试系统本身，改变传统装备试验的核心职能，即不再测试系统自身性能，而是基于体系要求测试系统对体系化装备战斗力的贡献率。能力需求通常是在装备设计阶段由军事人员根据能够完成上级所赋予的作战任务而提出的，装备的实战性不只是局限于"六性"（可靠性、维修性、测试性、保障性、安全性、环境适应性），还应考虑"好用、实用、管用"的能力要求。

（3）全面性与重点性相融合。装备体系试验评估指标体系的构建应将定量分析与定性分析有机结合，尽可能做到全面且有代表性，只有涵盖被试验对象的各方面特性，才能达到数据保质保量的采集与评估。指标体系的全面性不可避免地会造成指标重叠，指标的个数越多，能反映的信息量越大，但是指标间信息重叠的程度就可能越高，并且指标个数越多，会使一些非重要的指标被纳入指标体系，而使得真正反映指标体系特征的重要指标对评价对象的刻画程度下降，从而影响指标体系的评价精度。因此，需要在指标体系的全面性和独立性及评价精度之间进行综合权衡。此外，指标体系反映评价目的的必要性、指标数据获取的可行性及指标体系的稳定性等，需要同时进行客观的测度。

（4）性能与效能指标相融合。当选取装备体系试验评估指标时，需要明确指标体系在装备评价体系中的作用、标志及操作性、计算方法等，指标体系结构的设计即指标间相互关系的设计与评价的目的有关。因此指标的覆盖范围包括性能与效能，只有在两者相融合的情况下，才能对装备进行全面、科学、可靠的评价。例如作战试验与性能试验不是相互独立的，作战试验指标在很大程度上与性能指标存在关联性，即性能试验的部分数据可以直接借鉴参考用于作战试验，如被试装备的组网可靠性、火力反应时间等指标。有些性能指标可通过转换条件等方式进行等效使用。例如在简化作战试验内容条件下，用命中概率和毁伤威力等效表示火力打击效能。对于某些装备的整体性能指标，应将装备置于实际战场对抗条件下，根据作战试验的目的和要求重新设计，如被试装备的信息联通能力等指标。

5.1.2 **设计思路**

为了使好用、管用、耐用、实用的装备得到真实评估并高效服务于部队，确保装备作战试验沿着正确的试验目的和设计方向开展，指标体系设计需要综合考虑多方面因素。装备作战试验评估指标体系设计的总体思路如图 5-1 所示。

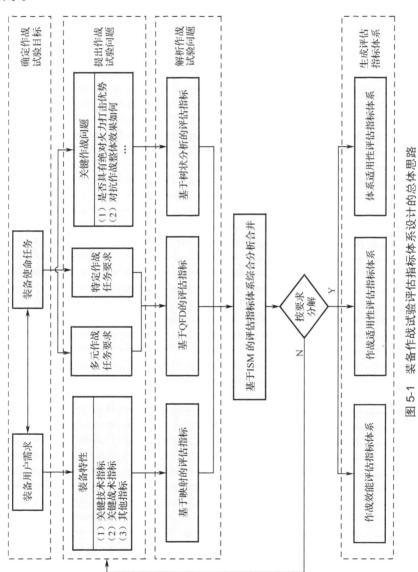

图 5-1　装备作战试验评估指标体系设计的总体思路

构建装备作战试验评估指标体系首先应确定装备的作战试验目标，通过分析装备作战任务及装备特性，从装备用户需求和装备使命任务两个角度，提出装备的作战试验问题；然后，通过若干映射分解（能力→指标映射）、质量功能展开（Quality Function Deployment，QFD）指标功能部署及树状分析技术等多种结构性分析方法解析作战试验问题，以减少冗余指标、突出作战试验重点，并在此基础上初步确定评估指标；最后，针对指标间层次不清、关系复杂及不便于综合评估等问题，采用基于解释结构模型方法（Interpretative Structural Modeling，ISM）建立层次结构良好、指标关系相对独立的作战试验评估指标体系，直接对装备的作战效能、作战适用性及体系适用性评估指标体系进行研究。

5.2 装备体系试验评估指标体系设计常用方法

下面介绍 5 种装备体系试验评估指标体系设计的常用方法。

5.2.1 Delphi 法

评估指标体系有时可以根据评估者关注的问题直接给出，为了提高指标体系的科学性，需要依据专家意见进行优化。采用匿名方式，对各兵种装备专业、装备分系统专业、试验测量专业及作战指挥专业等领域的专家反馈意见进行整理、归纳和统计，再匿名反馈给专家，如此反复多轮（2～4 轮），直至专家意见趋于一致，如图 5-2 所示。

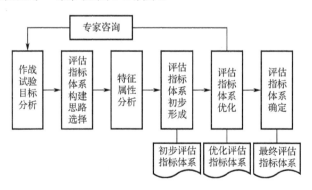

图 5-2 评估指标体系构建流程

（1）作战试验目标分析。作战试验目标分析是评估指标体系构建的前提，主要用于确定评估指标体系的类型及评估的重点。

（2）评估指标体系构建思路选择。构建思路主要包括基于关键作战问题、基于特定任务和基于同类装备对比等，可依据度量方式有针对性地选择。

（3）特征属性分析。主要负责明确各指标本质属性，即定性指标或定量指标，为建立数学模型、获取评估数据奠定基础。

（4）评估指标体系初步形成。依据评估指标体系类型，采用科学分析方法形成评估指标体系初稿。

（5）评估指标体系优化。依据评估指标体系构建原则和重要度排序，通过对指标进行删减和组合，达到精简指标数量、优化整体结构的目的。

（6）专家咨询。广泛吸取科研院所、部队院校及作战部队的专家意见，通过专家咨询的方式对优化后的评估指标体系进行修改完善。

（7）评估指标体系确定。评估指标体系相关信息的详细程度关系到作战试验科目设计、数据采集及评估等多项工作，因此，评估指标体系信息应尽量详细，需要包括指标含义、指标性质、计算模型及描述方式等。

5.2.2　映射法

映射法主要用于装备特性向评估指标体系的转化，具体分为 3 个步骤，见表 5-1。

表 5-1　某装备特性映射表

类型	指标	作 战 效 能					作战适用性			体系适用性	
		能力 1	能力 2	能力 3	…	能力 m	环境适用性	保障适用性	人机适应性	体系融合度	体系贡献率
关键技术指标	指标 1		√				√			√	
	指标 2							√	√	√	
	指标 3			√							√
关键战术指标	指标 4	√					√				
	指标 5			√				√		√	
	指标 6		√						√		
其他指标	指标 7						√				√
	…										
	指标 n		√			√		√			

（1）依据装备研制总要求中的战术、技术指标与类型，以及装备的主要作战效能、作战适用性和体系适用性要求等试验内容，给出映射表的行和列。

（2）找出映射表中行（指标项）与列（功能项）的对应关系，通常为一一对应，并在交叉方格内填入"√"，没有对应关系的则为空白。

（3）根据映射表中的对应结果，构建能力与指标之间的映射关系，并自下而上推导出作战能力、作战适用性及体系适用性的评估指标体系。

通过映射法构建评估指标体系，将装备用户关心的装备特性问题转化为装备能力和评估指标之间的映射关系，从而可以较为清楚地看出能力与指标的对应关系，并分析得到作战效能、作战适用性及体系适用性对应的评估指标。

5.2.3　QFD 法

质量功能展开（QFD）法主要用于装备的多元作战任务和特定作战任务要求向评估指标体系的转化。QFD 是一种结构化方法，采用质量屋（House of Quality，HOQ）技术将装备的作战任务要求逐层展开，最大限度地满足装备作战任务要求的系统化，利用多层次演绎分析构建评估指标集。QFD 法可以将多元作战任务和特定作战任务要求转化为作战试验评估指标体系，具体分为 3 个步骤，如图 5-3 所示。

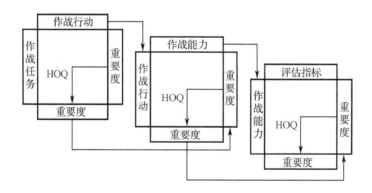

图 5-3　基于 QFD 的评估指标体系构建

（1）对装备作战任务剖面进行分解。通常一项作战任务对应多项行动，因而需要完成作战任务→作战行动的映射，同时给出作战任务和作战行动的重要度排序。

（2）对装备作战能力进行分解。装备的不同作战行动反映装备的不同作战能力。根据对装备能力的要求，完成作战行动→作战能力的映射。一项作战行动可能对装备提出多种能力，因此，可根据装备作战试验对作战能力的重要度排序进行适当裁剪。

（3）对装备的基本功能进行分解，一直分解到底层指标（不可再分），完成作战能力→评估指标的映射。由于一种作战能力通常会对应多项指标，可以根据作战试验评估指标的重要度排序适当取舍。

通过 QFD 法构建评估指标体系，将装备多元作战任务和特定作战任务问题逐层分解转化为装备作战任务→作战行动→作战能力→评估指标的映射关系，并根据具体装备担负的使命任务对评估指标的重要程度进行判断排序及适当裁剪取舍，分析构建与装备作战任务相对应的评估指标集。

5.2.4　树状分析法

树状分析法主要用于将装备发展需求关注的某个关键问题转化为评估指标体系。树状分析法源自还原论，它是主张把整体问题分解到部分问题的一种研究方法论。因为在研究复杂系统时，通常不能一次考虑到所有细节，而是利用分解、分析、还原的方法将复杂系统从背景环境中分离出来，以研究主要问题。使用树状结构表达复杂对象的多种属性和状态，将复杂系统逐级分解，依次还原到最低层次，实现用部分说明整体、用局部说明全局、用低层次说明高层次，做到从较抽象的层次逐渐过渡到具体的细节问题。

采用树状分析法设计评估指标体系是将关键问题逐级分解为层次清晰的树状结构，从高层到低层分别为装备的关键作战问题或作战试验目标、性能指标及作战效能、作战适用性和体系适用性指标和指标的数据元。每个关键作战问题相关的效能指标与一项或多项性能指标相联系，而这些指标又与具体的多个数据元相互联系。数据元是在规定条件下进行作战试验所获得的评估指标的观察值或测量值。作战效能、作战适用性和体系适用性指标作为关键作战问题的一个子集，其目的是解决关键作战问题中具体且可处理的部分，每项作战效能、作战适用性或体系适用性指标作为某个作战试验目标的一个直接贡献因素都可以确定回答一个或多个关键作战问题；最底层数据元可以单个或通过组合的方式描述被试装备的作战效能和作战适用性能力及特性。基于树状分析的评估指标体系构建如图 5-4 所示。

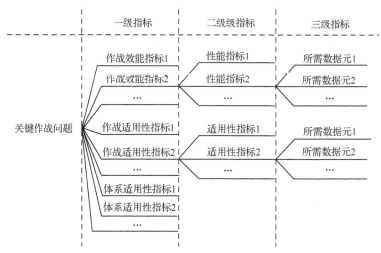

图 5-4　基于树状分析的评估指标体系构建

5.2.5　解释结构模型法

解释结构模型法（ISM）是系统工程的一种分析方法，它可将复杂的系统分解，最终构成一个多级递阶的结构模型。ISM一般多用于对结构复杂的系统问题进行分析研究，它可将变量众多、关系复杂、结构不清晰的系统转化为具有良好结构关系的模型，以便梳理分析。ISM的基本过程是：首先通过表示有向图的相邻矩阵的逻辑运算，得到可达矩阵；然后对可达矩阵进行分解；最终使复杂系统分解成层次清晰的多级递阶形式。基于ISM的评估指标综合方法分为6个步骤，具体如下：

（1）构建比较三角矩阵。比较三角矩阵用来描述评估要素之间的关系，其目的是对作战试验问题解析得到的缺少层次感且不利于理解的评估要素进行比较，以分析评估要素之间的关系。同时，采用比较三角矩阵的方法还可以减少指标关系比较少的工作量。假如有 n 个评估要素需要进行两两比较，利用比较三角矩阵可以做到，且需要比较的次数从 n^2 减至 $(n^2-n)/2$。评估要素之间的关系表达式主要包括4种，见表5-2。

表 5-2　评估要素之间的关系表达式

序　　号	S_i 和 S_j 的关系	表　达　式
1	S_i 和 S_j 之间互有关系	$S_i \times S_j$
2	S_i 和 S_j 之间均无关系	$S_i \varnothing S_j$
3	S_i 和 S_j 有关，而 S_j 与 S_i 无关	$S_i \cup S_j$
4	S_i 和 S_j 无关，而 S_j 与 S_i 有关	$S_i \cap S_j$

以某装甲装备作战试验为例，通过解析作战试验关键问题，基于多种指标体系构建方法，对该装备战场机动能力提出以下指标：战役机动能力、机动距离、平均机动速度、战术机动能力、通行能力和灵活机动能力。通过解析关键问题得到的评估指标可以看出：在战场机动能力方面，这些指标的隶属层次不清、指标间关系不明确，需要建立比较三角矩阵——自下而上依次建立各指标要素之间的关系，下层评估要素为 S_i，上层评估要素为 S_j，依据评估要素的 4 种关系，其比较结果如图 5-5 所示。

图 5-5 战场机动能力评估指标的比较三角矩阵

（2）建立可达矩阵。建立可达矩阵的目的是判断评估指标间关系复杂的程度。可达矩阵通常由邻接矩阵进行运算后得出，即由邻接矩阵加上单位矩阵，经过至多（n-1）次幂运算得到。但当可达矩阵特性比较明显时，可以通过推移直接得出。对横向评估要素 S_i 与纵向评估要素 S_j 进行比较，当二者关系属于表 5-2 中的第 1 种和第 3 种时，对应数值为 1；当二者关系属于第 2 种和第 4 种时，对应数值为 0。可达矩阵 M 可表示为

$$M = \begin{array}{c c} & \begin{array}{c c c c c c c} S_0 & S_1 & S_2 & S_3 & S_4 & S_5 & S_6 \end{array} \\ \begin{array}{c} S_0 \\ S_1 \\ S_2 \\ S_3 \\ S_4 \\ S_5 \\ S_6 \end{array} & \left[\begin{array}{c c c c c c c} 1 & 0 & 0 & 0 & 0 & 0 & 0 \\ 1 & 1 & 0 & 0 & 0 & 0 & 0 \\ 1 & 0 & 1 & 0 & 0 & 1 & 0 \\ 1 & 0 & 1 & 0 & 0 & 0 & 1 \\ 1 & 1 & 1 & 0 & 0 & 0 & 0 \\ 1 & 1 & 1 & 1 & 0 & 0 & 0 \\ 1 & 1 & 1 & 0 & 1 & 0 & 0 \end{array} \right] \end{array}$$

（3）简化可达矩阵。在得到邻接矩阵后，需要对可达矩阵进行优化。例

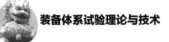

如可达矩阵中某些要素所在的行与列的元素完全相同，则说明这些要素之间存在强关联关系，可以用其中一个要素作为代表，并删除其他要素，最终得到优化的邻接矩阵。上述示例显然不存在这个问题，因而可以不用对可达矩阵进行化简。

（4）生成递阶有向图。通过构建比较三角矩阵生成的可达矩阵 $\boldsymbol{M}$ 并不规律，无法明确评估要素的层次，因而需要对可达矩阵做进一步处理，生成右上角元素全为 0 的矩阵，该矩阵可为评估指标体系构建奠定基础。其生成递阶矩阵的步骤是按照每行元素中 1 的个数由少到多的顺序，将各行、各列元素重新排列，形成右上角元素全为 0 的矩阵 $\boldsymbol{M}'$，即

$$\boldsymbol{M}' = \begin{matrix} & \begin{matrix} S_0 & S_1 & S_4 & S_2 & S_3 & S_5 & S_6 \end{matrix} \\ \begin{matrix} S_0 \\ S_1 \\ S_4 \\ S_2 \\ S_3 \\ S_5 \\ S_6 \end{matrix} & \begin{bmatrix} 1 & 0 & 0 & 0 & 0 & 0 & 0 \\ 1 & 1 & 0 & 0 & 0 & 0 & 0 \\ 1 & 0 & 1 & 0 & 0 & 0 & 0 \\ 1 & 0 & 1 & 0 & 0 & 1 & 0 \\ 1 & 0 & 1 & 0 & 0 & 0 & 1 \\ 1 & 1 & 1 & 1 & 0 & 0 & 0 \\ 1 & 1 & 1 & 0 & 1 & 0 & 0 \end{bmatrix} \end{matrix}$$

由矩阵 $\boldsymbol{M}'$ 可以看出，其右上部分均为零，对应的评估要素分别为机动距离 S_2、平均机动速度 S_3、通行能力 S_5 和灵活机动能力 S_6，说明这 4 个评估指标处于指标体系底层；战场机动能力处于最顶层，其余评估要素则暂放中间层，从而得到递阶的、有向的网状战场机动能力评估指标体系结构，如图 5-6 所示。

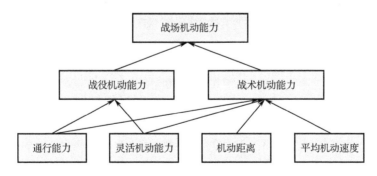

图 5-6　网状战场机动能力评估指标体系结构

（5）模型图转化。模型图转化是在传统 ISM 的基础上，通过复制-分配的方式，将网状评估指标体系转化为树状结构形式。其核心思想是：消除下

一级元素同时与多个上一级元素有关系的问题，从而使指标体系结构简单化。其方法是：将对多个上级元素同时起作用的所有下级元素进行复制，并将复制结果归入不同的上一级元素之下，直到底层一个元素只对一个上级指标起作用为止，即完成了模型图转化过程。转化后的树状评估指标体系结构如图 5-7 所示。

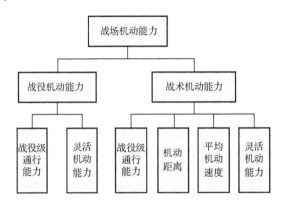

图 5-7 转化后的树状评估指标体系结构

（6）指标体系细化。经过模型图转化后，在图 5-7 所示的树状评估指标体系中出现了 2 个名称相同的底层评估指标——通行能力和灵活机动能力，不同二级指标下的名称相同的指标表示不同的含义。结合装备具体的作战试验任务和环境分析，需要对部分相同指标进行细化、完善和区分。

① 战役机动能力。战役级通行能力指装备适应铁运、空运、海运及陆运等方式的程度，通过尺寸适用性、重量适用性和固定适用性等体现。

灵活机动能力指装备装载的方便性，通过有端台装载时间、有端台卸载时间及应急卸载时间体现。

② 战术机动能力。战术级通行能力指装备在作战地域内通过特定地形环境的能力，通过大坡度爬坡能力、大角度转弯通过率等体现。

机动距离指装备在特定作战地形、满油条件下的机动能力，通过持续机动距离体现。

灵活机动能力指以装甲装备为主体的作战单元行军疏散隐蔽、战斗队形展开和变换能力，通过疏散隐蔽时间、不同侦察手段下的侦察效果、战斗队形展开时间及战斗队形变换时间等体现。

平均机动速度指在作战地域不同天候条件下的机动能力，通过特定作战地域昼间行军平均机动速度、夜间行军平均机动速度及雨天行军平均机动速度等体现。

以某装甲装备在山岳丛林要点夺控作战的作战任务为例，对其进行细化和完善，可得战场机动能力评估指标体系，如图 5-8 所示。

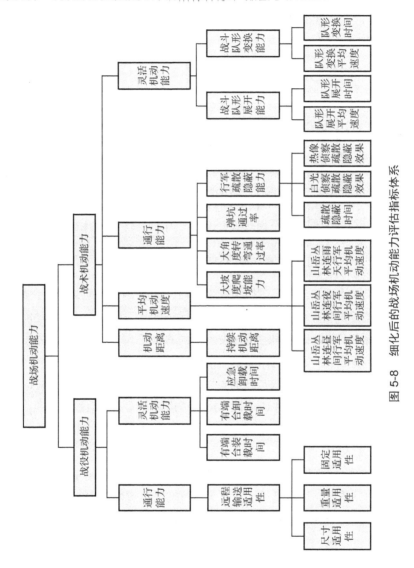

图 5-8 细化后的战场机动能力评估指标体系

5.3 装备体系试验评估指标体系设计步骤

装备体系试验评估指标体系设计通常分为 4 步：试验目标确定、试验问题提出、试验问题解析和评估指标体系生成。

5.3.1　试验目标确定

确定作战试验目标是武器装备评估指标构建的基础和前提。在装备管理机构的指导下，通过咨询装备论证人员、分析被试装备的研制总要求，以及与作战试验部队沟通交流等方式，明确被试装备试验的总任务及其子任务范围，了解武器装备的主要作战任务、主要战术技术指标和使用要求，理解武器装备的工作过程和训练、装备保障要求，准确抓住武器装备的关键作战问题，从而达到武器装备作战试验的总目标和总要求。

确定武器装备作战试验目标主要关注两方面内容：一是装备用户需求，因为装备最终会配发到部队用于日常训练、演习和作战，所以部队对现有装备的意见及建议，以及对未来装备的功能需求显得尤为重要。装备能否满足用户需求，直接关系到部队战斗力的生成甚至战争的胜负。二是装备使命任务，不同的武器装备有其特定的使命任务，能否在特定作战背景下有效完成任务，是作战试验的最终目的。装备使命任务通常会在研制总要求中明确给出，同时也会根据实际情况，针对不同的作战样式赋予武器装备特定的作战任务。例如某导弹发射阵地负责某城市防空就是特定作战任务。

因此，武器装备作战试验设计在初期构建评估指标体系时，需要理解武器装备发展的意图和目标，进而分析出武器装备发展需求决策所关注的问题，以及评估装备效能等指标需要提供的数据支撑。装备用户需求和装备使命任务虽有一定差异，但在总体上表达的含义应具有一致性。

装备使命任务分析有利于作战试验目标的确定，以及有针对性地构建装备作战试验评估指标体系。武器装备使命任务分析，是根据武器装备研制总要求中的作战使命提出以该装备为基础的作战体系构成及其作战运用。着眼于武器装备体系对抗，分析该作战体系可能的作战环境和潜在的作战对手，提出该装备在作战体系中的作战任务构想方案。装备使命任务分析是装备作战试验设计的第一步，对于武器装备初始输入是该装备的作战任务，通过自上而下逐级分解得到该装备的作战任务要求、特定作战任务要求和关键作战问题等，并以此为依据细化分解为该装备具备的作战能力。

5.3.2　试验问题提出

提出作战试验问题的主要任务是以分析武器装备作战任务及装备特性为基础，将相对分散或模糊的要求转化为相对明确的问题，便于作战试验人

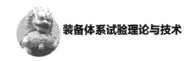

员理解和指标转化。对于装备用户需求，一般用户提出的使用需求往往比较零散、不成系统，常以关键技术指标、关键战术指标及其他指标等形式体现。对于装备使命任务，都有对该装备的作战方向、作战样式及主要作战对手的详细描述，多元作战任务对应的作战任务剖面不同，不同任务剖面对应的作战行动及对装备作战能力的要求也不同。有时装备的使命任务特指某项特殊任务。例如某防空导弹阵地识别并击毁来犯敌机的概率可达 98%，这种装备的使命任务相对具体，但它并不针对单个装备特性的好坏，而只关注作战体系能否完成任务。决策者通常站在装备体系的角度，决策新型装备应该具备何种类型的能力要求，使装备需求转化为关键作战问题，如某型装甲装备是否具备超强的机动能力、某型装甲装备在火力突击阶段是否具备绝对的火力优势等。

5.3.3　试验问题解析

武器装备作战试验问题通常利用评估指标体系来体现，而解析作战试验问题的目的就是建立科学合理的评估指标体系。武器装备不同，其作战试验要求的出发点就不同，对应的评估指标体系和分解方法也将不同。针对不同类型的作战试验问题，可采用不同的指标体系构建方法构建作战试验评估指标体系，参见 5.2 节。

5.3.4　评估指标体系生成

评估指标体系的生成过程是：综合各评估要素，对作战试验问题进行解析形成评估指标集，并通过一定的形式转化为直观的、具有良好层次结构的模型，从而为后期评估奠定基础。应用解释结构模型方法（ISM），通过对作战试验评估指标的多步处理，实现不同层次、相互作用的评估指标的综合处理，最终建立作战试验评估指标体系。

5.4　装备体系试验评估指标体系设计示例

以装甲装备为研究对象，根据装甲装备的军事需求和作战任务，通过对装甲装备使命任务的逐级分解，分析该装备的典型作战任务和应具备的作战能力，并以此为依据融合基于映射、QFD 和树状分析等多种评估指标体系的构建方法，采用面向用户需求、基于使命任务的装备评估指标体系构建形式，细化装备能力指标，逐级构建装甲装备作战效能评估指标体系、作战适用性评估指标体系和体系适用性评估指标体系的各级指标集。装甲装备作战试验评估指标体系生成过程如图 5-9 所示。

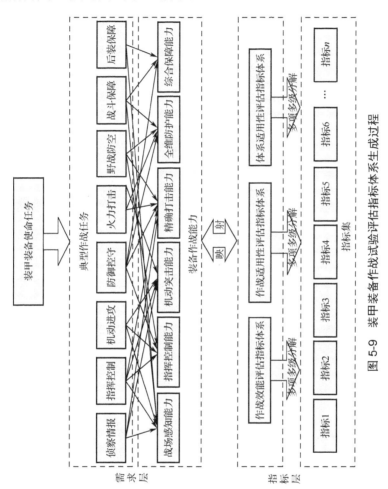

图 5-9　装甲装备作战试验评估指标体系生成过程

下面以某型坦克为例，从该装备的使命任务分析出发，构建其作战效能、作战适用性和体系适用性评估指标体系，并以此说明装甲装备作战试验评估指标体系构建的基本方法和流程。

5.4.1　装备使命任务分析

某型坦克的主要作战任务是遂行山岳丛林、高原高寒山地的快速部署、机动突击和地域控制等任务，用于摧毁敌方坦克装甲车辆、野战工事，消灭其有生力量，也可执行反恐维稳及国际维和等任务。

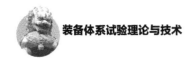

5.4.2 典型作战任务分析

以现行装甲装备战斗条令为基础，着眼于信息化条件下的战争形态，紧贴部队使命任务和作战环境、作战行动，分析构建某型坦克一体化联合作战条件下的典型作战任务。针对该装备在不同地域可能担负的作战任务，依据交战性质、行动方式及地形特征等分析其主要担负的作战任务及可能遂行的作战样式，最终设计出山岳丛林地、高原高寒山地、城镇街区及水网稻田地4种典型作战地域，并确定了要点夺控、阵地进攻、仓促防御及陆空联合通道突击4种典型作战样式。某型坦克作战试验典型作战任务的选择见表5-3。

表5-3　某型坦克作战试验典型作战任务的选择

作 战 样 式	作 战 地 域			
	山岳丛林地	高原高寒山地	城镇街区	水网稻田地
要点夺控	■	—	■	—
阵地进攻	■	—	■	■
仓促防御	■	—	—	—
陆空联合通道突击	—	■	—	—

在典型作战任务选取过程中还需要考虑真实战场环境因素的影响。某型坦克在作战过程中面临的真实战场环境主要包括自然环境、电磁环境和威胁环境。按照"全天候、全时段、全地形"作战要求设置作战试验战场环境，见表5-4。

表5-4　某型坦克作战试验战场环境

战 场 环 境		山岳丛林地	高原高寒山地	城镇街区	水网稻田地
自然环境	昼间	■	■	■	■
	夜间	■	■	—	—
	雨、雪、雾天	■	■	—	—
	越野路	■	■	—	—
电磁环境	背景电磁环境	■	■	■	■
	威胁电磁环境	■	—	—	—
威胁环境	坦克装甲车辆	■	■	■	■
	野战防御工事	■	■	■	—
	反坦克火力点	■	■	■	—

5.4.3　装备作战能力分析

装甲装备的作战能力要求包括 6 方面：战场感知能力、指挥控制能力、机动突击能力、精确打击能力、全维防护能力和综合保障能力，但在构建评估指标体系时，可根据不同装备的特点和使命任务，结合装备在作战任务中的具体情况分析，对评估指标体系的内容要求进行适当裁剪。根据某型坦克担负的使命任务及其在体系作战中的作战任务分析，对装甲装备的 6 大作战能力进行修改和裁撤。例如，考核某型坦克的作战效能时重点考核其所具备的战场感知能力、指挥控制能力、战役战术机动能力、火力运用能力和战场防护能力 5 大作战能力，而综合保障能力在评估作战适用性时可在保障适用性中进行统一考虑。

5.4.4　评估指标体系构建

通过对某型坦克的使命任务分析，分解得到该装备可能担负的典型作战任务和战场环境情况，并以此为依据对某型坦克的作战能力进行分析。通过分析将该装备的战场感知能力、指挥控制能力、战役战术机动能力、火力运用能力和战场防护能力这五大作战能力作为一级能力因子，一级能力因子向下可分解为二级能力因子，最后采用 ISM 对作战试验评估指标进行处理，经过多项多级分解得到能够在作战试验中应用的作战效能评估指标体系，从而生成作战效能及作战适用性评估指标体系，分别见表 5-5 和表 5-6。

表 5-5　某型坦克作战效能评估指标体系

指标类型	一级能力因子	能 力 解 释	二级能力因子	二级能力因子→指标（采集参数）
作战效能评估指标体系	战役战术机动能力	能够运用铁路、公路运输等方式快速实施远程装备部署；能够在典型战场环境下长时间、长距离持续机动；能够克服各类复杂地形障碍；能够快速完成隐蔽疏散及战斗队形转换	远程输送适用能力	有端台装载时间
				有端台卸载时间
				应急卸载时间
				远程输送尺寸适用性
				远程输送重量适用性
				远程输送固定适用性
			持续机动能力	持续机动距离
				山岳丛林行军最大速度（昼间/夜间）
				山岳丛林行军平均速度（昼间/夜间）
				水网稻田行军最大速度（昼间/夜间）
				水网稻田行军平均速度（昼间/夜间）

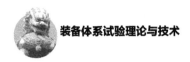

续表

指标 类型	一级能 力因子	能 力 解 释	二级能力因子	二级能力因子→指标（采集参数）
作战 效能 评估 指标 体系	战役战术 机动能力	能够运用铁路、公路运输等方式快速实施远程装备部署；能够在典型战场环境下长时间、长距离持续机动；能够克服各类复杂地形障碍；能够快速完成隐蔽疏散及战斗队形转换	通行能力	通过土岭时间
				通过弹坑时间
				通过车辙桥时间
				通过崖壁时间
			灵活机动能力	行军疏散隐蔽能力
				战斗队形展开能力
				战斗队形变换能力
	火力运 用能力	能够对发现的多个目标进行属性判断、定位定向及标定；能够对敌方目标进行快速瞄准、测距、装弹、二次瞄准、击发；能够在作战过程中，于直瞄、间瞄射程内击中目标并有效毁坏；能够与其他作战力量进行火力协调和配合	炮长捕获 目标能力	对敌目标发现率（昼间/夜间/雨天）
				对敌目标识别率（昼间/夜间/雨天）
				对敌目标发现时间
			快速反应能力	火力任务分配时间
				敌我识别时间
				捕获敌目标与首次击发间隔时间
				火力转移时间
			综合毁伤能力	火炮射击命中率
				火炮射速
				火炮射击弹着点密集度
			步坦协同能力	目标引导成功率
				坦克引导步兵时间
				坦克支援步兵时间
				步坦协同冲击速度
			引导炮兵 打击能力	目标引导时间
				引导信息准确率
	战场防 护能力	能够利用自身红外、毫米波及可见光等措施避免被敌方侦察装备探测；能够对敌方打击进行威胁告警和有效干扰；具备一定的战场自救互救能力	特征抑制能力	隐身能力
				伪装能力
			威胁应对能力	高射机枪对空射击能力
				并列机枪射击范围
				烟幕弹效果
				××弹射击范围
				威胁告警及应对能力

指标类型	一级能力因子	能力解释	二级能力因子	二级能力因子→指标（采集参数）
作战效能评估指标体系	指挥控制能力	能够与战场其他作战力量互联互通（话音通信、数据交换及信息处理等），并按照规定的指挥程序执行各类战役战术任务	信息处理能力	信息处理时间
				信息处理正确率
			复杂战场环境互联互通能力	信息传输距离
				数据传输成功率
				抗扰重组时间
				信息节点全时通联率
				作战单元互联互通能力
			协调控制能力	坦克指挥控制延时
				坦克指挥控制效果
	战场感知能力	能够依靠自身能力获取一定的敌我战场态势	目标识别能力	战场目标发现时间
				战场目标发现率
			目标识别精度	战场目标识别率
				战场目标识别距离
				战场目标标注正确率

表 5-6　某型坦克作战适用性评估指标体系

指标类型	一级能力因子	能力解释	二级能力因子	二级能力因子→指标（采集参数）
作战适用性评估指标体系	保障适用性	能够得到及时有效的抢救抢修、维护保养和弹药物资器材供应的能力	战备保障能力	战备可用度
				维修资源保障能力
			固有保障能力	任务无故障里程
				战场抢修率
				故障检测率
			战场抢修适用性	战场抢救时间
				战场抢修时间
				战场抢修器材消耗数量
			战场补给适用性	油料补给时间
				弹药补给时间
				器材补给时间

续表

指标类型	一级能力因子	能力解释	二级能力因子	二级能力因子→指标（采集参数）
作战适用性评估指标体系	人机适用性	操作人员能够适应使用装备的能力及人员操作装备时的安全性	装备操作便捷性	驾驶员操作方便性及准确性
				车长操作方便性及准确性
				炮长操作方便性及准确性
			安全舒适性	乘员操作安全性
				乘员救生、逃生方便性
				乘员舒适性及乘员持续战斗能力
	环境适用性	能够适应全天候、各种地形环境及战场背景电磁和干扰电磁影响的能力	电磁环境适应性	背景电磁环境适应性
				干扰电磁环境适应性
			自然环境适应性	夜间环境适应性
				雨/雪环境适应性
				高原高寒山地环境适应性
				山岳丛林地环境适应性
				水网稻田地环境适应性
				城镇街区环境适应性

参考文献

[1] 李志猛，徐培德，刘进. 武器系统效能评估理论及应用[M]. 北京：国防工业出版社，2013.

[2] 张晓峰，裘杭萍，任正平. 一种树形评估指标体系的建立方法[J]. 火力与指挥控制，2007，32（6）：77-79.

[3] 吴坚，郭齐胜，于桓凯. 基于ISM的作战活动模型的结构分析方法研究[J]. 装备指挥技术学院学报，2011，22（5）118-122.

[4] 李宁. 加强标准化审查工作提高产品的"三化"水平[J]. 科学中国人，2015（32）：134-135.

[5] 柯大文. 抢占科技和军事竞争战略制高点的根本指针[N]. 解放军报，2017.05.12（7）.

[6] 罗小明，杨娟，何榕. 基于任务-能力-结构-演化的武器装备体系贡献度评估与示例分析[J]. 装备学院学报，2016，27（3）：7-13.

[7] 吴溪. 装备作战试验设计理论与方法研究[D]. 北京：航天工程大学，2018.

第6章

装备体系试验想定设计

装备体系需要在特定的想定指导下按照装备体系化作战运用的要求进行试验，以为真实检验装备体系水平提供依据。在装备体系试验资源总体约束范围内，聚焦装备体系使命任务和典型作战运用场景，分析装备体系作战任务剖面，计算装备体系试验规模，评价装备体系试验想定满足程度，是装备体系试验想定需要解决的关键问题。

6.1 概述

装备体系试验想定是对装备体系试验总案中的想定的细化，也是按照装备体系试验任务对被试装备体系和陪试装备体系构成的试验装备体系的编成结构、使用原则、运用方式和试验进程进行设想和假定的试验文书，还是组织、诱导装备体系试验的重要依据。

6.1.1 设计原则

装备体系试验想定的设计，应围绕装备体系试验目标，按照"作战牵引、装备主导"的总体要求，着眼于将装备体系试验融入作战进程，并基于实战要求设置装备体系试验环境，从而为科学组织全体系、全要素、全过程综合验证，以及装备（体系）作战效能检验、装备（体系）运用模式探索提供基本依据。

（1）任务牵引。以被试装备体系的使命任务为牵引，突出主要作战方向的任务需求和力量运用要求，瞄准作战对手特点，构设装备体系运用对抗环境，增强装备体系试验的针对性。

（2）着眼未来。紧贴我军使命任务和军队发展建设要求，遵循未来作战

基本规律，创新装备体系作战运用方法，增强装备体系试验的前瞻性。

（3）整体思维。以体系工程理论为指导，统筹考虑被试装备体系与陪试装备体系的综合运用和整体效能，增强装备体系试验的整体性。

（4）突出重点。围绕装备体系试验的试装考装目标，细化被试装备体系的作战行动过程，突出装备体系作战运用能力检验，增强装备体系试验的可操作性。

（5）适度对抗。结合装备体系典型作战运用场景，适度构建装备体系运用的对抗环境，为进行不同对抗等级条件下的装备体系压力测试和效能释放提供条件。

6.1.2 设计流程

装备体系试验想定编写流程分为 4 个步骤，如图 6-1 所示。

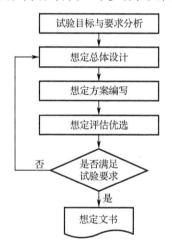

图 6-1 装备体系试验想定编写流程

（1）试验目标与要求分析。依据装备体系试验任务要求，结合被试装备体系使命任务，准确把握装备体系试验的总体目标和具体要求。

（2）想定总体设计。根据装备体系试验的关键问题与目标要求，围绕列装部队主要作战方向和作战任务，构思面向关键问题的战场环境、装备体系运用方式和对抗形式，确定装备体系试验想定的总体作战企图和对抗双方作战体系、作战样式及其主要作战行动。

（3）想定方案编写。按照想定编写的原则与要求，依次编写装备体系试验企图立案、基本想定和补充想定。由于作战任务的多样性，需要根据不同的任务背景编写不同的装备体系试验想定。

（4）想定评估优选。以装备体系试验目标与要求的满足程度为目标，综合采用图上推演、沙盘作业及仿真推演等方法，对想定初步方案进行评估，并确定最优想定方案。

6.1.3　设计内容

依据特定的任务背景，确定企图立案和基本想定；针对关键作战问题，分别编写补充想定。装备体系试验想定的编写方法与作战想定的编写方法基本相同。但是，由于装备体系试验主要考核被试装备体系的作战效能与部队适用性，其想定的编写应突出装备体系试验问题对装备体系作战运用过程的牵引。装备体系试验想定文书包括企图立案、基本想定和补充想定。

1）企图立案

企图立案是根据装备体系试验目标和关键问题而设想的红蓝双方作战企图的方案，也是对红蓝双方作战目的和作战手段的总体设想。其主要内容包括：

（1）指导思想。简要说明装备体系试验的军事背景、作战思想、试验依据、试验要求、试验对象和试验目标。

（2）兵力编成。根据作战效能和部队适用性评估需求，确定红方部队和蓝方部队的兵力编成和装备编配。

（3）作战企图。明确装备体系试验想定的总体企图和局部企图，包括战争起因与对抗背景、作战方针、作战目的及红蓝双方本级的主要作战方向、基本战法、兵力布势和作战时间等。

（4）试验问题与目的。介绍本次装备体系试验的总体目标，明确装备体系试验的关键问题和总体要求。

2）基本想定

根据企图立案编写基本想定，主要内容包括：

（1）基本情况。介绍战斗发起前红蓝双方的总体态势和主要动向，明确装备体系试验的具体行动背景。

（2）局部情况。介绍红蓝双方的兵力编成、具体部署、行动性质及协同关系等，并根据作战企图明确指挥机构的构设情况。

（3）作战决心。介绍红蓝双方的具体战法、作战方向、作战布势和各部队任务及其完成时间。

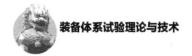

（4）参考资料。明确装备体系试验必须掌握的一些基本情况，包括双方部队情况、战区兵要地志、支援力量和天候气象情况。

（5）附件。主要包括红蓝双方兵力编成表、敌我态势图及敌我作战决心图等。

3）补充想定

补充想定是围绕装备体系试验问题和作战阶段对被试装备体系及对抗过程所做的详细描述，应明确战场环境、兵力编成与装备、基本战法和作战行动的具体情况，确保试验部队能够按照规定的行动内容、方式和时限要求完成作战对抗活动。补充想定是装备体系试验大纲编写的基本依据，主要包括：

（1）作战阶段及试验问题。根据装备体系试验问题需求，明确装备体系试验想定的试验阶段，确定不同作战阶段需要解决的关键问题及要求。通常，一个装备体系试验阶段可包含多个试验问题，而一个试验问题又可以横跨多个试验阶段，因而编写想定时应做到具体问题具体分析。

（2）总体构想。根据确定的作战阶段及试验问题，明确战场环境设置要求、双方对抗规模与形式、双方兵力编成与部署及双方作战决心等内容。

（3）作战行动。围绕试验问题，详细设计红方部队和蓝方部队的作战行动过程，制订红蓝双方各自的作战协同计划，明确作战行动的时空要求和作战效果。在作战行动设计过程中，应细化并规范试验对象作战运用（应具体到预期发射弹药的种类及数量、预期的毁伤率和伤亡率等），尽可能降低人为因素对试验对象作战效能的影响。

（4）参考资料。主要提供总体构想和作战行动中未能明确的相关内容。

（5）附件。主要包括红蓝双方兵力编成表、决心图、态势图及试验进程图等。

6.2 装备体系作战运用方案设计

装备体系作战运用方案是装备体系试验想定的核心，也是对装备体系使命任务和装备体系试验目标的本质体现，还是落实装备体系试验"近似实战"要求的必然要求。因此，选择科学有效的方法合理设计装备体系作战运用方案，是十分必要的。

6.2.1 作战运用方案概述

装备体系作战运用方案是根据装备体系使命任务和装备体系试验目标

对装备体系编组结构、行动样式、指挥控制和作战进程所做的设想，也是形成装备体系试验基本想定和补充想定的重要依据。

根据基本想定和补充想定关注问题和预期目标的不同，通常可将作战运用方案分为 2 类：总体运用方案和分支运用方案。

（1）总体运用方案。它是在特定作战企图下对以装备体系为基础构成的作战力量体系的典型对手、对抗样式、作战决心、力量编组、指挥控制、主要行动和作战阶段的设想，其设计结果是构成基本想定内容的基础。

（2）分支运用方案。它是以作战阶段或作战问题为依据，基于总体运用方案，针对某个作战阶段或作战问题，而对以装备体系为基础构成的作战力量体系的作战任务、兵力编组、对抗方式和行动过程等内容所做的设想。

总体运用方案与分支运用方案的关系如图 6-2 所示。

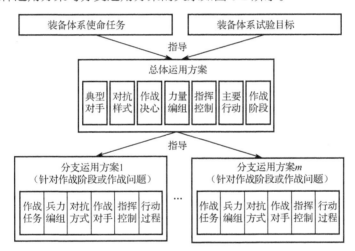

图 6-2　总体运用方案与分支运用方案的关系

由于装备体系作战运用背景和作战运用方式的多样性，装备体系试验中通常需要针对作战运用背景或作战运用方式设计多个装备体系试验想定。之后，依据某个装备体系试验想定所要反映的作战运用背景或作战运用方式，设计提出相应的总体运用方案和分支运用方案。总体运用方案是对某个装备体系试验想定的总体设计，也是指导分支运用方案设计的依据。而分支运用方案则是总体运用方案的分解和细化。从设计的重心看，总体运用方案的重心是总体勾画作战对抗的方式、方法和预期效果；而分支运用方案则是针对具体作战问题或试验目标的，它是总体运用方案中某类、某类作战行动或某类装备体系作战运用能力的具体设计。分支运用方案的设计结果应不超出总

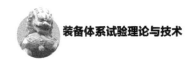

体运用方案的范围，其作战效果应达到总体运用方案预期的作战效果。

6.2.2　作战运用方案设计方法

作战运用方案包括作战对手、对抗样式、作战决心、力量编组、指挥控制、主要行动和作战阶段等要素，可依据装备体系试验的整体目标或某一关键作战问题的试验目标，勾画装备体系对抗样式，设计装备体系作战运用方案，如图 6-3 所示。

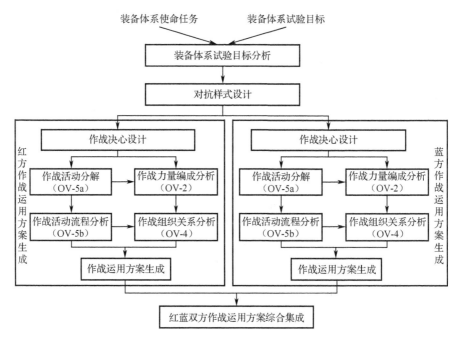

图 6-3　基于作战视图的作战运用方案设计框架

（1）装备体系试验目标分析。结合国家军事斗争准备的主要方向和任务，紧贴装备体系使命任务要求，聚焦装备体系作战效能、作战适应性要求，按照贴近实战、融入体系和突出对抗的原则进行装备体系试验目标分析。其中，贴近实战是装备体系试验的本质要求，也是装备体系试验想定编写的基本着眼点。它指按照实际作战的要求考核装备体系的作战效能、体系贡献率和作战适用性，确保经过试验鉴定合格的装备体系列装部队后能达到预期的作战要求。融入体系是联合作战条件下装备体系试验的基本要求。它指在作战任务的牵引下，将型号装备融入作战力量体系，并在作战力量体系的整体运用过程中考核和评价装备的作战效能、体系贡献率和作战适用性。突出对抗指在装备体系试验的过程中构设逼真的对抗环境和条件，以考核装备体系作战对抗条件下的整体水平。

（2）对抗样式设计。对抗样式设计包括3部分：战场空间的选择、作战对手的假定和对抗方式的设计。其中，战场空间的选择从宏观上明确了装备体系未来使用的主要作战空间，并在一定程度上反映了装备体系的作战功能特点。作战对手的假定，与国家潜在的军事威胁和技术特征密切相关。也就是说，作战对手的假定通常应与国家军事斗争准备主要方向之敌相一致，还要选择有利于发挥装备体系技术特征和作战能力的作战对手，避免对手过强和过弱或不在同一作战空间。对抗方式的设计，即在特定作战空间对敌我双方对抗形式的构思，本质上是由敌我双方装备体系的能力水平和双方指挥员的指挥意志而决定的。在冷兵器时代，战车的发明、骑兵的出现改变了传统的步兵作战样式；热兵器的出现，使以火药为代表的武器装备取代冷兵器成为战场主角，并诞生了以闪电战、大纵深进攻作战为代表的机械化对抗样式；在信息化时代，以信息网络为支撑，以陆基、天基、海基和空基装备为骨干，逐步形成全域感知、一体联动、精确打击的作战形态；随着智能化、无人化技术的不断发展，敌我双方投入战场的兵力形态、作战空间及对抗方式又将发生新的变化，这就要求设计装备体系试验想定时，不能只依据当前已经成熟的作战对抗样式，还要根据装备体系的发展趋势和作战理论的创新发展，创新适应装备体系使命任务要求和能力水平的新型作战样式。同时应注意，作战对抗样式的形态与指挥员的指挥意志密切相关。受指挥员认知水平高低和指挥目的差异的影响，即使装备体系相同，不同指挥员也可能采用不同的对抗样式，以少胜多、以弱胜强的战例就是很好的证明，因而在进行作战样式设计时应考虑到这一点。

（3）作战运用方案生成。以作战对抗样式为依据，确定装备体系试验想定中敌我双方的作战决心和具体的作战运用过程，进而形成红蓝双方的作战运用方案。其中，作战决心是指挥员对作战目的和行动所做的基本决定，主要包括作战企图、主要进攻或防御方向、基本行动方法、作战部署、作战保障及作战发起时间或完成作战准备时限等。作战运用过程是以作战决心为基础对具体的兵力编组、作战行动和组织指挥关系的具体设计，它可通过DoDAF 中的作战视图建模分析方法进行分析，从而获得具体的作战行动清单、兵力编组结构和组织指挥关系模型。

（4）作战运用方案综合集成。采用图上推演方法，依据装备体系试验想定中设计的作战阶段和预期作战效果，针对装备体系试验目标，通常应按照时间、地域及效果 3 方面进行红蓝双方作战运用方案的集成，并验证红蓝双方作战运用方案的合理性、敌我双方对抗的针对性及敌我双方最近决心企图的可得性，进而形成比较完整的作战运用方案。按时间集成，即按照作战对抗推进的时间轴，按照初始态势假定、双方兵力集结、战斗开始、战斗发展和战斗结束的顺序，集成红蓝双方在不同时间节点的作战行动，推演分析红蓝双方作战运用方案的时间逻辑合理性。按地域集成，即依据红蓝双方的作战决心，按照前沿阵地、重要支撑点及关键道路或区域，分区集聚红蓝双方的主要作战行动，分析红蓝双方作战行动空间逻辑的合理性和有效性。按效果集成，即按照红蓝双方对抗要达到的预期作战效果或者装备体系试验中要检验的作战效果，区分整体作战效果和局部作战效果，集聚红蓝双方的主要作战行动，分析红蓝双方作战运用方案所能达成的作战效果的合理性。

6.3　试验装备体系规模数量分析

依据装备体系试验目标和装备体系试验想定中的兵力编成构想，合理确定试验装备体系的规模数量，是装备体系试验想定设计的重要内容。特别是在试验资源有限的情况下，广泛采用真实装备、半实物仿真器和虚拟兵力组成的混合态装备体系，成为装备体系试验的重要手段。统筹考虑装备体系试验目标和试验资源约束，科学确定真实装备与虚拟装备、半实物装备的比例，是当前装备体系试验想定设计面临的关键问题。

6.3.1　总体框架

试验装备体系规模数量，应严格依据装备体系使命任务和装备体系试验目标，以装备体系试验所需检验的使命任务需求和作战能力要求为目标，采用"自顶向下分解"与"自底向上聚合"的研究思路，同时结合装备体系试验科目合理确定，如图 6-4 所示。

"自顶向下分解"的实施步骤：先对试验装备体系使命任务进行分析，确定能够满足完成试验目标的具体可执行的试验任务，再映射至满足使命任务需求的各种能力。

"自底向上聚合"的实施步骤：先进行试验装备体系构成要素分析，再依据能力需求进行资源整合，以满足试验装备体系使命任务需求。

通过分析试验装备体系使命任务、典型作战任务，逐步分解至试验科目，再将试验科目和能力需求相映射。通过确定合理参试规模，采用实装、模拟器与数学仿真系统相结合的方式，构建试验装备体系，为开展试验装备体系试验提供技术支撑。

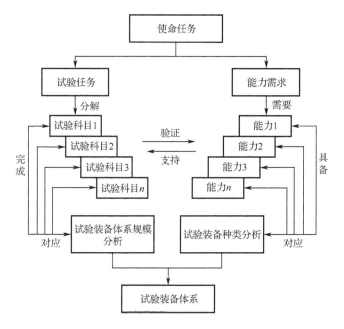

图 6-4　试验装备体系规模数量分析总体框架

6.3.2　基于最大任务叠加的试验装备体系规模分析

试验装备体系是在满足试验目的的条件下，科学合理确定地装备体系规模，它对考核装备体系的作战效能、作战适用性和体系贡献率都有直接影响。试验装备体系规模过大，易浪费人力、物力、财力；规模过小，则难以达到预期目的。兼顾需要与可能，合理量化分析确定试验装备体系规模，是开展装备体系试验必须解决的主要问题。

试验装备体系规模主要受到体系试验目的、主要作战任务及靶场试验能力等诸多因素的影响。在研究分析试验装备体系使命任务的基础上，确定该装备体系未来可能履行的作战任务、作战样式、作战对象和作战环境；根据装备体系试验的关键问题（目的），试验装备体系可能会担负不同的试验任务，将每项试验任务科学分解至试验子任务（试验科目），并分别针对每项试验子任务，依据试验需求分项计算其所需的装备体系规模；考虑可能同时完成试验科目的最大需求进行加权计算，并在此基础上兼顾编制体制的需

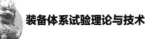

要，考虑作战力量运用和建设的主要原则，综合计算试验装备体系总体规模和装备比例，同时考虑试验成本、靶场试验能力等因素的影响，最终形成试验装备体系规模。基于试验任务需求的最大任务叠加法计算框架如图 6-5所示。

最大任务叠加法主要考虑试验装备体系未来可能担负的主要作战任务和作战样式，以及同时完成作战任务的可能性，将作战任务不断分解并运用分项计算法得到各个试验科目的最小规模，再进行综合叠加，形成试验装备体系规模。

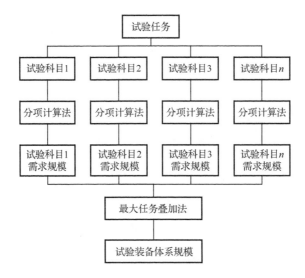

图 6-5　基于试验任务需求的最大任务叠加法计算框架

其中，分项计算法主要包括：

（1）兵力指数法。该方法主要根据试验装备体系可能担负的典型作战任务，通过分析装备作战运用特点，确定完成相应任务所需的兵力指数比；并通过分析作战对象装备情况，得到双方装备规模比。

（2）类比法。当新型装备体系规模的确定无法按照以往的兵力对比方式进行时，通过综合考虑未来作战任务需求，依据外军新型或新一代装备发展趋势，同类比较确定我军装备体系规模。

（3）建制编配法。在分析作战任务过程中，既要考虑满足完成任务需求的规模情况，还要依据作战单元的装备编配规则和编制体制，确定试验装备体系编成，并在此基础上计算试验装备体系规模。

6.3.3　虚实要素需求分析

在确定试验装备体系规模后，为顺利开展试验活动，最理想的情况是运用全实装。但是，全要素、全实装的试验装备体系试验组织十分困难，并且试验装备体系建设正处于起步阶段，全实装保障存在一定差距。虚实结合的试验方法就是借鉴美军基于 LVC 的理念，通过采用实装、模拟器和数学仿真系统相结合进行试验的模式，这种模式可以解决试验装备体系实装不足、陪试装备体系存在代差等问题，但也存在装备确定、实装使用时机确定及参试实装数量确定等问题。

6.3.3.1　实装种类需求分析

在试验任务和试验规模确定后，试验装备体系（装备）可能已被指定，但其陪试装备体系需要通过分析试验资源需求来确定。在分析确定试验装备体系规模时，已将试验任务进行分解，但规模分析是从参加试验的整体角度出发，只对完成任务的基本作战单元和作战单元进行分析确定。若想详细分析试验装备种类，则需要根据不同的试验目标，将试验装备体系试验具体任务按照事件树的方法分为 n 个阶段，即 $T_1, T_2, \cdots, T_n$，每个阶段完成具体的一项任务；试验任务经过分解后具有 n 个具体任务，分别表示为 $R_1, R_2, \cdots, R_n$。通过"任务—能力—装备"映射可知，为完成试验任务需要 m 种类型的装备，装备类型可表示为 $W_1, W_2, \cdots, W_m$。试验所需装备体系可表示为

$$X_i = \left\{ \begin{array}{c} X_{i1} \\ X_{i2} \\ \cdots \\ X_{im} \end{array} \right. \tag{6-1}$$

（1）试验任务分解。假设试验装备体系的规模为营级，通过对其使命任务进行分析，将完成某典型进攻战斗任务作为试验任务。根据营装备体系具有的扁平指挥控制高效、编成规模小型灵活多能等特点，该营完成进攻战斗任务一般采用单元式战斗编组，可分为基本战斗单元、机动战斗单元、火力支援单元、信息作战单元和综合保障单元等。将该营执行某进攻战斗任务按照事件树的方法分为机动投送、集结待命、开进行军、冲击突破及占领巩固等阶段，相关作战活动信息分析如图 6-6 所示。

（2）能力需求分析。通过分解试验任务映射得出该营所具备的能力，这些能力是该营装备体系为完成作战任务所具有的潜能。在完成试验任务过程

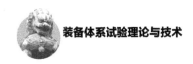

中，该营装备体系应具备指挥控制能力、机动突击能力、火力打击能力、防空抗击能力、综合防护能力和综合保障能力等。

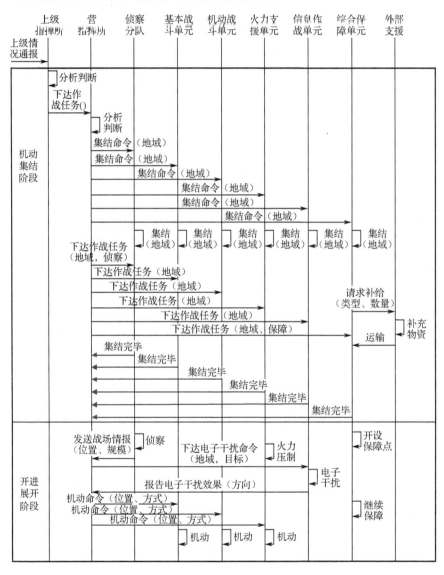

图 6-6　某营进攻战斗作战活动信息分析

① 指挥控制能力。该营装备体系以信息系统为基础，各指挥机构可根据战场态势谋划决策和调控部队行动，按照高效、稳定、持续的要求，应具备网络构建、分层指挥、动中指挥和环境适应等能力。

② 机动突击能力。该营机动突击武器系统，按照先敌发现、先敌反应、精确打击的要求，能够组织有效兵力兵器或火力机动，对敌实施急速、猛烈打击，迅速形成有利态势或完成作战意图，应具备快速机动、地面突击、猛烈打击和电子进攻 4 种子能力。

③ 火力打击能力。该营压制武器系统具有较强的火力、较远的射程、较高的快速转移能力和良好的打击精度等特点，应具备全纵深打击、精确打击、协同打击、快速反应和毁伤评估 5 种子能力。

④ 防空抗击能力。该营防空武器系统具有信息能力强、反应速度快及打击精度高等特点，将在未来野战防空和要地防空中发挥重要作用，应具备侦察预警、指挥控制和火力抗击等能力。

⑤ 综合防护能力。主要包括防护能力、抗毁能力、抗干扰能力、伪装能力和维修能力等。

⑥ 综合保障能力。采取随伴保障、机动保障与定点保障相结合的方式，综合运用各种手段和措施，组织完成通路开辟、雷场构筑，核生化检验，物资补给和装备维修等任务。综合保障可分为工程保障、防化保障和后装保障 3 类。

（3）装备种类需求分析。为满足上述能力需求，试验装备至少应包括：

① 指挥信息装备。主要包括情报侦察、指挥控制、战术通信及电子对抗等装备。

② 机动突击装备。主要包括主战坦克、步兵战车及装甲输送车等装备。

③ 火力打击装备。主要包括地面压制、反装甲及空中突击等装备要素。

④ 防空抗击装备。主要包括野战防空装备等。

⑤ 综合防护装备。主要包括野战防护装备等。

⑥ 综合保障装备。主要由工程保障、后勤保障和装备保障 3 类装备要素组成。

经过上述分析，各作战单元均由具备相应功能的装备组成。以基本战斗单元为例，为满足作战任务要求，其应具备指挥控制、火力打击、战场感知和快速机动等功能。通过"功能—装备"映射，综合考虑各类型装备对作战能力的支撑程度，进行体系试验，基本战斗单元主战装备试验实装的基本种类见表 6-1。

表6-1 基本战斗单元主战装备试验实装的基本种类

实 装 类 型	基 本 属 性	所 属 单 元	试 验 功 能
坦克	突击、机动作战	坦克连、排	完成坦克连、排基本战术动作,作为单元网络节点
…	…	…	…

通过综合分析,对参加该营装备体系试验的实装种类进行归纳,见表6-2。

表6-2 某营主战装备试验实装的基本种类

实 装 类 型	基 本 属 性	所 属 单 元	试 验 功 能
通用装甲指挥车	指挥信息平台	营部	完成指挥信息的上传下达,构建营作战信息系统
坦克	突击、机动作战	坦克连、排	完成坦克连、排基本战术动作,作为单元网络节点
…	…	…	…

6.3.3.2 模拟器和数学仿真系统需求分析

根据试验装备体系实装种类需求分析,在试验装备体系中,非实装要素主要由相关装备类型的模拟器和数学仿真系统组成。半实物仿真模拟器是对应实际装备的仿真设备(半实物仿真设备),应由实际操作人员使用来开展试验活动;数学仿真系统以计算机生成兵力来代替实际兵力。

在试验装备体系实际作战运用过程中,最重要的是保证各作战要素之间的互联互通,而各作战要素实装之间信息的流通主要依靠指挥信息系统。针对由实装、模拟器与数学仿真系统组成的虚实结合的试验装备体系,也要如同真实装备一样保证各虚实要素间的互联互通互操作。在试验装备体系中,应根据半实物仿真模拟器自身特点,将半实物仿真设备的指挥信息系统按照真实装备的设置方式调整其工作参数、语音和数据通信方式及控制和显示方式等;另外,采用以太网模拟实现指挥信息系统中的无线信道,有利于相应的串口与数学仿真系统进行数据通信。数学仿真系统需要采用台式计算机,通过有线网络完成接收时间基准信号、试验控制指令,并反馈状态信息等实际装备需要完成的试验任务。

6.3.4　虚实要素确定

试验装备体系是根据不同试验目标确定的，在确定其规模后，由于试验目标的关注点不同，其所需实装数量也不同。例如开展综合试验时，由于试验装备体系是按照作战任务阶段全要素、不间断完成试验任务的，故要求尽可能做到实装数量最大；而在分要素试验过程中，由于关注点不同，各试验科目针对不同作战阶段，其构成要素不同，试验装备体系整体效能也有不同体现，因而其实装需求与综合试验并不一致。

6.3.4.1　基于最小兵力需求的实装最小数量确定方法

1）确定原则

（1）根据试验计划安排，同一时段内的试验任务所对应的 m 种类型试验装备不能重复使用；但对于不同时段内的试验任务，部分装备根据试验需求可重复使用。

（2）根据试验条件和试验环境分析，试验科目设置应依据实际情况，在一定时段内，部分试验科目之间存在一定的顺序关系，如科目 1 必须在科目 2 之前进行。

（3）在试验科目开展时，每个试验科目均需使用一定数量的不同类型的装备；同样，一定数量的同一类型的装备也可以用于几个试验科目，但组织同一试验科目时不能分割对试验装备的需求。

（4）根据试验科目设置情况，在试验开展过程中，多种试验科目可在同一时段内同时开展，对于某一种或几种类型装备的需求量会在原有需求量的基础上进行调整。

2）确定方法

运用 6.3.3.1 节中的任务分析方法将试验装备体系试验任务分为 t 个不同阶段，即 $T_1, T_2, \cdots, T_t$，针对每个阶段运用上述确定原则，$R_i(t)$ 为在某一试验任务阶段 T_k 内需要完成的任务，X_{ij}（$j=1,2,3,\cdots,m$）是为完成 R_i 项任务而需使用的第 j 种类型装备的数量。在分析不同种类的装备后，可确定完成试验任务的装备体系所需实装的最小数量 S，即

$$S = \left\{ \begin{matrix} S_1 \\ S_2 \\ \cdots \\ S_m \end{matrix} \right\} \qquad (6\text{-}2)$$

分别对每个阶段进行试验科目综合分析可得 $G_k=\{R_i(t)=T_k\}$，即在 T_k 阶段的任务综合后对其所包含的 X_{ij} 进行有限步骤的合成，可得出在 T_k 阶段 G_k 试验任务中的实装最小数量需求 S_{kj}，并求出完成体系试验任务的最小实装需求，即

$$S_j= \max \{S_{kj}| \; k=1,2,3,\cdots,t\}, \; j=1,2,3,\cdots,m$$

$$S = \left\{ \begin{array}{c} S_1 \\ S_2 \\ \cdots \\ S_m \end{array} \right\} \qquad (6\text{-}3)$$

在试验组织过程中，无论是面向综合试验还是面向分要素试验，主要是针对被试装备（体系）的关注点不同，而每种试验方法都将试验装备体系投入作战运用过程中，这就需要按照作战运用阶段对作战活动的信息进行分析。以某营完成某进攻战斗为例，其作战信息活动可按照机动投送、集结待命、开进行军、冲击突破和占领巩固 5 个阶段进行分析。

根据该营完成某进攻战斗任务各作战单元活动信息分析，在开展该营装备体系综合试验时，其基本战斗单元通常由坦克连和机步连组成，而坦克连或机步连一般包括三个排。在开进展开阶段，坦克连或机步连的三个排按照相应战斗队形展开，由于各排都是在连编成内进行疏散展开的，其负责的作战区域或作战方向不同。因此，在连长坦克或步兵战车的指挥下，可以按照以车代排的原则用一个实装排完成连的战术动作，而基本战斗单元就可以是一个排的实装坦克与一个排的步兵战车。火力支援单元主要由炮兵连组成，由于其在作战运用中主要以连为单位进行集中火力打击，同样可以采取以单炮代排的方式，从而满足连指挥车与排长车上传下达的重要信息节点。通过以上分析，可确定该营装备体系试验实装最小数量，见表 6-3。

表 6-3 某营装备体系试验实装最小数量

实 装 类 型	实 装 数 量	试 验 角 色
通用装甲指挥车	×辆	作为营长指挥车
装甲侦察车	×辆	作为营实装侦察力量，其他两辆装甲侦察车用模拟器或数学仿真系统代替
坦克	×辆	每个连有×辆，其中×辆为连长坦克，×辆构成一个坦克排，在一个连建制内其他排坦克可以用模拟器或数学仿真系统代替

续表

实 装 类 型	实 装 数 量	试 验 角 色
步兵战车	×辆	×辆作为连长车，×辆构成×个步战排，在一个连建制内其他排步兵战车可以用模拟器或数学仿真系统代替
自行迫榴炮	×门	×门迫榴炮构成一个战炮排，在一个连建制内其他装备用模拟器或数学仿真系统代替
装甲分队指挥车	×辆	作为炮兵连连长车

6.3.4.2　基于费效比的"虚实要素"确定方法

通过上述分析过程确定的实装最小数量，只能满足体系试验开展的装备需求最低要求，而在分析实装、模拟器和数学仿真系统的功能需求后可构设不同的虚实要素配置方案，但虚实结合的试验装备体系构成需要综合考虑多方面因素，不仅要考虑试验资源的限制因素，还要考虑最终考核的作战效能等，并通过费用-效果分析进行优化配置。所谓费用-效果分析，就是根据不同方案使用可信度和试验消耗费用进行综合分析优选比较的过程。

1）费用分析

因虚实结合的试验装备体系试验费用的内容相对较多，为实现简化可仅考虑实装、模拟器和数学仿真系统 3 个试验要素的使用费用，并做出以下假设：

（1）参加体系试验的装备应是已经小批量生产和现有的装备，因此，其使用费用不包括研制、生产的费用。

（2）在装备使用过程中若出现重大故障需要返厂修理，则不应列入试验使用费用。

（3）试验装备的转场、油料使用费用等应一并计入使用费用进行核算。

试验装备使用费用可通过成本核算的方法进行确定，其具体方法并不是研究的重点内容。在试验过程中由于试验科目不同，试验装备编组也会不同，因而综合考虑其使用费用为

$$C_i = \sum_{i=1}^{m} C_{di} N_{di} \qquad (6\text{-}4)$$

式中，C_{di} 为第 i 种装备使用费用；N_{di} 为每种装备的数量；C_i 为试验装备体系装备使用总费用。其中，$d=1,2,3$，分别代表实装、模拟器和数学仿真系统。

2）效果分析

在分析试验装备体系试验使用的装备类型时，既要考虑使用费用问题，还要考虑以下问题：装备在试验过程中能否达到试验要求，其最终取得的效

果能否满足需要，以及能否真正达到装备体系试验的最终目的。这里将在试验过程中使用的各种类型装备的可信赖程度（可信度），作为评判其预期效果的一个重要因素。试验要素的"可信度"指试验要素对试验效果的支持程度（即对试验精度的影响度），具体包括运动状态相似度、打击效果相似度等众多因素，它是一个复杂的评估过程，仅通过对可信度的假设来探索构建试验装备体系效果模型的思路。

试验装备体系效果模型如下：

$$E = G \begin{cases} p_{11}, p_{12}, \cdots, p_{1i} \\ p_{21}, p_{22}, \cdots, p_{2i} \\ p_{31}, p_{32}, \cdots, p_{3i} \end{cases} \qquad (6\text{-}5)$$

式中，p_{di} 为第 d（d=1,2,3）类试验装备的第 i 种装备的的可信度；E 为试验装备体系效果度量值；G 表示试验装备体系效果与可信度之间的关系。

3）费效比优化模型

（1）确定装备使用费用的范围。在最大可信度效果下的最优模型如下：

$$\text{Max } E = G(p_{di})$$

$$\text{s.t.} \begin{cases} 0 \leqslant p_{di} \leqslant 1, i = 1, 2, \cdots, r \\ C^{L} \leqslant C \leqslant C^{U} \\ = \sum_{i=1}^{m} C_{di} N_{di} \\ E^{L} \leqslant E \end{cases} \qquad (6\text{-}6)$$

式中，C^{L}、C^{U} 分别为使用费用允许的最小值和最大值；E^{L} 为试验装备体系效果度量的最小值。

（2）确定使用装备的可信度范围和最小可信度下的效果。令使用费用最小化，即

$$\text{Min } C = \sum_{i=1}^{m} C_{di} N_{di}$$

$$\text{s.t.} \begin{cases} 0 \leqslant p_{di} \leqslant 1, i = 1, 2, \cdots, r \\ E^{L} \leqslant E \\ E = G(p_{di}) \\ C^{L} \leqslant C \leqslant C^{U} \end{cases} \qquad (6\text{-}7)$$

（3）根据式（6-6）确定试验装备体系一项使用费用的约束值，即可通过计算求出相应的最大效果；同理，根据式（6-7）确定的试验装备体系最大效果，可以权衡求出费用使用的最小值。

6.3.4.3　基于费效比的"虚实要素"确定方案

根据以上优化模型，可确定费用与效能的约束范围，并针对不同的关注点得到费用与效能之间一一对应的关系，进而得出费效比最优的试验装备体系方案。

（1）由于重点讲解从费效比的思路来确定"虚实要素"的方法，可信度的评估并非重点，这里只根据"可信度"评估的思路给定假设值。以某营装备体系综合试验为分析对象，假设其可信度与使用费用为表 6-4 所列内容（因为指挥车实装必须参加试验，所以其可信度与使用费用不在此表中。）

表 6-4　装备体系综合试验"虚实要素"的可信度与使用费用

装 备 种 类	装 备 类 型	可 信 度	使用费用（万元）
装甲侦察车	实装	0.97	37
	模拟器	0.86	14
	数学仿真系统	0.80	9
坦克	实装	0.98	40
	模拟器	0.91	15
	数学仿真系统	0.89	10
步兵战车	实装	0.96	30
	模拟器	0.93	15
	数学仿真系统	0.87	10
自行迫榴炮	实装	0.97	25
	模拟器	0.93	13
	数学仿真系统	0.88	11

将表 6-4 中各值代入式（6-6）和式（6-7）中，得出试验装备体系"虚实要素"综合使用费用与整体效果的约束范围，通过费用关于效能的比值，可得到费效比最优的方案，从而确定参加该营装备体系综合试验的装备类型数量，见表 6-5。

（2）在开展数字化合成营装备体系分要素试验时，由于其关注的是单项效能的综合集成，而试验装备体系中"虚实要素"的可信度可能不等同于综合试验时的可信度，因此其结果与综合试验的结果并不相同。以战场机动效能为例，其可信度与使用费用见表 6-6（因为指挥车实装必须参加试验，所以其可信度与使用费用不在此表中）。

表 6-5　综合试验装备体系"虚实要素"确定方案

单位：台

实 装 类 型	实 装 数 量	模拟器数量	数学仿真系统数量
通用装甲指挥车	1		
装甲侦察车	1	2	
坦克	8	6	6
步兵战车	8	6	6
自行迫榴炮	3		3
装甲分队指挥车	1		

表 6-6　战场机动效能试验装备体系"虚实要素"的可信度与使用费用

装 备 种 类	装 备 类 型	可　信　度	使用费用（万元）
坦克	实装	0.98	25
	模拟器	0.90	11
	数学仿真系统	0.87	8
步兵战车	实装	0.96	20
	模拟器	0.91	11
	数学仿真系统	0.87	8
自行迫榴炮	实装	0.98	14
	模拟器	0.90	9
	数学仿真系统	0.87	7

通过计算可确定参加该营装备体系战场机动效能试验的装备类型数量，见表 6-7。

表 6-7　战场机动效能试验装备体系"虚实要素"确定方案

单位：台

实 装 类 型	实 装 数 量	模拟器数量	数学仿真系统数量
通用装甲指挥车	1		
装甲侦察车		3	
坦克	4	6	10
步兵战车	4	6	10
自行迫榴炮	3		3
装甲分队指挥车	1		

6.4　装备体系试验想定验证评估

　　装备体系试验想定是指导装备体系试验组织实施的依据，其质量高低决定了装备体系试验的成败。装备体系试验想定制定完毕后，通常应综合采用多种手段，集聚专家智慧和仿真推演优势，开展装备体系试验想定的综合评估，研究确认装备体系试验想定的满足度和合理性。装备体系试验想定的评估主要包括要素满足度评估和对抗效果评估两方面。

6.4.1　要素满足度评估

　　装备体系试验想定包括基本想定和补充想定两部分，除了包含运用装备体系完成作战任务的作战决心、兵力编组、对抗形式、作战行动、典型对手及其试验问题等想定的基本要求，还应能够反映装备体系的使命任务、试验目的，并对试验科目的实施具有明确的指导作用。因此，对装备体系试验想定质量的评估，可按照装备体系试验想定包含或反映的要素进行满足程度的评价。要素种类齐全且内容质量较高，意味着装备体系试验想定的质量更高。

1．评估方法

　　要素满足度评估，通常采用定性与定量相结合的方法，既要充分反映领域专家的经验智慧，又要反映装备体系试验想定内在的逻辑或数量关系，其评估过程如图 6-7 所示。

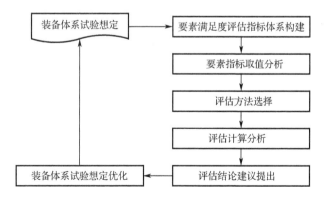

图 6-7　装备体系试验想定要素满足度评估过程

　　（1）要素满足度评估指标体系构建。根据装备体系试验想定的设计要求

和装备体系试验目标，构建装备体系试验想定要素满足度评估指标体系。

（2）要素指标取值分析。根据要素指标性质的不同，通常采用定性分析和定量分析两种方法来确定指标取值。定性指标分析时，往往可借助领域专家的经验智慧，采用专家研讨或专家打分的方法确定；定量指标分析时，应根据指标的要素构成或影响因素组成，采用合适的解析计算方法得出指标的取值范围。无论是定性指标还是定量指标，处理得当均能得到较好的可信度。需要注意的是，区分定性指标和定量指标的重要依据之一是指标分析的可操作性和有效性，需要在评估过程中针对具体的指标灵活选用。

（3）评估方法选择。较为常用的评估方法有层次分析、理想点、加权和及模糊综合评判等方法，可根据装备体系试验想定评估需要和评估者喜好，灵活选择相应的评估方法。对于具体评估方法的评估过程此处不做赘述。

（4）评估计算分析。以要素指标取值为基础，按照选定评估方法的步骤要求，计算得到装备体系试验想定方案的评估结果。

（5）评估结论建议提出。根据要素满足度整体计算结果，得出装备体系试验想定要素满足度评估结论。通过对评估过程中的专家建议和各项评估指标取值情况进行综合，分析提出装备体系试验想定存在的突出问题或不足，为改进完善装备体系试验想定提供依据。

（6）装备体系试验想定优化。根据评估过程中发现的问题和专家意见，按照装备体系试验想定设计的流程和方法，有针对性地丰富和完善装备体系试验想定内容。经过设计、评估、优化的多次迭代，实现装备体系试验想定的优化。

2．要素满足度评估指标体系

装备体系试验想定要素满足度评估指标体系包括构成要素合理度和适用要素满足度两类指标，如图 6-8 所示。

1）构成要素合理度指标

从基本想定和补充想定要素构成的角度，分析装备体系试验想定要素种类的齐全程度及各类要素内容设计的合理程度。构成要素合理度指标主要包括作战决心、兵力编组、对抗形式、作战行动、典型对手、战场环境、指挥控制及作战阶段的合理度。

（1）作战决心合理度。该指标用于评估装备体系试验想定作战企图及作战决心方案与装备体系使命任务、红蓝双方对抗态势的吻合程度。错误的作战决心方案不能检验装备体系的能力水平，因而会形成关于装备体系试验的错误结论。

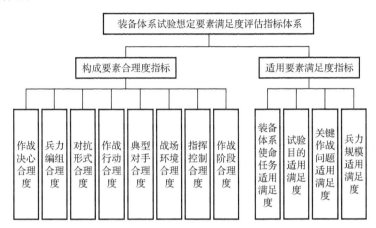

图 6-8　装备体系试验想定要素满足度评估指标体系

（2）兵力编组合理度。该指标用于评估在一定任务背景下装备体系力量编组的合理化程度。兵力编组是不同要素装备的有机组合，其组合方式和装备数量的异同将会引起兵力编组功能和能力的差异，进而影响作战行动的顺利开展和作战决心的实现。

（3）对抗形式合理度。通常对抗形式反映的是装备体系的优势能力和典型特征。良好的作战对抗形式，有利于检验装备体系的作战效能和作战适用性水平；反之，则不能。评估对抗形式的合理度，就是借助领域专家的经验进一步确认战斗形态的合理性和科学性。

（4）作战行动合理度。聚焦核心使命任务，发挥体系对抗优势，是装备体系作战运用遵循的基本原则。通过检验参试装备体系（特别是被试装备体系）作战行动设计的合理程度，可为检验考核装备体系及其构成装备的能力、作战效能和作战适用性水平提供重要支撑。

（5）典型对手合理度。作战对手既不能过强也不能过弱，而应与国家潜在对手相一致，并尽可能选择能够激发装备体系作战效能的对手。也就是说，在允许的范围内，应尽可能选择较强的对手，这样在作战对手高强度的对抗下，才有利于检验装备体系的极限能力或效能。但是，针对装备体系可能存在的弱点，也可以选择实力较弱但能够直击体系弱点的对手。通过典型对手合理度分析，评估作战对手设置的合理性。

（6）战场环境合理度。该指标用于评估装备体系试验想定中选定的自然

环境、社会环境和电磁环境是否符合装备体系适应的战场环境要求，或者是否有利于检验装备体系及其构成装备的能力水平、作战效能和作战适用性。

（7）指挥控制合理度。指挥控制是装备体系高效运转的灵魂，基于信息网络实施高效、精确的指挥，将能够最大限度地发挥装备体系的作战效能，并对装备体系作战效能的检验十分有利。通过组织指挥体系和指挥控制关系分析，评估指挥控制的合理性。

（8）作战阶段合理度。不同的作战空间、对抗形式和装备体系，对应的作战发展进程千差万别。通过分析装备体系试验想定中作战阶段的划分情况，评估作战发展进程与对抗形式和装备体系演化运行特点的匹配程度。

2）适用要素满足度指标

从装备体系试验想定的价值出发，评估装备体系试验想定对装备体系试验要求的满足程度。适用要素满足度指标主要包括装备体系使命任务适用满足度、试验目的适用满足度、关键作战问题适用满足度及兵力规模适用满足度。

（1）装备体系使命任务适用满足度。从装备体系试验想定整体，评估装备体系试验想定中装备体系作战任务与其使命任务要求的吻合程度。

（2）试验目的适用满足度。从装备体系试验想定整体，评估装备体系试验想定内容与装备体系试验目的的吻合程度。装备体系试验目的决定了装备体系试验的重点，进而决定了装备体系试验想定的主要内容。评估装备体系试验目的适用满足度，就是要进一步确认装备体系试验想定是否满足装备体系试验目的的要求。

（3）关键作战问题适用满足度。从装备体系试验想定关注的关键作战问题出发，评估装备体系试验想定对关键作战问题的覆盖程度。关键作战问题是牵引装备体系试验的重要依据，遗漏部分关键作战问题或不恰当的关键作战问题设计，都将导致装备体系试验结果的失真。

（4）兵力规模适用满足度。从装备体系试验资源约束的角度，分析装备体系试验想定中对抗规模和兵力数量的合理性。通常，规模过于宏大，将使装备体系试验组织实施过程面临困难，导致试验不能有效实施或资源消耗过大；规模过小，又难以反映装备体系的作战运用特点。

6.4.2　对抗效果评估

装备体系试验要求在近似实战的环境条件下检验装备体系的作战效能和作战适用性，这对作为指导文件的装备体系试验想定的实战化对抗水平提出了更高的要求。例如，对于装备体系试验想定中设想的对抗方式和对抗过程必须能够反映装备体系的真实对抗过程和效果的要求，就需要采用建模与仿真技术，构建适合当前装备体系的作战对抗仿真系统，并通过仿真推演分析，确认装备体系试验想定所能达到的作战效果，进而作为评判装备体系试验想定是否满足作战效能试验和作战适用性试验的重要依据。

1. 基于仿真的评估

基于作战对抗仿真系统的装备体系试验想定对抗效果满足度评估，主要包括仿真方案设计、想定数据作业、作战过程推演、仿真态势回放、试验想定评估及试验想定优化 6 个步骤，如图 6-9 所示。

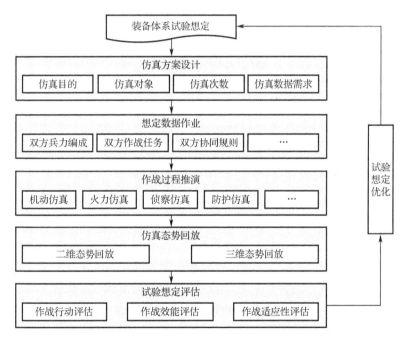

图 6-9　基于作战对抗仿真系统的装备体系试验想定对抗效果满足度评估

（1）仿真方案设计。通常根据装备体系试验想定数量，分别设计提出相应的仿真方案，主要包括仿真目的、仿真对象、仿真次数及仿真数据需求等内容。

① 仿真目的。进行仿真的主要目的是检验装备体系试验想定行动规划的合理性、装备体系对抗的作战效能水平和作战适用性。

② 仿真对象。应严格依据装备体系试验想定内容进行设计，充分反映装备体系试验想定中交战双方的作战企图、对抗样式、主要行动和预期效果。

需求强调的是，在作战对抗仿真中不仅要重视红方作战力量的编组设计和对抗过程，也要同等重视蓝方作战力量的编组设计和对抗过程，这样才能比较逼真地反映红蓝双方的对抗过程与结果，为科学评估装备体系试验想定满足作战效能试验和作战适用性试验提供支撑。

③ 仿真次数。它由作战对抗仿真系统中模型随机性的收敛度确定。作战对抗仿真系统中的各类行动模型通常以蒙特卡洛方法为基础，采用随机数产生机制，有利于模拟作战对抗仿真过程中的不确定现象，进而增强仿真试验的逼真度和可信度。在相同的试验条件下，随着仿真次数的增加，仿真结果将收敛于某个稳定的区间。由于不同的作战对抗仿真系统达到结果稳定的仿真次数要求不同，在仿真试验中应根据相应作战对抗仿真系统的实际情况确定仿真次数。例如，在某陆军战术作战对抗仿真系统运行 20 次后，其仿真结果稳定在相应的区间，就可以将 20 次作为仿真试验的仿真次数。

④ 仿真数据需求。它包括作战对抗仿真中所需的兵力兵器数据、战场环境数据、指挥规则数据及交战规则数据等。其中，兵力兵器数据主要包括部队的编制编成、装备的战术技术，性能指标等；战场环境数据包括指定地域的矢量地图及其相关战场环境要素信息；指挥规则数据包括红蓝双方各级各类指挥机构的情况判断、方案决策和行动控制规则；交战规则数据包括各类装备的侦察、打击和防护等规则。仿真数据可信度的高低将直接影响仿真结果的可信度。

（2）想定数据作业。依据仿真方案，将交战双方兵力编成、作战任务及其协同规则等内容录入作战对抗仿真系统，其目的是设置仿真运行的条件和方案模型的基本参数。作业内容主要包括：交战双方的作战力量编成结构与装备数量、交战双方的装备类型及其战术技术性能指标、交战双方的作战企图及其作战行动、交战双方的交战规则和指挥控制规则，以及作战地域的战场环境等。

（3）作战过程推演。仿真启动后，参与交战的所有作战实体将按照想定作业中规定的行为和规则，调用相应的行动模型和决策模型，推动作战过程推演。在作战过程推演阶段，主要依靠作战对抗仿真系统强大的计算能力，对作战实体的机动、火力、侦察及防护等功能进行近似实战的模拟。作战对抗仿真系统通常应提供仿真试验人员干预作战仿真过程的接口，以根据作战仿真的推进情况对仿真过程进行实时调整，增强仿真运行过程及结果的可信性。由于作战过程的不确定性和作战实体行动的随机性，通常需要进行上百次仿真试验以获得比较可靠、稳定的仿真结果数据。

（4）仿真态势回放。以军事地理信息系统为依托，采用二维态势显示系统或三维态势显示系统，对交战双方在不同作战阶段的运行过程进行全要素、全过程、多聚合层次的态势描述。仿真态势回放时，根据仿真评估人员或决策分析人员的需要，可以按照作战实体的军兵种属性，显示不同类型作战实体的机动和交互过程；也可以按照作战力量编成结构，显示不同编成结构内不同作战实体的作战运行情况，为有效分析作战编成的合理性提供依据；还可以按照作战编成的规模，根据师、团、营、连、排、平台的粒度划分，显示不同聚合等级的综合态势。这样，不但可以更加直观地反映作战对抗过程，全面把握装备作战运用的优势与劣势，而且能够增强决策人员对仿真试验结果的认可度，进而提高作战仿真的可信度。

（5）试验想定评估。首先，根据对抗效果满足度评估指标体系中各指标的评估数据需求，从作战对抗仿真过程中获取相应的模型参数数据，并进行模型参数数据的可信性分析与处理；其次，按照作战行动评估、作战效能评估和作战适用性评估，定量分析装备体系试验想定的满足情况，找出装备体系试验想定的错误或不足之处。

（6）试验想定优化。根据试验想定评估结果，针对评估中发现的问题，重新梳理装备体系试验想定的设计过程及内容，丰富并完善装备体系试验想定。经过设计、仿真、优化的多次迭代，实现装备体系试验想定的优化。

2．对抗效果评估指标体系

装备体系试验想定对抗效果评估指标体系包括作战行动评估、作战效能评估和战场环境适应性评估 3 类指标，如图 6-10 所示。

（1）作战行动评估。它主要指对装备体系作战行动的合理性和达成效果进行评估。

① 作战行动合理性评估。即通过仿真推演验证各类作战行动的时间逻辑、空间逻辑、协同逻辑和交战逻辑的合理性，确保装备体系试验想定中设计的各类作战行动能够真正实现。

② 作战行动达成效果评估。即验证各类作战行动能够达成预期效果的程度。

评估分析时，可对火力打击、机动突击、情报侦察、指挥控制、综合保障和多维防护 6 方面的行动分别进行研究。

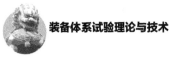

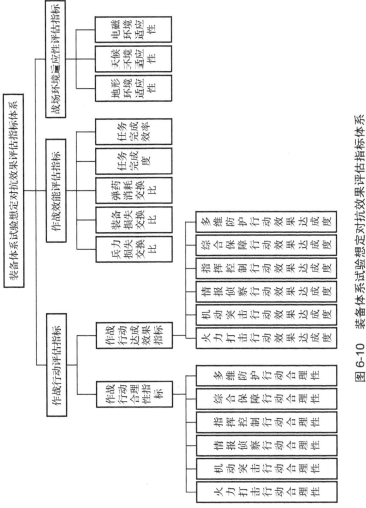

图 6-10 装备体系试验想定对抗效果评估指标体系

（2）作战效能评估。它主要指对装备体系的对抗效果进行评估。通过评估能够准确把握装备体系试验想定满足作战效能试验预期的程度，具体包括兵力损失交换比、装备损失交换比、弹药消耗交换比、任务完成度及任务完成效率等指标。

① 兵力损失交换比。该指标用蓝方损失连数与红方损失连数的比值表示，也可以理解为红方损失一个建制连时蓝方损失建制连的数量，代表了红方歼灭蓝方代价的高低。比值越高，说明红方损耗越小，效能越高。

② 装备损失交换比。该指标用蓝方主战装备损失数量与红方主战装备损失数量的比值表示，也可以理解为红方损失一辆主战装备时蓝方主战装备的损失数量，代表了红方击毁蓝方装备代价的高低。比值越高，说明红方主

战装备损耗越小，效能越高。

③ 弹药消耗交换比。该指标用蓝方消耗中大口径弹药和精确弹药的数量与红方消耗中大口径弹药和精确弹药的数量之比表示，也可以理解为红方消耗一枚中大口径弹药或精确弹药时蓝方消耗的中大口径弹药或精确弹药数量，代表了红方弹药毁伤效能的高低。比值越高，说明红方弹药毁伤效能越高。

④ 任务完成度。该指标反映装备体系在对抗过程中实现其使命任务的程度，即在一次作战中装备体系能够支撑部队作战企图的实现程度。当达到预期的任务完成度时，一般认为一场战斗已经结束。具体的任务完成条件，应根据具体的仿真对象和试验目的确定。

⑤ 任务完成效率。该指标用完成任务的有效时间与完成任务的预期时间之比表示。比值越小，说明装备体系完成任务的效率越高。

（3）战场环境适应性评估。它主要指对装备体系试验想定中环境因素设计合理性的评估，具体包括地形环境适应性、天候环境适应性及电磁环境适应性 3 方面。

① 地形环境适应性。针对关键作战问题和装备体系试验目标，通过仿真评估地形环境对装备体系能力发挥的支撑程度，进而判断相应的地形环境对相应装备体系试验活动的有效程度。

② 天候环境适应性。针对关键作战问题和装备体系试验目标，通过仿真评估天候环境对装备体系能力发挥的支撑程度，进而判断相应的天候环境对相应装备体系试验活动的有效程度。

③ 电磁环境适应性。针对关键作战问题和装备体系试验目标，通过仿真评估电磁环境对装备体系能力发挥的支撑程度，进而判断相应的电磁环境对相应装备体系试验活动的有效程度。

3．仿真评估系统构建示例

装备体系试验想定仿真推演系统的构建，需要聚焦作战行动、作战效能和作战适用性评估的功能要求，体现装备体系对抗规律和使命任务要求，并为科学评价装备体系试验想定的科学性和合理性提供有效支撑。在信息化条件下，信息系统在装备体系整体能力形成中的作用越发突出，基于信息网络的装备体系整体对抗为当前装备体系对抗的基本规律。因此，在构建装备体系试验想定仿真推演系统时，不仅需要构建装备体系构成要素的装备模

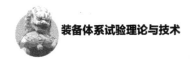

型，还要构建反映指挥信息系统功能及其作战节点的实体模型。通过对实体模型行为、交互方式进行设计，能够较为逼真地模拟作战对抗过程中交战双方不同装备的作战运用过程，推进作战对抗过程仿真，进而实现整个作战过程的仿真。

装备体系试验想定仿真推演系统主要包括具备作战对抗仿真、综合效能评估、想定作业、运行控制、态势显示及数据采集等功能的子系统，如图 6-11 所示。

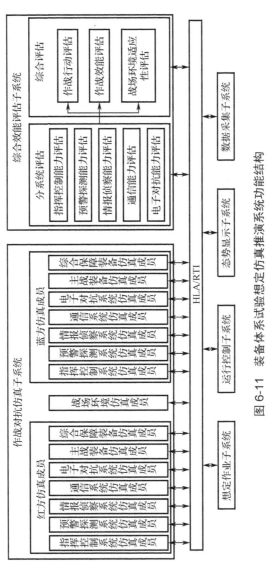

图 6-11 装备体系试验想定仿真推演系统功能结构

（1）作战对抗仿真功能。其可实现装备体系全过程的动态推演仿真，模拟各类要素装备的作战行动过程和效果。

（2）综合效能评估功能。其可实现对装备体系作战行动、作战效能和战场环境适用性的综合评估分析。

（3）想定作业功能。其可实现仿真初始边界条件的输入。仿真初始边界条件主要包括交战双方的装备型号与数量及交战双方作战任务设定、作战阶段划分、作战地域和作战态势部署等。

（4）运行控制功能。其可实现仿真任务的设定、仿真程序的调度和加载。

（5）态势显示功能。其可实现仿真实时态势的显示和过程态势的回放，以便于仿真人员了解仿真过程中各实体的状态和行为，为分析和研究武器装备的作战效能提供可视化手段。

（6）数据采集功能。其可实现仿真过程中各仿真实体状态信息、交火信息、机动信息、侦察信息及指挥控制等的实时记录，为研究和分析各类装备的作战能力奠定基础。

设计中采用高层体系结构（High Level Architecture，HLA）技术体制实现体系对抗仿真实体的互联和信息交互。整个仿真系统结构包括红蓝双方 C^4ISR 各功能域系统的系统成员（组）、红蓝双方兵力的仿真成员（组）。仿真系统结构中的各成员通过运行支撑环境（Run-time Infrasturcture，RTI）进行交互，交互内容应根据仿真目的及作战想定来确定。

参考文献

[1] 宋敬华. 武器装备体系试验基本理论与分析评估方法研究[D]. 北京：装甲兵工程学院，2015.

[2] 王凯. 武器装备作战试验[M]. 北京：国防工业出版社，2012.

[3] 谷国贤. 虚实结合的陆军数字化试验装备体系分析与设计研究[D]. 北京：装甲兵工程学院，2016.

[4] 樊延平，马亚龙，鲁鹤松. 陆军武器装备作战建模与仿真[M]. 北京：国防工业出版社，2015.

第7章

装备体系试验科目设计

作战试验科目是根据试验目的和要求，在特定的预案、时间、资源和作战背景限定内，依据规范完成的一系列独特的、复杂的且相互关联的试验活动。作战试验科目设计是对作战试验活动的科学规划，也是建立指标体系与作战任务、作战环境之间关系的桥梁。科学设计作战试验科目，对减少试验成本、缩短试验周期及提高试验效率等均有重要意义。不同装备具有不同的作战使命任务、结构性能特点，其体系试验科目也不完全相同，但应从前面所提的数据需求出发进行规划。在评估数据需求分析的基础上，对相关试验内容进行整合优化，形成不同的试验科目。本章系统介绍装备体系试验科目的设计原则、思路、方法及应用示例。

7.1 装备体系试验科目设计原则与设计思路

装备体系试验科目设计首先应明确设计原则与设计思路。

7.1.1 设计原则

装备体系试验科目的设置，应重点考虑以下基本原则：

（1）针对性原则。装备体系试验主要考核被试装备的作战效能、作战适用性和体系适用性，评价被试装备是否满足装备研制总要求，并为装备设计定型和改进升级提供依据。因此，装备体系试验必须贯彻针对性原则，紧密围绕试验的根本目的，根据被试装备的作战使命和性能特点，通过完成试验科目，有针对性地全面考核装备的作战效能、作战适用性和体系适用性，并做出科学评价。

（2）可操作性原则。为了在部队的实际使用条件下完成装备体系试验，使试验的各项任务得到贯彻执行，试验的组织与实施必须具备良好的可操作性，既要符合有关的法规、标准，又要考虑部队的未来作战需求和驻地的实际使用条件，以便于试用科目的实施。

（3）系统性原则。装备体系试验是一项系统性很强的工作，其试验过程不仅与各类考核信息的采集、处理和分析有关，还会涉及装备使用、装备维护保养、装备维修、器材及人员保障和组织与管理等方面的协调与保障问题。因此，试验的组织与实施必须参照有关法规、标准，对试验科目、考核内容和方法、试验条件与要求、试验装备数量与质量、编配方案、采集信息、数据处理方法、评价指标、评价方法及保障条件等进行综合协调、统筹优化，以利于试验工作高效、有序地开展。

7.1.2 设计思路

装备作战试验科目设计思路如图 7-1 所示，其主要工作包括：

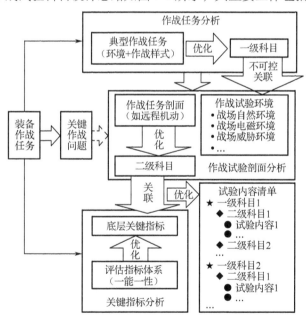

图 7-1 装备作战试验科目设计思路

（1）作战任务分析（生成一级科目）。作战单元试验形式为完成一次战斗任务，试验中需要完成的"一次战斗任务"，由试验想定提供。试验过程是作战实施的过程，试验科目由作战剖面的主要阶段或关键作战行动转化形成。为充分考核"参试单元"在多种地形环境、各类气象条件和不同天候情况下遂行作战任务（样式）的能力，应编制多套试验想定。通过分析装备的典型作战地形环境和作战样式，按照组合提取装备的典型作战任务，形成初步的装备体系试验一级科目；采用一定的方法（如专家打分法）对初步构建的一级科目进行优化排序，提取一级试验科目。以某型轻型坦克使命任务为例，其作战单元试验应编制边境防反作战、城镇（居民地）攻防作战及反恐维稳作战三大类试验想定。其中，边境防反作战试验、城镇（居民地）攻防作战试验为必试内容。边境防反作战试验想定包括高原高寒山地通道作战试验想定、热带山岳丛林地通道作战试验想定；城镇（居民地）攻防作战试验想定包括城镇（居民地）进攻作战试验想定、城镇（居民地）防御作战试验想定。例如，某型轻型坦克作战试验的一级科目为"山岳丛林要地夺控"。

（2）作战试验剖面分析（生成二级科目）。结合具体环境影响因素，对一级科目进行装备的作战任务剖面、作战试验环境等影响因素的分析，生成作战试验剖面，并从其中提炼作战试验行动，提取二级试验科目（如"对敌射击"），通过作战环境分析、作战行动选取及可控因子分析，设计作战试验因子及其水平。每一步都需要根据试验任务的重要程度，逐一排出优先顺序，再在原先选定的范围内筛选，确定合适的试验项目，最终生成装备体系试验数据采集需求清单。构建装备的作战效能、作战适用性及体系适用性评估指标体系，并从该体系中剥离出底层关键指标。

（3）多因素关联。研究分析底层关键指标与作战试验科目之间的关系，从逻辑上明确底层关键指标、作战试验剖面与作战试验科目设计之间的相互关系；将作战试验剖面及底层关键指标经过多级映射到试验科目及试验因子水平，实现底层指标转化为作战试验科目内容，进而生成简化、规范的装备作战试验科目集。

将装备作战试验的底层评估指标与作战试验任务、试验环境和试验内容等因素相关联，采用科学的组合与优化方法确定试验科目，使试验科目更加科学、合理，从而解决了装备作战试验科目设计的不科学和随意性问题。

7.2　装备体系试验剖面分析

分析装备作战试验剖面需要将被试装备放在逼真的作战背景、战场环境和对抗条件下，深入分析被试装备担负的使命任务和装备自身性能，确定作战试验的任务剖面并分析其对应的作战试验环境。依据作战任务剖面、作战试验环境等影响因素确定作战试验剖面，并以此为依据结合评估指标采集作战试验剖面中关注的关键参数，以为后续评估提供数据支撑。

7.2.1 作战任务剖面分析

剖面是对装备所发生的事件、过程、状态、功能及所处环境的一种时序描述。任务剖面指装备在完成规定任务的时间内所经历的事件和环境的时序描述。装备作战任务剖面，是对部队和装备遂行作战过程所需经历的重大事件的时序描述。装备作战任务剖面设计依据装备担负的使命任务及其自身性能特点，通过分析作战样式和底层评估指标，以时序的方式确定作战任务阶段装备的任务、事件和时间等。

在选取装备作战任务剖面时，首先应根据作战样式确定典型作战任务，作战样式按敌情、战场环境等不同情况，对进攻和防御作战类型进行具体划分，按照划分的进攻或防御作战类型及不同的战场环境设计作战任务；然后根据典型的作战任务列出作战行动，在作战行动中细化整个作战试验的具体作战过程和方法，并以时序串联完整的作战行动，从而形成一个完整明确的装备作战任务剖面。

这里以某型坦克实施山岳丛林要点夺控作战任务为例，给出其作战任务剖面，如图 7-2 所示。该作战任务分为作战准备、作战实施和作战结束 3 个阶段。其中，作战准备阶段主要包括下达命令、战备等级转换、战斗集结、远程机动及开进展开等作战行动；作战实施阶段主要包括防敌拦阻、观察战场和搜索目标、向敌前沿冲击、对敌射击（包括敌地面武器装备、空中目标、敌工事和有生力量等）、克服障碍物区域、冲击突破及地域控制等作战行动；作战结束阶段主要包括转为防御、撤出战斗等作战行动。

7.2.2 作战试验环境分析

作战试验环境分析是根据装备的作战任务及执行任务过程中可能遇到的环境条件进行的综合分析。作战试验环境应是一种近实战化的环境条件。针对装备的实际作战使用情况，需要在宽泛的大环境基础上对不同装备实际面临的作战环境进行剪裁。装备的作战样式主要是以本土地域为主遂行各种作战任务。我国疆域辽阔、环境复杂多样，需要在各种战场环境条件下考虑装备对作战环境的适用性。根据装备担负的使命任务和装备自身性能特点，作战试验环境主要包括战场自然环境、战场电磁环境及战场威胁环境等，如图 7-3 所示。

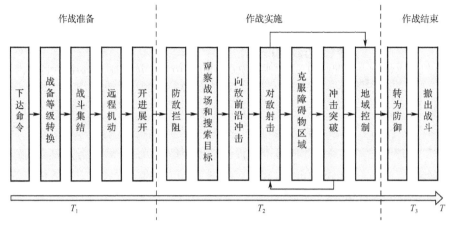

图 7-2 山岳丛林要点夺控作战任务剖面

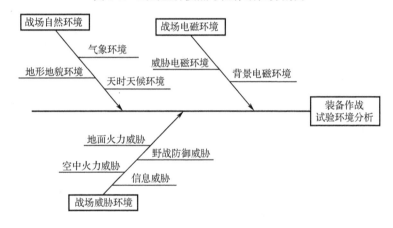

图 7-3 作战试验环境分析

（1）战场自然环境。自然环境指自然界中由非人为因素构成的环境，无论装备处于静止状态还是工作状态都会受到自然环境的影响。自然环境是开展作战试验必须考虑的环境因素，也是最基本、不可缺少的客观环境。装备应考虑可能影响其军事行动的地形地貌环境、气象环境和天时天候环境等因素，选择典型战场自然环境进行装备试验。如图 7-4 所示，具体战场自然环境包括下述项目。

① 地形地貌环境：平原地区、丘陵地区、城市街区、山岳丛林、水网稻田、高原地区及沙漠地区等。

② 气象环境：气温、湿度及气压等。

③ 天时天候环境：天时环境包括白天、夜晚；天候环境包括晴天、雨天、雪天、多云、雾天及风沙等。

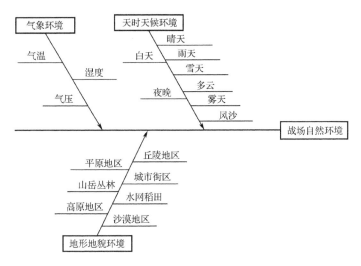

图 7-4　战场自然环境分析

（2）战场电磁环境。现代战争是以信息化为主的多域作战，在敌我双方作战过程中，双方的电子设备、信息系统等信息化装备使用频繁、对抗激烈，电磁环境因而成为复杂战场环境因素之一。随着战争形态不断发展，不仅有敌我双方的对抗威胁电磁环境，还有被动的背景电磁环境。例如在城市街区作战环境中会受到广播、电视及无线电等用频设备的干扰，导致电磁环境相对复杂。在现代战争中，战场电磁环境会在一定程度上影响战争的结果。因此，应在作战试验科目设计中加强装备应对复杂电磁环境的考核因素。

（3）战场威胁环境。在评估装备的作战效能等关键问题时，需要将被试装备投入作战体系中，以在逼真的作战背景环境和对抗条件下设计作战试验科目。在作战试验的行动过程中对被试装备实施全方位的打击和干扰，设置多种威胁环境，包括地面火力威胁、空中火力威胁、野战防御威胁及信息威胁等。在设计试验科目时，可将各种威胁环境设置为试验中的可控因子和处理水平，以达到有效评估被试装备作战效能的目的。具体战场威胁环境包括下述项目。

① 地面火力威胁：敌方的坦克、反坦克导弹及火力支援点等火力打击。

② 空中火力威胁：敌方的战斗机、武装直升机等空中火力打击。

③ 野战防御威胁：敌方设置的地雷、反坦克壕沟及人工构筑的工事等防御手段。

④ 信息威胁：敌方利用各种侦察卫星、有（无）人侦察机及各种地面侦察传感设备等进行情报获取；利用信息干扰设备对装备的通信系统、指挥控制系统和光电设备等进行干扰破坏。

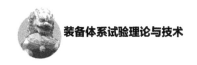

7.2.3　作战试验剖面生成

装备作战试验剖面，是指被试装备以时序方式将作战任务、作战行动及作战环境综合分析结合起来，通过作战任务剖面提炼作战试验行动，作为构建作战试验一级科目及二级科目的基础，并将作战试验行动细化为可执行的作战试验行动过程和行动方法；同时结合具体的作战行动，从作战环境中的自然环境、电磁环境和威胁环境 3 方面综合分析映射，在作战行动中设置可能面临的试验环境因子水平，最终在时间轴上生成作战任务、作战行动、作战试验环境及关注参数等多要素集成的作战试验剖面，见表 7-1。

表 7-1　作战试验剖面列表

作战时间	作战任务	作战行动	作战试验环境					关注参数
			自然环境			电磁环境	威胁环境	
			地形环境	气象环境	天时环境天候环境			
T_1	××地形环境××作战样式	作战行动 1	××地形环境	气温：×× 湿度：×× 气压：×× …	白天 夜晚 晴天 雨天 …	城市背景电磁环境/对抗威胁电磁干扰	地面/空中火力威胁/野战防御威胁/信息威胁	行军时间、行军平均时速、装备可靠性 …
T_2	××地形环境××作战样式	作战行动 2	××地形环境	气温：×× 湿度：×× 气压：×× …	白天 夜晚 晴天 雨天 …	城市背景电磁环境/对抗威胁电磁干扰	地面/空中火力威胁/野战防御威胁/信息威胁	火炮有效射程、最大射程 …
T_3	××地形环境××作战样式	作战行动 n	××地形环境	气温：×× 湿度：×× 气压：×× …	白天 夜晚 晴天 雨天 …	城市背景电磁环境/对抗威胁电磁干扰	地面/空中火力威胁/野战防御威胁/信息威胁	战场信息通信距离、通信反应时间 …
…	…	…	…	…	…	…	…	…

7.3　装备体系试验科目设计的多级映射法

基于多级映射的作战试验科目生成方法，旨在解决多任务阶段和多因子影响的作战试验科目设计难题。该方法以作战试验剖面为基础，依据作战任务剖面提炼作战行动、作战流程等，并结合装备功能、关键问题等因素构建作战试验一级科目及二级科目；依据作战环境中的自然环境、电磁环境及威胁环境分析映射试验因子，并确定试验因子的处理水平。根据装备作战试验的目的和要求，得到详细、可行、科学的作战试验数据采集需求清单，确定作战试验科目并明确作战试验内容、条件、方法及过程等具体细则，为具体实施装备作战试验奠定基础。作战试验科目设计的多级映射法主要包括 3 个环节：初步构建试验科目、建立映射关系及生成作战试验科目，其设计过程如图 7-5 所示。

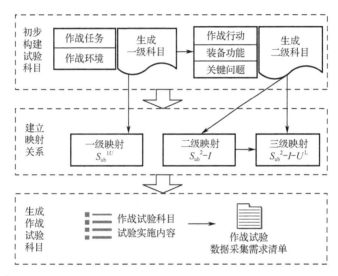

图 7-5 基于多级映射的作战试验科目设计过程

7.3.1 相关定义

装备作战试验科目设计通常涉及数理统计学的基本术语，如因子、水平等，下面就这些术语给出相对应的基本含义。

定义 1：因子。即对作战试验有影响的各种因素，一般包括可控因子和不可控因子。

定义 2：可控因子。即在装备作战试验过程中，可以通过改变某种方式而改变其水平的因子。

定义 3：不可控因子。即在装备作战试验的实际操作中，不能或难以控制的因子。

定义 4：水平。即可控因子在作战试验中的不同状态或取值，1 个可控

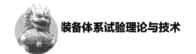

因子通常有 1 种或多种水平。

定义 5：映射。即元素集之间的对应关系。

定义 6：一级映射。即一级试验科目到不可控因子的映射过程，映射结果用 S_{ub}^{1U} 表示。

定义 7：二级映射。即二级试验科目到底层评估指标的映射过程，映射结果用 $S_{ub}^2 \text{-} I$ 表示。

定义 8：三级映射。即二级映射结果与可控因子和水平的映射过程，映射结果用 $S_{ub}^2 \text{-} I \text{-} U^L$ 表示。

定义 9：处理-水平。即可控因子与水平之间的组合过程，组合结果用 U^L 表示。

7.3.2 初步构建试验科目

装备作战试验科目设计的目的是获取详细、可行、科学的作战试验数据采集需求清单，明确被试装备作战试验的内容、条件及方法等关键因素。在分析被试装备作战试验剖面后，可依据作战任务剖面提炼作战行动、作战流程等内容，并结合装备功能、关键问题等因素，初步构建作战试验一级科目及二级科目。

（1）一级科目生成。装备根据作战地形环境（Operational Environment，记为 E）和作战任务（Operational Task，记为 T）确定一级科目。而作战地形环境 E 和作战任务 T 是通过分析被试装备的使命任务和装备用户需求得出的。通常装备作战试验包括多个作战地形环境，而每个作战地形环境又可能对应多个作战任务。将作战地形环境（m 个）与作战任务（n 个）进行组合，可以得到可能的一级科目 S_{ub}^1（$m \times n$ 个）。

（2）二级科目生成。每个一级科目会对应多个二级科目，记为 S_{ub}^2。当二级科目生成方法相同时，不同的一级科目可能会有名称相同的二级科目，但由于作战任务不同，二级科目的试验内涵、试验条件及关注参数等又不尽相同。二级科目有多种生成方法，主要是从作战行动、作战功能及关键作战问题 3 方面，采用不同建模方法生成二级科目。

① 依据装备的作战行动。装备的作战任务由一个或一系列连续的作战行动构成，为了快速、简单、准确地了解某个作战任务，通常采用作战任务剖面分析的方法生成作战任务剖面图。利用图形化的形式描述整个作战任务，可以非常清晰地分解整个作战任务过程。选取作战行动作为二级科目

S_{ub}^{2}，明确各个作战行动的作战过程、作战方法和组织要素。例如在某坦克山岳丛林地要点夺控作战任务中，通过作战任务分析绘制作战任务剖面图，生成"下达命令、战备等级转换、战斗集结、远程机动、开进展开、防敌拦阻、观察战场和搜索目标、向敌前沿冲击、对敌射击、克服障碍物区域、冲击突破、地域控制、转为防御、撤出战斗"共 14 个作战行动作为二级科目。如果某些作战行动需要采集的试验数据出现重复或不必要的情况，则试验科目设计人员可根据具体的实际情况对上述 14 个二级科目进行适当调整。

② 依据装备的作战功能。作战功能是装备在完成作战任务过程中所体现的能力，这种能力是装备自身所固有的，它不因外界条件变化而消失或存在，却因外界条件变化而呈现不同的效果。装备作战功能分解通常采用树形结构，通过建立作战功能节点树，严格按照自顶向下逐层分解的方式构造作战功能结构模型，使其主要作战功能在顶层说明，然后分解得到逐层有明确范围的细节表示。例如某装备功能分解后的第一层节点主要包括战场感知、指挥控制、战场机动、火力打击、立体防护及综合保障 6 种功能，每种功能又可以继续分解为第二层、第三层等，如由战场机动分解出的第二层节点主要包括战役机动、战术机动和运输转移等。通常将第一层的节点内容作为二级科目 S_{ub}^{2}；而第二层（包含）以后的节点内容可作为具体的试验指标，并在试验科目开展过程中采集相应的试验数据。

③ 依据关键作战问题。装备的关键作战问题是作战问题而非技术问题。从装备的全寿命周期思想出发，在装备的每个决策点都要提出关键作战问题，只是随着作战试验进程的不断推进，关键作战问题的关注点也在不断变化。通常针对装备的作战效能、作战适用性和体系适用性，通过分析该装备的使命任务和试验目的，采用回答问题的方式表述。例如提出"某型坦克是否具有火力绝对优势、某型步兵战车成员操作是否便捷"等装备的关键作战问题，并且每个关键作战问题都对应作战试验目标，可作为一个二级科目 S_{ub}^{2}。

7.3.3 建立映射关系

根据装备试验科目设计过程中生成的作战试验一级科目和二级科目，采用多级映射的方法建立试验科目与底层评估指标之间的映射关系。映射是元素集之间相互"对应"的关系，对应方式包括一对一、一对多和多对一等。

（1）一级映射。即一级科目 $S_{\mathrm{ub}_i}^{1}$ 与不可控因子 U 之间的映射。试验的不可控因子主要指昼间/夜间、雨天/晴天、雪天/晴天、有风/无风及高压/低压等不可控的天时天候环境因素，不考虑其他因素。试验组织者可依据作战试验重点，通过分析试验地点自然环境，尽可能将不可控因素（自然条件）列全，并有针对性地建立一级科目与自然环境之间的关系，明确每个一级科目实施的自然条件。映射结果称为一级试验科目-不可控因子（简记为 S_{ub}^{1U}）。例如某型坦克以山岳丛林地、水网稻田地、高原高寒山地及城镇街区 4 种作战地形环境为背景，通过分析不同的作战任务，选取"山岳丛林地要点夺控""水网稻田地阵地进攻""高原高寒山地通道突击" 3 个试验科目作为一级试验科目。在一级试验科目的基础上通过分析不可控的天时天候环境影响因素，建立一级映射关系，见表 7-2。在被试装备作战试验实施过程中，每个一级试验科目应尽可能在表 7-2 确定的多种天时天候环境影响下进行试验，从而达到全面检验被试装备作战效能、作战适用性和体系适用性的目的。但天时天候环境只是一种条件限制，有时因试验周期、试验经费及当地气候情况等原因限制，很多一级试验科目的试验内容并非全要在所有天时天候环境下获得试验数据结果，这时需要考虑是否开展补充试验，以确保对装备在多种自然环境下进行全面检验。

表 7-2　某装甲装备一级映射表

一级试验科目	天时天候环境					
	昼间	夜间	晴天	雨天	雾天	…
山岳丛林地要点夺控	√	√	√	√	√	…
水网稻田地阵地进攻	√		√			…
高原高寒山地通道突击	√	√	√	√		…

（2）二级映射。作战试验评估指标体系通常包含多个底层评估指标 I（Bottom Index），每个底层评估指标对应不同的试验方法和试验条件等。二级映射的目的就是建立二级试验科目 S_{ubi}^2 与底层评估指标 I 之间的关系，这种映射可以是一对一的关系，但更多地是一对多的关系。每个二级试验科目对应底层评估指标的数量可由试验组织者根据作战试验的重点确定。不同阶段对应的底层评估指标，其名称可能相同，但内涵不一定相同。例如某型坦克一级试验科目"山岳丛林地要点夺控"的二级试验科目"战场机动"和"向敌前沿冲击"均对应底层评估指标"机动速度"，但在这两个二级试验科目的机动速度的含义不同。前者主要考核以某型坦克组成的作战单元在特定作战地形条件下的平均机动速度，而后者则是在前者的基础上，主要考核战场

对抗条件下的平均机动速度，需要考虑各种战场威胁环境，如敌火力打击、敌设置的野战壕沟（工事）及电子干扰等，后者的实测值通常会小于前者。

（3）三级映射。对于二级映射结果而言，是否对应可控因子，每个可控因子是否对应一个或多个水平，应由试验设计人员依据实际情况确定。对不同水平进行组合即可生成处理-水平（记为 U^L）。三级映射结果记为 $S_{ub}^2\text{-}I\text{-}U^L$。但是并非所有水平都具备组合的条件，不需要组合的水平可直接生成处理-水平，并且有些二级映射结果也可能不存在可控因子和水平，这样就可以认为二级映射结果对应的底层评估指标名称与可控因子、水平名称相同，同样直接生成处理-水平。

7.3.4 科目优化

一个复杂的装备作战试验活动通常包含多个评估指标体系（如单装评估指标体系、系统评估指标体系和体系评估指标体系等），每个评估指标体系对应一个作战试验科目清单，试验科目数量巨大，试验任务十分繁重。原则上，装备作战试验要求全面系统考核被试装备的作战效能、作战适用性及体系贡献率，因而可能提出很多候选的试验科目，但是由于受到试验设施、试验装备、试验经费和试验时间等因素限制，实际上被试装备作战试验只能按照典型作战流程进行简化。要求试验设计人员既能综合考虑被试装备能否满足用户主观需求，还应考虑试验经费、试验周期及试验设施等客观条件，依据优化原则，采用一定的优化方法科学筛选试验科目，开展部分科目的试验工作，检验装备部分作战效能、作战适应性等指标，旨在以较小的代价获取最大的试验效益，如图 7-6 所示。这就需要根据试验任务的重要程度，逐一排出优先顺序，并在原先选定的范围内筛选，确定合适的试验科目。

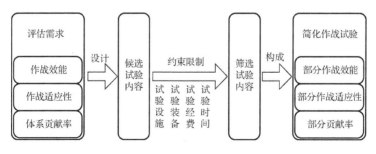

图 7-6 装备作战试验科目裁减过程

确定试验任务重要性的依据包括被试装备的重要性和紧迫性、试验考核的指标对被试装备完成主要任务样式的重要程度，以及上级的指示要求等。在确定试验任务重要性后，首先按照试验任务重要性的优先顺序进行筛选，保留优先度高的试验科目，优先选择重点装备的、考核指标支撑被试装备完成主要任务样式的及上级有明确指示要求的试验科目；然后剔除优先度低而试验消耗大的试验科目，从而对试验任务的规模和范围进行削减，通过折中选择，确定哪些内容必须保留、哪些内容希望保留，以及哪些科目可以去掉。经过试验规划人员与试验总体人员反复研究和协商，并经主管领导审定，最终确定详细的试验科目。

（1）作战试验科目优化原则。优化原则主要包括：

① 重点优先原则。不同任务阶段的试验重点不同，需要对各任务阶段对应的底层评估指标进行重要度排序，保留重要度高的作为试验内容。例如某型坦克在机动部署阶段，不仅涉及战役机动方式、战术机动速度及战备转换时间，还涉及指挥跨度、通信方式等多个底层评估指标，依据试验重点，指挥跨度、通信方式等指标在机动部署阶段不再考虑。

② 经济可承受原则。对无法满足经济能力要求的试验科目，试验设计人员应向上级机关报告，确定是否进行剔除或修改。例如对某型导弹开展作战试验，发现其导弹发射数量超出预算范围，在向上级机关请示后，将导弹发射数量缩减至预算范围以内。对于优先度低且消耗大的试验科目，在不影响试验评估结果的情况下，可以直接剔除。

③ 满足战术要求原则。作战试验从实战角度出发，其试验科目需要满足一定的战术要求，否则应予以筛除。例如某型坦克直瞄最大距离为 5km，则对 10km 目标进行直瞄射击显然无法满足战术要求。

④ 不重复原则。对于有些试验科目，可以通过其他试验科目间接得到试验结果，那就不需要对其单独进行试验。

（2）作战试验科目优化方法。科学的优化方法，能够大量减少试验次数。国内外对多因子组合下的试验设计优化方法进行了大量研究，提出了区组设计、拉丁方设计、正交设计、均匀设计、参数设计及回归设计等方法，其中正交设计和均匀设计是装备试验中应用比较广泛的两种方法。正交设计和均匀设计方法都是从样本空间中挑选具有代表性的样本点进行试验；两者的区别在于样本点选择的方法不同，正交设计的工具是正交表，均匀设计的工具是均匀设计表。除上述方法外，也可用更为简单的专家打分法。例如，采用专家打分法分别对作战地形环境 i 和作战任务 j 的权重 ε_i 和 ε_j 进行赋值，再做综合权重 $\varepsilon_z (\varepsilon_z = \varepsilon_i \cdot \varepsilon_j)$ 计算，并根据综合权重 ε_z 对所有一级科目进行排序，以便于科目的优先选择；同时，依据专家意见或现有试验条件，设定一个标准值 S_{td}（也可以称为最低可接受值），将综合权重 ε_z 与标准值 S_{td} 进行比较，综合权重低于标准值的一级科目将不能作为试验科目。

7.3.5 生成作战试验数据采集需求清单

在初步构建装备作战试验的一级科目和二级科目后，通过多级映射的方法确定因子及处理-水平。作战试验科目设计人员可依据科目及映射的因子、水平规划翔实具体的装备作战试验实施内容，并对应具体的作战试验实施内容填写作战试验数据采集需求清单。清单主要明确了评估指标名称、指标性质及对应的一级科目、二级科目、试验自然环境、试验时机、试验方法、试验地点、样本量、采集方式和负责人等相关信息，具体见表 7-3。

表 7-3 作战试验数据采集需求清单

评估指标名称	指标性质	一级科目	二级科目	试验自然环境	试验时机	试验方法	试验地点	样本量	采集方式	负责人
…	…	…	…	…	…	…	…	…	…	…

根据作战试验数据采集需求清单的相关信息，生成最终的作战试验科目及实施计划。作战试验数据采集需求清单的部分信息含义如下：

（1）指标性质。它主要用来判断评估指标是定性指标还是定量指标，定量指标可以通过仪器、仪表等直接或间接地获得数据。例如坦克有端台装载时间可直接通过测试得到，而坦克使用可用度则需要通过计算模型计算得出。定性指标主要指试验中无法直接用设备获取的参数，如装备使用方便性、环境适用性、操作满意度及改进性意见和建议等。它需要采用专家评分或调查问卷等方式获取数据，选择特定对象对评分表或调查问卷进行填写。

（2）试验自然环境。其主要依据一级科目名称和一级映射结果，内容包括白天、夜间、雨天、晴天、雾天、有风天和无风天等天时天候环境，以及山岳丛林地、水网稻田地、高原高寒山地和城镇街区等地形环境，这些都属于不可控因子。受作战试验周期、试验经费等多种因素限制，试验科目并不能完全依照试验计划进行，需要随自然环境的变化随时做出调整。

（3）试验时机。其主要依据二级映射结果，具体明确在二级科目中采集

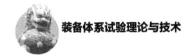

哪些指标数据。当同一指标在多个二级科目中出现时，需要对该指标的不同内涵进行解释说明，以避免出现试验数据混淆等后续问题。

（4）试验方法。其主要依据三级映射结果，明确可控因子和水平，如火炮射角、火炮射击状态、目标距离及目标运动状态等。

（5）样本量。无论是定性指标还是定量指标，其数据获取都需要明确样本量。样本量的大小由所选择的作战试验方法和研制与订购双方的风险率共同决定。样本量既可以是装备在作战试验条件下正常产生的（正常情况），也可以通过仿真模拟产生。当正常情况作战试验能够满足最小样本量要求时，通常不再通过仿真模拟试验人为增加样本量；当它不能满足最小样本量要求时，则需要采用仿真模拟试验的方式增大样本量。

（6）采集方式。主要明确该数据是通过数据采集系统采集还是人工采集的。系统自动采集时，需要关注系统是否正常运行，定期将数据拷贝到作战试验数据资源库；人工采集数据时，需要对采集方法进行细化，包括何时、何地、何人、采用什么设备及采集哪些试验内容，以保证试验数据的真实性。

（7）负责人。这里的负责人是指二级科目作战行动的负责人。该负责人直接领导数据采集组，明确相关数据采集工作，对采集的试验数据负责。

明确清晰的装备作战试验数据采集需求清单是装备作战试验科目内容的依据，也是作战试验部队实施作战试验任务的基础。按照数据采集需求清单列出详细的作战试验科目和试验内容，在作战试验任务实施过程中采集整理得到的作战试验数据经过数据处理后，可为评估装备的作战效能、作战适用性及体系适用性等提供真实有效的试验数据支撑。

7.4 装备体系试验科目设计示例分析

下面以某型坦克为例，基于 7.3 节介绍的方法，说明装备作战试验科目设计的基本流程。

7.4.1 作战试验剖面分析

在 7.2 节中通过对该装备作战任务的分析，设计了"山岳丛林地、高原高寒山地、城镇街区及水网稻田地"4 种典型作战地形环境，确定了"要点夺控"等 4 种典型作战样式。本节选取该型坦克在"山岳丛林"试验环境中的"要点夺控"作战行动，结合对战场环境的分析，生成该装备作战试验剖面。"山岳丛林要点夺控"作战任务分为"作战准备、作战实施及作战结束"

3 个阶段，其作战任务剖面已在表 7-4 中给出。根据作战任务剖面内容，某型坦克"山岳丛林要点夺控"作战任务可分解到不同的作战行动，综合分析每次作战行动具体的自然环境、电磁环境和威胁环境等环境影响因素，结合每项作战行动所关注的参数情况生成作战试验剖面，见表 7-4。

表 7-4　某型坦克山岳丛林要点夺控作战试验剖面（部分）

作战时间	作战任务	作战行动	作战试验环境			电磁环境	威胁环境	关注参数
			自然环境					
			地形环境	气象环境	天时环境 天候环境			
T_1	山岳丛林要点夺控	远程机动	城市公路	气温：≈26℃ 湿度：≥70% 气压：1MPa …	白天 夜晚 晴天 雨天 …	城市背景电磁环境	敌火力威胁、敌侦察探测等	行军时间、行军平均时速及装备可靠性等
T_2	山岳丛林要点夺控	对敌射击	山岳丛林	气温：≈26℃ 湿度：≥70% 气压：1MPa …	白天 夜晚 晴天 雨天 …	对抗威胁电磁干扰	敌火力威胁、野战防御威胁及敌侦察探测等	火炮有效射程、最大射程等
T_3	山岳丛林要点夺控	转为防御	山岳丛林	气温：≈26℃ 湿度：≥70% 气压：1MPa …	白天 夜晚 晴天 雨天 …	对抗威胁电磁干扰	敌火力威胁、野战防御威胁及敌侦察探测等	战场信息通信距离、通信反应时间等
…	…	…	…	…	…	…	…	…

7.4.2　作战试验科目构建

　　一级科目由装备的作战地形环境和作战任务确定。依据某型坦克担负的作战使命任务，从作战环境和作战任务两方面进行全面分析。以"山岳丛林地、水网稻田地和高原高寒山地、城镇街区"4 种作战地形环境为背景，设置"阵地进攻、要点夺控、通道突击及分割围歼"4 种作战任务，根据不同的作战样式产生 16 个一级试验科目。将这 16 个一级试验科目进行排序，并设立综合权重标准值 S_{td} =0.04。某型坦克一级试验科目及权重分配见表 7-5。

表 7-5 某型坦克一级试验科目及权重分配

作 战 环 境	作战环境权重 ε_i	作战样式权重 ε_j				综合权重 ε_z			
		阵地进攻	要点夺控	通道突击	分割围歼	阵地进攻	要点夺控	进道突击	分割围歼
山岳丛林地	0.25	0.3	0.5	0	0.2	0.075	0.125	0	0.050
水网稻田地	0.25	0.5	0.2	0	0.3	0.125	0.050	0	0.075
高原高寒山地	0.35	0.2	0.2	0.5	0.1	0.070	0.070	0.175	0.035
城镇街区	0.15	0.3	0.2	0	0.5	0.045	0.030	0	0.075

根据排序及与标准值的对比结果可以得出以下 3 种结论：

① 山岳丛林要点夺控、水网稻田阵地进攻和高原高寒山地通道突击这 3 个一级试验科目综合权重较大，应作为重点试验科目。

② 综合权重较小的山岳丛林通道突击、水网稻田通道突击、高原高寒山地分割围歼、城镇街区要点夺控及城镇街区通道突击这 5 个一级试验科目不作为试验考核科目。

③ 其余 8 个一级试验科目原则上是要作为试验科目的，但也可根据试验条件、试验周期及试验经费等影响因素适当删减。

本示例在生成的一级试验科目中选取"山岳丛林要点夺控"这一作战任务，通过分析其作战任务剖面，根据实际情况对具体作战任务进行适当删减，依据作战行动生成战备等级转化、战斗集结、远程机动、开进展开、防敌拦阻、观察战场和搜索目标、向敌前沿冲击、对敌射击、克服障碍物区域、冲击突破、地域控制、转为防御及撤出战斗共 13 个作战行为单元作为二级试验科目。

7.4.3 科目映射关系建立

（1）一级映射。即一级试验科目到不可控因素（U）的映射。不可控因素主要指天气、环境等自然条件。根据生成的一级试验科目，建立其一级映射，见表 7-6。在装备作战试验实施过程中，每个一级试验科目应尽可能在表中确定的多种自然条件下进行试验，从而达到全面检验被试装备作战效能、作战适用性和体系适用性的目的。以山岳丛林要点夺控为例，需要考虑昼间 U_1、夜间 U_2、晴天 U_3 及雨天 U_4 这 4 种不可控因素，尽量用比较少的试验次数达到全面考核多种天时天候环境的要求。因此，在组合映射后生成昼间-晴天 U_1^3、昼间-雨天 U_1^4、夜间-晴天 U_2^3、夜间-雨天 U_1^3 共 4 种作战试验环境科目。

表 7-6　一级映射

一级试验科目	天时天候环境				
	昼间 U_1	夜间 U_2	晴天 U_3	雨天 U_4	…
山岳丛林要点夺控	√	√	√	√	…

（2）二级映射。按功能分解后二级试验科目对应二级映射结果为"对敌射击-直瞄火力打击"，可以选取 3 个可控因子：目标距离 C_1、射击状态 C_2 及目标状态 C_3。其中，目标距离 C_1 取 3 种水平：3km L_1、4km L_2、5km L_3；射击状态 C_2 取 3 种水平：停止间射击 L_4、直线运动射击 L_5 及斜线运动射击 L_6；目标状态 C_3 取 3 种水平：静止暴露目标 L_7、静止半隐蔽目标 L_8 及运动暴露目标 L_9，具体内容见表 7-7。如果按此作战试验设计开展全面作战试验，三级映射后可得到"对敌射击-瞄火力打击"这个试验科目的数量是 3 个因子 3 种水平。因此，该项作战试验的样本数量为 $3^3=27$ 次，即生成 3km-停止间射击-静止暴露目标 U_1^1、3km-停止间射击-静止半隐蔽目标 U_2^1 和 3km-停止间射击-运动暴露目标 U_3^1 等 27 个处理-水平，如图 7-7 所示（部分映射连线未标出）。

表 7-7　某型坦克三级映射表

一级科目	二级科目	一级映射	二级映射	三级映射	
				可控因子	处理-水平
山岳丛林要点夺控	对敌射击	昼间-晴天	直瞄火力打击	目标距离 C_1	3km L_1
					4km L_2
					5km L_3
				射击状态 C_2	停止间射击 L_4
					直线运动射击 L_5
					斜线运动射击 L_6
				目标状态 C_3	静止暴露目标 L_7
					静止半隐蔽目标 L_8
					运动暴露目标 L_9
…	…	…	…	…	…

装备体系试验理论与技术

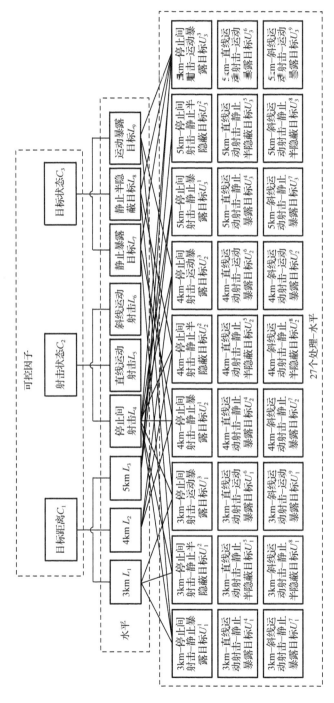

图 7-7　处理-水平

162

7.4.4　数据采集需求清单生成

以山岳丛林作战为背景环境，依据被试装备的使命任务分析得到装备的一级试验科目——要点夺控；通过分析作战任务剖面，在一级试验科目下生成作战行动的二级试验科目——对敌射击；通过作战环境分析、作战行动选取及可控因子分析等多级映射到作战试验因子及水平，最终生成装备作战试验数据采集需求清单，具体见表 7-8。

表 7-8　作战试验数据采集需求清单（部分）

评估指标名称	指标性质	一级科目	二级科目	试验自然环境	试验时机	试验方法	试验地点	样本量/个	采集方式	负责人
射击命中率	定量指标	山岳丛林要点夺控	对敌射击	昼间－晴天	多距离、多状态条件下对多种目标进行射击（3km）	3km-静止射击-静止暴露目标	××试验场	10	系统自动采集	××
						3km-静止射击-静止半隐蔽目标	××试验场	10	系统自动采集	××
						3km-静止射击-运动暴露目标	××试验场	10	系统自动采集	××
						3km-直线运动射击-静止暴露目标	××试验场	10	系统自动采集	××
						3km-直线运动射击-静止半隐蔽目标	××试验场	10	系统自动采集	××
						3km-直线运动射击-运动暴露目标	××试验场	10	系统自动采集	××
						3km-斜线运动射击-静止暴露目标	××试验场	10	系统自动采集	××
						3km-斜线运动射击-静止半隐蔽目标	××试验场	10	系统自动采集	××
						3km-斜线运动射击-运动暴露目标	××试验场	10	系统自动采集	××
…	…	…	…	…	…	…	…	…	…	…

本示例根据某型坦克的作战任务分析，选取该装备在山岳丛林作战试验环境中的要点夺控作战行动，结合对战场环境的分析，生成该装备作战试验剖面；通过多级映射的方法分析映射试验因子并确定因子的处理–水平，最终生成作战试验科目和作战试验数据采集需求清单。示例中根据多级映射的科目生成方法，就山岳丛林要点夺控任务中的对敌射击行动生成了 27 项具体的作战试验科目内容。

参考文献

[1] 曹裕华，周雯雯，高化猛. 武器装备作战试验内容设计研究[J]. 装备学院学报，2014，25（4）：112-117.

[2] 王金良，郭齐胜，赵东波，等. 武器装备作战试验科目设计方法研究[J]. 装备学院学报，2016，27（3）：177-183，188.

[3] 吴溪. 装甲装备作战试验设计理论与方法研究[D]. 北京：航天工程大学，2018.

第8章

装备体系试验环境设计

战场环境是敌我双方作战对抗的客观环境，不仅对指挥员的分析判断、决策筹划和兵力运用产生重大影响，也对装备的机动、火力、防护、侦察及通信等功能产生重要影响。结合装备体系试验目标要求和装备体系试验想定，科学设计构建装备体系试验环境，能够为检验装备体系作战效能和作战适用性提供更加客观、真实的环境条件，进而提高装备体系试验的逼真度和可信度。

8.1 概述

装备体系试验环境是组织实施装备体系试验所需构设的装备体系作战运用环境，主要指装备体系运用时的战场环境。

8.1.1 环境分类

战场环境是由影响作战行动和指挥决策的相关自然环境、社会环境和军事环境构成的综合环境系统。其中，自然环境主要包括地形地貌、天候气象和水文等要素，它是进行作战活动的最基本的客观环境，通常难以克服，只能利用和适应。社会环境主要包括人文环境、经济状况、交通运输、通信与传媒情况和国际社会背景等要素。随着人类社会形态的加速演变及军事领域与社会领域融合度的不断增强，社会环境对军事目的的达成和军事行动开展的影响越发显著。军事环境主要包括双方的作战力量、装备及战场建设等要素，它是由敌我双方作战意图决定的敌我军事资源的配置情况。

在信息化条件下，以电磁领域斗争为重点夺取信息优势成为取得作战胜利的关键。为突出信息域电磁环境对指挥决策和装备的影响，往往将复杂电磁环境作为一类比较特殊的环境单独进行研究。同时，结合战场空间的划分结果，通常将战场环境划分为自然物理环境、复杂电磁环境、军事对抗环境和社会认知环境。由于装备体系试验的局限性，大部分的装备试验难以逼真地构建社会认知环境，因此，在装备体系试验领域，战场环境的构建主要围绕自然物理环境、复杂电磁环境和军事对抗环境 3 部分进行研究，如图 8-1 所示。

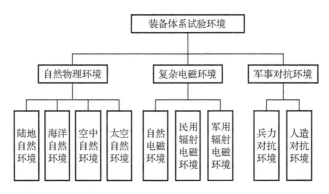

图 8-1　装备体系试验领域战场环境主要建设内容分类

（1）自然物理环境。其由自然界天然形成的各种天候、气象和季节变化等要素组成，通常难以人为控制，并且具有一定的偶然性，但可用统计预测的方法对发生在不同地区、不同时间的自然现象进行分析，进而掌握其变化规律。自然物理环境主要包括陆地、海洋、空中和太空 4 类自然环境。

① 陆地自然环境。它主要包括地形、气象和水文 3 方面。其中，地形指地表各种各样的形态，即地表以上分布的固定物体共同呈现的高低起伏的各种状态，包括地物和地貌两方面。地物指地表面上固定性的物体，如居民地、道路、江河及森林等；地貌指地表面高低起伏的自然状态，如平原、丘陵地及山地等。部队的绝大部分行动都需要在一定的地形条件下组织实施，地形对地面作战行动的影响尤为突出。善用地形，可使作战顺利，减少损失；罔顾地形，往往会使作战受挫，损失严重。气象主要包括气温、气压、湿度、风、能见度和降雨、积雪、沙尘等天气现象，它既表征大气状态的物理量，又表示大气状态的物理现象。水文，主要指陆地水系的分布和变化规律，如江河、地下水、积雪及冰泉等的分布及其随季节的变化规律。

② 海洋自然环境。它主要包括海洋地质地理、海洋水文和海洋气象 3 方面。其中，海洋地质地理主要包括海岸、岛礁、海峡、海洋水体及海底地

貌地质等，它对水面舰艇、潜艇及水下装备具有重要的承载和影响作用。海洋水文主要包括表示和反映海水的深度、温度、盐度、水色、透明度和海流、涌浪、潮汐、海冰等，它是影响海上作战行动的重要因素。海洋气象往往与季节密切相关，主要包括海雾、气流和降雨等要素，它会对海上作战平台的机动、侦察及火力产生重要影响。

③ 空中自然环境。通常空中战场指距离地球表面（地面或海面）100km范围内的空间，因此，空中自然环境主要指空中战场的自然物理环境，具体包括飞行大气环境和相关地表环境两类。其中，飞行大气环境包括近地层、对流层和平流层的大气环境，它是航空器活动的主要场所，对航空装备的作战运用具有重要影响；相关地表环境包括航空器所依托的基地、机场等周围的陆地地表环境及可能影响航空器飞行的地形地貌环境。

④ 太空自然环境。它指距离地球表面100km以外空间范围内的各种自然环境要素，主要包括地球引力、真空、温度及辐射等。随着卫星、飞船及弹道导弹等天基武器装备的发展壮大，太空自然环境对现代作战的影响日益显著，引起各军事强国的高度重视。

（2）复杂电磁环境。其由战场空间的各种电磁现象构成，这些电磁现象既有来源于自然界的，也有来源于人工装置的。其中，从军事活动的角度出发，人工装置产生的电磁现象又可分为民用辐射电磁环境和军用辐射电磁环境。因此，在装备体系试验环境构建中，将复杂电磁环境分为自然电磁环境、民用辐射电磁环境和军用辐射电磁环境3类。

① 自然电磁环境。它主要由地球大气噪声、宇宙噪声、地球内部噪声及静电现象等自然电磁现象构成，往往不以人的意志为转移，其发生发展均具有较大的偶然性，因而对指挥决策和装备作战运用会产生意想不到的影响。

② 民用辐射电磁环境。它主要由来自民用领域人工装置辐射的各种电磁现象构成，包括各行各业中各种类型的电子与电气设备所产生的电磁现象。民用辐射电磁环境是战场电磁环境的重要组成部分，对军事活动有一定的影响，如民用通信设施、广播电视卫星信号及电站电力系统辐射等。

③ 军用辐射电磁环境。它主要由产生于己方、敌方和第三方的军用用频装备的电磁辐射构成，具体包括用频装备辐射电磁环境和电子战干扰电磁环境。前者，通常由敌我双方的电台、雷达、导航设备及电子干扰装备等含有电磁波发射装置的各种装设备工作时产生的电磁辐射现象构成；后者通常

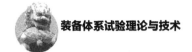

采用专门的电子干扰设备对敌方用频装备进行针对性的欺骗和压制，具有明确的信号样式、频率、带宽及功率等电磁频谱参数和辐射空间。军用辐射电磁环境是现代电磁战场空间争夺的焦点，也是装备体系试验过程中复杂电磁环境构建的重点。

（3）军事对抗环境。它是为阻止一方作战意图实现或作战行动顺利展开，由另一方采取的以兵力兵器使用和战场改造为主要手段构建的各类环境的统称，通常具有较强的针对性和对抗性。通过构建有利的军事对抗环境，可以达成实现自身作战目的，并抑制、削弱甚至消灭敌方作战力量发展的目标。军事对抗环境通常分为兵力对抗环境和人造对抗环境两类。

① 兵力对抗环境。以作战力量、装备的科学编组和灵活使用为手段构建的敌方兵力兵器环境，与作战对抗中敌方兵力兵器的编配和组织使用密切相关，其作战力量体系组成、装备能力及其组织运用过程通常会在装备体系试验想定中予以明确。但是，由于装备真实对抗会造成极大的危险，在装备体系试验过程中，参试的敌方兵力兵器往往难以构造出逼真的毁伤效果环境，需要在兵力对抗环境构建时予以重点考虑。

② 人造对抗环境。以工程保障行动为基础开展各类机动保障、反机动保障及隐蔽防护环境条件，既可能对敌方的作战行动产生影响，也可以促进己方作战行动顺利开展。例如机动保障的急造军路和架桥行动，可为部队快速机动开辟安全通路，极大提升部队的机动突击能力；而布设地雷场、挖掘反坦克壕沟，则会大大迟滞敌方地面突击分队的快速机动，进而降低其攻击能力，甚至瓦解其作战意图。

8.1.2　设计原则

对于信息化条件下的联合作战，其装备之间的相互联系更加紧密，装备之间的整体联动更加频繁，作战环境对装备个体和整体的影响也更加显著，这就要求装备体系试验环境设计应紧紧围绕装备体系试验目标要求和装备作战运用特点，增强装备体系试验环境设计的指向性和引导性。因此，装备体系试验环境设计应遵循以下原则：

（1）整体筹划。为适应现代联合战场对抗规律，从装备体系整体运用的角度考虑装备体系试验环境的构成及其可能产生的影响，通过科学筹划装备体系试验环境的要素构成，合理配置装备体系试验环境的要素数量和相互关系，建立一体化的装备体系试验环境体系。

（2）客观逼真。以使命任务为牵引，紧贴实战化运用需求，反映信息化战争规律要求，构建客观、真实的装备体系试验环境，最大限度地缩小装备体系试验环境与未来战场环境的差距，为真实考核装备体系作战效能和作战适用性提供客观环境。

（3）注重实效。突出试验效果，针对被试装备体系实际情况，构建对被试装备体系和部队行动确有影响的战场环境，使被试装备能在近似实战的环境下进行有效的装备体系试验。

（4）突出对抗。通过综合运用各种模拟设备和数据采集设备，并融入假想敌战术思想和行动方法，在对抗装备体系试验全程中构建复杂环境，以提高战场环境的对抗性和针对性。

（5）灵活可控。按照战术想定，针对不同时间、空间和作战行动，可动态控制环境构建类型、数量、方式和时机，从而满足装备体系试验的各要素、各科目、多课题、各过程实施与贴近实战的昼夜连续实施，以及单装和体系实打实爆的要求。

8.2　装备体系试验环境方案设计

种类繁多的环境要素对装备及作战人员的影响千差万别。根据作战环境要素特征，依据装备体系试验想定，针对不同装备体系试验科目目标要求，科学设计装备体系试验环境方案，合理配置装备体系试验环境要素，是决定装备体系试验成败的重要因素。装备体系试验环境设计作为未来作战使用场景设置的重要组成，既要充分借鉴历史经验案例中的作战环境要素构成及其对装备与人员的影响，又要紧贴装备体系试验目标要求和作战运用方案创新装备体系试验环境要素构成及其影响方式，故其设计内容多、设计方法要求高。因此，应针对装备体系试验环境需求，采用科学的分析方法，全面系统地开展装备体系试验环境设计，可采用图 8-2 所示的流程开展装备体系试验环境设计。

8.2.1　环境要素分析

（1）分析内容。重点围绕装备体系试验过程中的各类环境要素进行需求分析，明确装备体系试验环境要素的具体构成和主要特征，并依据装备体系试验进程或装备体系试验科目，列出相应的装备体系试验环境要素清单。环

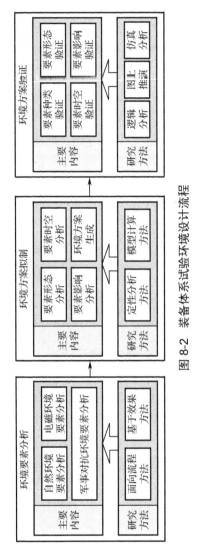

图 8-2 装备体系试验环境设计流程

境要素主要包括 3 类：自然环境要素、电磁环境要素和军事对抗环境要素。由于装备体系作战空间的不同，影响其作战运用的自然环境要素和电磁环境要素构成也具有较大的差异。从作战空间看，陆战装备体系应重点对陆上地面、临地空间的自然环境和电磁环境进行分析；海战装备体系应重点对海面、海下、濒海地区和临海空间的自然环境和电磁环境进行分析；空战装备体系应以航空空间及相关地面、海面的自然环境和电磁环境为主进行分析；太空装备体系应以装备的运行空间、作用空间及相关发射基地、地面站的自然环境和电磁环境为主进行分析。从不同作战空间的环境类型看，陆战环境通常应结合装备体系试验环境要求有针对性地开展平原丘陵地区、高原山地、丛林地区、水网稻田地、大型岛屿及沙漠地区的环境要素分析；海战环境应结合装备体系试验环境要求有针对性地开展开阔水区、海峡区、岛礁区和濒陆海区的环境要素分析；空战环境则应结合装备体系试验环境要求有针对性地开展航空空间（距地面 20km 范围内）、临近空间（距地面 20～100km 范围内）的环境要素分析。

（2）分析方法。通常环境要素分析应在作战运用方案设计之后进行，并要加强与作战运用方案设计的集成验证，从而在环境要素分析与作战运用方案设计的反复迭代过程中，实现环境要素分析的不断深入和精确。它主要采用面向流程的分析方法和基于效果的分析方法。

① 面向流程的分析方法。该方法是根据装备体系试验中装备的作战运用流程，按照时间顺序，以主要作战行动、装备体系试验科目或装备体系试验测试点为支撑，依次提出装备体系试验的环境要素构成及其环境需求。

② 基于效果的分析方法。该方法是以装备体系运用的预期效果为依据，分析装备体系试验环境要素的具体构成及主要特征。在环境要素分析过程中，应综合运用面向流程的分析方法和基于效果的分析方法，即在利用面向流程的分析方法确定环境要素构成的同时，利用基于效果的分析方法确定各类环境要素的具体特征。

（3）结果描述。环境要素分析的结果是环境要素清单，它主要包括环境要素的名称、类别、属性及相关要求，通常应按照装备体系试验阶段或装备体系试验科目分别进行组织，可参考描述模板（表 8-1）。

表 8-1 环境要素分析结果描述模板

装备体系试验阶段（或科目）	环境要素								
	编号	名称	类别	数量	作战影响	形态描述	分布位置	存在时间	变化情况
…	…	…	…	…	…	…	…	…	…

其中，编号指采用统一的编码结构建立结构化的编码系统，以便于环境要素信息的有序化组织和高效化检索；名称指以环境要素名称字典为基础，结合特定地区环境要素的构成和特征，为确定的要素赋予名称；类别，通常指按自然环境要素、电磁环境要素和军事对抗环境要素进行分类，也可以视情建立更加细化的环境要素分类体系并以此为基础进行分类；数量，即在某一试验阶段或试验科目中需要构建的某种环境要素的具体数量，如机动道路

中某种规格的障碍的数量等；作战影响，即某种环境要素对指挥决策和装备体系作战运用产生的潜在影响，它是确定该种环境要素的重要依据；形态描述是对环境要素基本形态的描述，通常包括环境要素的形态、规模和尺寸大小等物理特征，如平原丘陵地区灌木丛的植被类型、高度、覆盖面积（长×宽）和密度等；分布位置是对环境要素具体分布区域或位置的描述，如某独立建筑物位于（××，××）地域，某条河流流经（××，××）、（××，××）、（××，××）、（××，××）一线等；存在时间一般以环境要素形态随时间变化而产生变化的环境要素为主，如河流流量、天气温度、降雨、雾霾及积雪等，需要明确环境要素在某种形态的具体起止时间及其变化规律；变化情况，即随着时间的推移环境要素形态和状态特征可能发生的变化，通常与存在时间匹配使用，如天气温度在昼夜 24h 的变化规律等。以自然环境中的河流为例，假定在某科目试验中需要构设一条长约 20km、水流速度为 15m/h、河宽 50～100m、水深 1m、常年水量变化不大、沙石底质和岸质且河面无桥的小型河流，则其自然环境要素描述见表 8-2。

表 8-2　自然环境要素描述示例

试验阶段（或科目）	环境要素								
	编号	名称	类别	数量	作战影响	形态描述	分布位置	存在时间	变化情况
野战机动科目	A11.3.24	小型河流	自然环境	1 条	迟滞地面车辆的机动	长约 20km、水流速度为 15m/h、河宽 50～100m、水深 1m、沙石底质和岸质且河面无桥	（××，××）、（××，××）、（××，××）、（××，××）一线	试验全过程	常年水量不变

在不同类型的环境要素描述过程中，应根据环境要素的特征和装备体系试验环境设置需求，以环境描述模板为基础，灵活调整环境要素的描述结构，以达到环境要素描述科学、准确的目的。以电磁环境要素描述为例，装备体系试验中需要在××广场（××，××）上布设 1 部某型通信干扰系统，在××时××分至××时××分，对（××，××）、（××，××）、（××，××）地域的通信设备进行干扰，要求干扰距离不小于 70km、有效干扰功率为 1MW 及干扰频段为 8～15GHz，则该电磁环境要素的描述见表 8-3。

表 8-3　电磁环境要素描述示例

试验阶段（或科目）	环境要素								
	编号	名称	类别	数量	作战影响	形态描述	分布位置	存在时间	变化情况
冲击突破阶段	F11.3.24	通信干扰	电磁环境	1处	对（××，××）、（××，××）、（××，××）地域的通信设备进行干扰，压制或阻止其正常联通	干扰距离不小于 70km、有效干扰功率为 1MW 及干扰频段为 8～15GHz	××广场（××，××）	××时××分至××时××分	根据试验需要适时调节

8.2.2　环境方案拟制

依据环境要素清单，结合装备体系试验地域的特点和可用的装备体系试验环境构设资源，科学设计装备体系试验环境要素构成及其属性特征，提出不同装备试验阶段或试验科目的作战环境构设方案，其内容主要包括环境要素分析和环境方案生成两部分。

（1）环境要素分析。它主要包括环境要素的形态分析、时空分析和影响分析 3 方面。

① 环境要素形态分析。其以各类环境要素的物理外观、存在方式等内容分析为重点。以平原丘陵地区地形地貌分析为例，应按照道路、平原地区、丘陵地区、低矮山地、高地、谷地、树林、灌木丛及农田等环境要素进行分类，分别研究各类要素的物理外观（包括长度、宽度及海拔高度等）和存在方法（如湖泊中的静止水体、江河中的水体流向等）。

② 环境要素时空分析。其以各类环境要素的存在时间和存在位置等内容分析为重点。以天候气象环境中的气流为例，不规则的气流不仅对各类装备的行驶产生影响，还会影响装备的观察、射击效果，其存在的具体时间和具体地域空间的不同，也会对装备行为及功能发挥产生不同的影响。例如某型加农炮全装药沙暴弹在对 25km 距离目标实施射击任务时，如果有气流存在，则会对炮弹射击弹道产生影响，如 10m/s 的纵风会使炮弹落点产生±540m的偏差，10m/s 的横风会使弹道产生 10 密位的方向偏差。

③ 环境要素影响分析。其以各类环境要素对装备机动、火力、防护、通信、侦察和指挥等作战功能的影响方式和影响程度分析为重点。以江河为

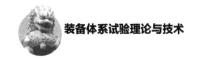

例，河床宽度、流速、流向、底质、岸质及水文情况等要素的变化，会对装备的机动产生不同的影响，应根据要素的分类情况，结合装备体系试验目标要求，具体分析不同要求下的分类情况可能对装备机动产生的影响。

环境要素分析主要采用定性分析和模型计算两类方法。定性分析方法，主要用于分析各类战场环境要素的种类和特征属性，它既是由当前战场环境分析以定性结论为主决定的，也是由各类战场环境要素及其对装备影响机理的复杂程度决定的。因此，在定性分析过程中，应广泛借助专家经验和历史战例，从整体上规划试验环境的要素构成及其要素特征。模型计算方法，主要借助特定的环境分析工具或环境分析模型，通过改变环境要素的形态、时空和影响方式等参数并计算环境要素对装备的影响情况，合理确定环境要素的形态、时空分布和影响方式。例如，在进行地面突击装备机动能力试验时，对于地面起伏程度、障碍高度和沟渠宽度等环境属性，就可以采用相应的环境影响分析计算模型进行精确计算，从而为精确设置环境条件提供依据。

（2）环境方案生成。它指在环境要素形态分析、时空分析和影响分析的基础上，通过与作战运用过程相结合，生成相应试验阶段或试验科目的环境构设方案。

8.2.3　环境方案验证

综合采用逻辑分析、图上推演和仿真分析等方法，对照装备体系试验目标要求和作战运用方案，以环境要素构成、环境要素形态、环境要素时空分布和环境要素影响情况为重点，对提出的环境构设方案进行验证评估，并通过环境构设方案的优化迭代，形成最终的装备体系试验环境构设方案。

（1）逻辑分析方法。采用逻辑推理的方法，对照装备体系试验环境要素清单，分析装备体系试验环境构设方案中各类要素的齐全程度及各类要素的基本形态、时空分布和影响情况。逻辑分析通常以基于文本的静态分析为主，也可以开发一些专门的工具用于实现基于环境要素清单的环境要素形态、时空和影响动态分析。总体来看，逻辑分析以定性分析为主，有利于在环境要素的覆盖度、协调度及体系的整体性方面发现问题，但不易于发现环境要素逻辑结构的深层问题，且难以准确量化环境要素的影响方式和影响程度。

（2）图上推演方法。该方法是以地图、沙盘或兵棋系统为基础，依据试验阶段或试验科目，按照装备体系作战运用的发展进程，对照环境要素清单和作战运用效果，开展环境构设方案的验证分析。它不仅能够覆盖装备体系作战运用的全过程，还能区分装备体系的各要素，并且可以通过推演过程中的动态分析，实现对各类环境要素基本形态、时空分布、影响方式及影响程度的定性和定量分析，因而具有较强的实用性和有效性，成为环境构设方案验证的主要方法。

（3）仿真分析方法。以作战仿真技术、数字地球技术和战场环境仿真技术为基础，以复杂环境条件下的作战对抗仿真系统为支撑，通过开展全过程、全要素的敌我兵力对抗仿真试验，分析和评估环境构设方案的针对性和有效性。兵力对抗仿真系统，由于综合了定性分析和定量计算的优势，不仅能够发现各类环境要素的时空逻辑及其对装备运用的影响情况，还能依托各类装备模型和战场环境模型准确计算环境要素的时空逻辑和影响程度，它是未来开展环境构设方案验证的重要途径。

8.3　装备体系试验环境构建

装备体系试验环境构建包括自然环境构建、复杂电磁环境构建和对抗环境构建。

8.3.1　自然环境构建

适应自然环境条件并在一定范围内进行自然环境的改造是人类社会发展进步的根本动力，但目前尚难以实现对自然环境大范围的改造。对于宏观层次的自然环境和大尺度的环境要素，人类尚不具备适应性改造的能力，还应以适应性利用为主，如全球地形地貌、温湿度分布、季风现象和大型江河湖泊的分布等。对于小尺度的环境要素和独立的环境要素，可以采用一定的技术手段进行适应性改造，使其更好地服务于人类的生产生活，如人工运河、铁路、高速公路、人工水库及桥梁的修建。因此在装备体系试验领域，以装备体系试验目标要求和装备体系使命任务要求为依据，选择适当的作战区域作为装备体系试验的环境条件构造主体，并以此为基础按要求丰富完善装备体系试验环境要素，是确定装备体系试验环境的基本途径。

（1）区域自然环境选择。根据自然环境的要素构成和逻辑关系，一般应按照地形环境→天候气象环境→水文环境的顺序选定装备体系试验区域。

在确定地形环境时，首先应以装备的作战空间为依据确定地形的主要特征，如陆地战场、海洋战场、空中战场和太空战场等；然后以装备作战运用

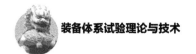

所要求的主要地形特征为依据确定具体的试验区域，如应以平原丘陵、山地丛林及高原山地等地形作为地面机动突击装备体系试验的典型地形条件。

在确定天候气象环境时，应在选定的典型地形环境中，根据天候气象的季节性变化规律，突出特定地形环境中的典型天候气象因素，科学选定装备体系试验的时间，确保试验过程中天候气象因素的典型性，为在典型天候气象条件下检验装备体系作战效能和作战适用性提供客观条件。例如在沙漠地区开展试验时，天候气象环境条件恶劣，应以昼夜温差大、干燥少雨等基本特征为依据确定试验时间。

在确定水文环境时，应以装备体系典型作战地域的水文条件为依据，选择合适的水文要素及其特征，作为检验装备体系在复杂水文条件下的作战效能和作战适用性的环境条件。例如在检验装备体系渡河保障能力时，应根据装备体系未来可能运用的地域特点和水系分布规律，在选定的作战地形区域内选择最具代表性的水文要素，从而保证检验出复杂水文环境对装备体系的作战影响。

（2）微小环境要素改造。由于装备体系试验的时效性和可利用资源的有限性，不可能在试验准备阶段就对自然环境要素进行大规模的改造，只能通过有限的手段对尺寸规模小、地域分布少的部分要素进行适应性改造，以作为装备体系试验的特定自然环境条件。目前，在装备体系试验中，微小环境要素的改造主要以道路、工事、桥梁及地物等人造物的改造为主。

① 道路改造。通过改变道路宽度、质量、弯度及倾斜度，增减土坑弹坑、凹凸地段、土岭、车辙桥、松沙路、直线桩间限制路、弯道路限制路及横断路等障碍，以及改造道路周边的植被和地物分布，营造适于检验装备体系野战机动能力的环境条件。

② 工事改造。通过挖掘掩体、喷涂迷彩及设置假目标等行动，改变自然环境要素的分布特征，达到隐蔽自身的目的；通过挖掘沟壕、设置陷阱及布设地雷等行动，破坏敌方部队的机动条件，阻止其快速机动；通过阵地作业、筑城伪装等作业，为部队发起战斗行动提供有利条件。

③ 桥梁改造。根据作战意图，在江河的适当河段修建规格不一的浮桥、门桥和机械化桥等桥梁设施，为部队快速通行提供便利条件；对江河上已经修建的桥梁设施进行不同等级的破坏，降低甚至摧毁其通行能力，达到阻止敌方部队机动的作战目的。

④ 地物改造。在野战条件下，可根据试验要求对植被、沙丘、土包、

沟渠及高压线路等地物进行改造；在乡村或城市地区，可根据试验要求对建筑物的分布、高度和内部空间进行改造；在高原山地地区，则需要根据通道作战的特点，改造山间通道中部分地物的分布位置和尺寸，以达到拓宽通道或缩小通道通行能力的目的。

自然环境的改造，既要量力而行，又要尽可能充分反映试验地域自然环境的典型性，确保自然环境条件改造的科学可行。

8.3.2　复杂电磁环境构建

复杂电磁环境是对装备体系侦察预警、态势感知、精确打击、网电攻击和综合防护等能力发挥的重要威胁，也是现代战争取得制信息权、获得信息优势进而确保作战优势的关键。复杂电磁环境构建应结合装备体系试验的实际需要和作战对手的特点，综合运用多种方法，在频域、空域、时域和能域动态分布实际战场的电磁信号，并在试验过程中适当加强电子对抗、网络对抗与技术侦察实兵实装行动的结合，共同提高复杂电磁环境构建的对抗性、针对性和逼真性。

（1）构建内容。复杂电磁环境的应用具有强烈的目的性，其主要对象是敌方的各类信息化装备或信息系统，目的是影响、降低敌方信息化装备或系统的能力发挥。因此，从复杂电磁环境作用对象功能的角度看，复杂电磁环境的用途主要包括侦察预警干扰、精确打击干扰、指挥通信干扰及网络运行干扰（网络攻击）等。因此，可将复杂电磁环境构建的内容分为侦察预警干扰、精确打击干扰、指挥通信干扰和网络攻击 4 方面。

① 侦察预警干扰。以电子侦察干扰、光电侦察干扰和雷达干扰为主要手段，建立全方位、全时域、全频域的侦察预警干扰环境，作为检验装备体系侦察预警系统电磁防御能力和隐身伪装能力的客观条件。

② 精确打击干扰。针对精确打击弹药的导航制导、敌我识别及引导打击能力，构建精确打击干扰环境。针对火炮，需要模拟干扰特定范围内的各种炮位侦察校射雷达、活动目标侦察雷达、地形匹配雷达、火控瞄准雷达和机载轰炸雷达，使其侦察失效。针对 GPS 导航定位弹药，需要在一定时段、一定区域内对飞机、战车的 GPS 导航信号进行干扰，使其导航定位错乱。针对敌我识别能力，需要对武装直升机、空军机载敌我识别系统实施干扰，使问询和回答不及时或发生错误。针对无线电引信，需要对各种带有无线电引信的炮弹、导弹进行模拟干扰，使提前爆炸，失去杀伤力。

③ 指挥通信干扰。针对装备体系的通信设备特点，综合运用瞄准式干扰和阻塞式干扰两种方式，发射适当的干扰电磁波，破坏或扰乱敌方通信链路的建立和情报信息的传递，进而影响指挥控制信息获取的及时性、指挥决策的时效性和兵力控制的精确性。

④ 网络攻击。综合运用网络窃听、漏洞攻击、网络欺骗、隐蔽渗透及病毒入侵等攻击手段，构建全系统、全要素、全节点的网络攻击环境。

（2）构建方法。复杂电磁环境的构建方法主要包括频域等效、空域等效、时域等效和能域等效4种。

① 频域等效。频域等效就是控制构建信号的频率范围，在构建频段内体现实际战场上频率资源的紧张程度对受训用频装备组织运用的影响。实际战场上密集部署的大量用频业务装备、电子干扰装备等对用频有较大影响的电磁辐射源，使得各频段内的频率占用度高，频谱资源供需矛盾加剧，加大了用频装备的受扰可能性。由于构建场所电磁环境的频率占用度特征与实际战场上的这种频域特征存在很大差异，受条件限制不能有足够的构建装备在足够宽的频率范围内反映这种频率资源紧张程度，因此需要采用频域等效的方法提高构建场所的干扰信号数量和频率占用度。可采用电磁背景等效法增减信号，使构建场所与预定作战场所的干扰信号占用带宽一致；在构建装备不足以产生所需数量的电磁信号或因其他原因不能产生所需数量的电磁信号时，可通过频率资源压缩法达到频率占用度相一致的目的。

② 空域等效。空域等效就是控制构建辐射源部署的空间范围和位置，在构建空间内形成与实际战场上电磁干扰强度相一致的电磁环境。实际战场上的各种对用频装备有较大影响的电磁辐射源部署在广袤的作战空间内，但受构建空间的限制，各构建装备不可能按其模拟对象的实际空间位置进行配置。由于电磁辐射源与受训用频装备的空间距离会对干扰强度产生影响，因此需要结合构建装备的功率参数，采用空域等效的方法在构建空间对战场干扰强度进行同等反映。可通过区域缩小法将构建装备集中配置在一个相对狭小的区域内，提高单位面积内电磁辐射源的密度，使有限的辐射源可以最大限度地发挥作用，以提高构建区域内的背景噪声和频谱占用度，增加用频装备的自扰互扰，人为恶化构建区域的电磁环境，从而获得以小代大的效果。

③ 时域等效。时域等效就是根据装备体系试验需要，控制复杂电磁环境的变化时序，在构建时段内形成与实际战场上各作战时节电磁干扰影响相一致的电磁环境。在实际战场上，随着作战节奏加快，交战双方的作战力量

调动频繁；随着作战进程的发展，各种用频装备的部署与运用也会产生变化，使得战场电磁环境呈现全时快速变化的特性。根据需要，试验阶段不一定按战时的实际时序和时间进行设置，因此需要根据试验阶段的划分及电磁环境可能变化的情况，细化复杂电磁环境的构建阶段，等效出实际战场上复杂电磁环境的动态变化。可采用以静代动的方法将连续变化的电磁环境分为若干带有不同复杂特征的静态阶段，以等效某一作战阶段中复杂电磁环境的连续变化过程。

④ 能域等效。能域等效就是控制各构建辐射源的功率强度，在构建场所体现实际战场上各种强度的电磁干扰对试验用频装备组织运用的影响。直接作用于试验用频装备的电磁干扰强度与干扰源的功率及配置位置、传播途径特性等因素有关，因此，构建装备配置位置及构建空间电磁特性的变化决定了需用能域等效的方法使试验装备达到与实际战场干扰作用相同的强度。可通过利用超强配置法在构建空间内大幅增加电磁发射源的数量，增大电磁辐射源密度，除可提高频率占用度外，还可提高干扰强度；可用干扰增强法增大电子干扰压制的强度，模拟构建敌我激烈电子对抗行动所形成的复杂电磁环境。

（3）构建途径。复杂电磁环境的构建，应根据不同装备体系试验的特点要求、现有场地设施的不同情况，灵活采取多种手段，以满足自身试验需要。目前，主要包括实际电磁辐射源、计算机电磁环境构建模型和闭路电磁信号发生器等构建途径。

① 实际电磁辐射源。实际电磁辐射源构建途径通过实际用频业务装备、电子干扰装备或模拟器材在真实空间内模拟电磁环境，其突出特点是逼真度高。它是部队进行试验最有效的方式。用实际电磁辐射源构建电磁环境一般在外场进行。根据实际电磁辐射源的应用环境，构建空间包括地面、空中和海上等类型。在实际电磁辐射源模拟的电磁环境中，整个电磁环境构建系统的指挥控制由指挥控制中心通过数传通信网络进行。整个构建系统必须建立统一的时间标准。参试平台的数据可以实时记录在媒体上，并传至数据处理中心进行后处理，也可以通过数传系统实时传输。

② 计算机电磁环境构建模型。利用计算机电磁环境构建模型构建电磁环境是指在计算机系统中建立电磁环境和相关用频业务装备、电子干扰装备的有效模型后，在计算机虚拟空间内构建电磁环境。这种构建途径可为受训人员提供一个室内体验认知的电磁环境。其突出特点如下：一是真实感和实

战感强。运用这种构建途径,可形成一个空域、时域、频域和能域上紧密贴合、实时共享、综合虚拟的战场电磁环境,利用信号模拟、环境仿真、电磁对抗及网上联动等方法,使战场所处的复杂电磁环境各要素真实地显现,令受训者如同置身于真实战场,增强了复杂电磁环境下作战试验的实战感。二是灵活性和拓展性强。各种地理、水文气象、电磁环境和用频装备,采用模型和模块化构件,可根据装备体系试验对象和要求灵活设置,以便于拓展新的模块和系统。

③ 闭路电磁信号发生器。闭路电磁信号发生器构建途径利用电磁信号发生器材,在封闭的线路空间中构建所需的复杂电磁环境,受训用频装备通过天线接口与闭路空间连接。用闭路电磁信号发生器构建电磁环境一般在室内进行。其主要特点如下:一是可将各种电磁信号的主要电磁频谱参数特征在闭路空间内逼真地反映出来,并且不需复杂的场地支持,运用也不受时间限制;二是闭路空间与外界隔绝,不会受外界电磁环境的影响,在闭路空间中生成的复杂电磁环境也不会对外界电磁环境造成污染;三是对闭路电磁环境的控制和监测较为容易,可实现对电磁环境要素和电磁信号要素的精确构建。但电磁环境的空间分布和电波传播方向等特性在闭路空间内不易得到明显反映。

8.3.3 对抗环境构建

对抗环境构建主要包括实兵交战、空情对抗、兵力袭扰、核生化及目标等环境的构建。

(1)实兵交战环境构建。通过加装实兵交战系统,准确反映参演部队运动轨迹、行动态势、交火过程和毁伤效果,构建近似实战的仿真交战环境。实兵交战系统采取直瞄武器"打激光"、间瞄武器"打数据"和非火力定位单元"打状态"的方式,模拟实兵交战效果。在联合作战条件下,还需要加装或升级改造空地、地空及空空模拟交战系统,实现空对地、地对空及空对空火力打击过程和毁伤效果的模拟仿真,构建陆空联合演练环境。

① 模拟工兵设障、排障功能。通过布设模拟防步兵、坦克地雷,反映防步兵地雷与单兵、防坦克地雷与地面重装备目标之间的对抗过程和对抗结果,模拟实战中人工法排除防步兵、坦克地雷的排雷过程和排雷结果,构建工兵设障破障演练环境。

② 模拟人员伤亡和装备受损。实兵交战系统加装伤票系统,将人员伤

亡情况和装备损坏情况实时反馈至导演部、参演部队指挥机构和卫勤、装备抢修分队，构建后装保障演练环境。

（2）空情对抗环境构建。通过实装模拟和引接实时空情信息等手段，准确反映空情动态情况，构建近似实战的空情环境。运用无人机、直升机和固定翼飞机等各种空中飞行器模拟空对地侦察监视、火力打击和地对空火力打击目标环境，具体情况通过加装颜色标识予以区分。模拟空情环境使用飞行器应按试验总体计划，或提前向空管部门申请空域，再按规定的时间和空域飞行，做到科学调配，以提高效益。

构建模拟空中侦察监视环境，需要运用各型无人机、直升机和卫星等模拟敌方空中侦察监视，为参演部队隐蔽伪装、战场管理构建空中威胁环境。构建模拟空中火力突击环境，需要运用各型强击机、轰炸机、武装直升机和无人机模拟对地重要目标进行火力突击，为参演部队对空防护、对空打击构建空中威胁环境。构建模拟空中目标环境，需要运用航模、靶机、无人机和热气球等装备器材模拟空中目标，为参演部队高炮、地空导弹演练构建目标环境。构建模拟空中电子干扰环境，需要运用无人机、直升机加挂干扰吊舱模拟机载电子战装备对地信息系统进行电子进攻的情况，为参演部队电磁防护、频谱管控构建抗干扰环境。

（3）兵力袭扰环境构建。预先部署部分兵力在部队机动路线附近，根据试验指挥机构指令对行军纵队进行袭扰，为参试部队和装备抗袭扰演练构建实战环境。

（4）核生化环境构建。通过利用模拟核生化环境系统，实景模拟核爆炸外观场景，以及化学炮弹、化学地雷袭击场景和毒剂云团扩散场景，为部队开展核生化防护检验、核生化应急救援检验和反核生化恐怖检验构建演练环境条件。

模拟核生化环境可分为核生化袭击实景模拟和核生化袭击虚景模拟两种。核生化袭击实景模拟通过发射或引爆模拟核生化弹药，实装核爆炸场景、化学武器袭击场景、生物武器袭击场景、化学地雷爆炸场景及染毒区（地段）染毒迹象，构设与真实袭击相似的实景、迹象、危害区域和侦检响应条件，为防化专业分队侦检、标识及洗消试验构建近似实战的环境。核生化袭击虚景模拟通过运用模拟核生化系统虚拟生成核生化武器袭击虚拟区域，并向区域内加装的核生化信息感知终端发送告警信号和危害程度等数据，为参演部队核生化防护试验构建近似实战的环境。

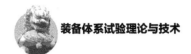

（5）目标环境构建。按照隐显可控、随机布设及自动评判的方法设置各类实弹靶标，为装备体系试验构建目标环境。实弹综合检验靶标设置按照作战对象规模和参试部队各种火器全部参加的要求确定。在实弹综合检验方案确定后，靶标设置分队在实弹射击开始前完成靶标设置；实弹射击过程中由导演部显示控制靶标，实时评估部队实弹检验情况。

实弹靶标包括装甲隐显靶标、装甲移动靶标、单兵隐显靶标、地堡靶标、实体靶标、飞行靶标和炮兵（航空兵）打击靶标。其中，装甲隐显靶标主要模拟正面坦克、步兵战车外形特征，具有隐显可控和自动评估功能，起倒时间小于 3s。装甲移动靶标主要模拟侧面坦克、步兵战车外形特征，具有速度可调和自动评估功能，移动速度不小于 5m/s。单兵隐显靶标主要模拟单兵外形特征，包括头靶、半身靶、身靶、机枪靶、火箭筒靶和无后坐力炮靶，具有隐显可控和自动评估功能，起倒时间小于 3s。地堡靶标主要模拟碉堡、火器发射点外形特征，具有自动评估功能，根据模拟工事的不同可分为 0.5m、1m 和 1.6m 三种高度。实体靶标主要采取报废坦克、装甲车、火炮和轮式车辆指示目标，通过振动感应式报靶系统自动评估。飞行靶标主要模拟敌机特征，低速靶机Ⅱ-70（70m/s 以下）采取拖靶方式指示目标，高速靶机机Ⅱ-150（150m/s 以上）采取机体指示目标（该靶标由参演部队自行保障）。炮兵（航空兵）打击靶标主要以报废实装模拟指挥机构、炮兵阵地、装甲集群及后方阵地等目标，其目标中心点以起倒靶、灯光和弹着点等方式显示。

参考文献

[1] 邵国培，刘雅奇，何俊，等. 战场电磁环境的定量描述与模拟构建及复杂性评估[J]. 军事运筹与系统工程，2007，21（4）：17-20.

[2] 何国良，姚伟光，穆歌. 装备作战试验环境的规范化描述[J]. 装甲兵工程学院学报，2017，31（6）：6-10.

第 9 章

基于 LVC 的装备体系试验仿真系统设计

随着装备体系化建设进程加快,装备与体系的融合程度及装备在体系作战中的贡献率都已成为焦点问题。采用虚实结合的方法,构建基于 LVC 的装备体系试验环境,充分利用丰富的各类试验资源考核评估整体作战效能,检验装备的作战适用性和体系适用性,是装备体系试验的发展方向。本章系统阐述基于 LVC 的装备体系试验仿真系统设计及相关应用技术。

9.1 LVC 体系试验概述

本节主要阐述基于 LVC 的装备体系试验的概念与方法、LVC 仿真试验体系结构和存在的问题。

9.1.1 LVC 仿真试验概念与方法

体系试验是以被试装备系统为基准,以部队作战编成为基础,构建要素完整的作战体系,在近似实战的环境(含虚拟仿真对抗环境)下,按照作战流程检验评估被试装备系统整体性能、作战效能、作战适用性及体系适用性等的综合性活动。

被试对象可以是单个装备、武器系统、建制装备体系和联合作战装备体系,但都是在建制部队全要素体系条件下进行试验的。体系试验活动贯穿装备系统全寿命周期,在论证阶段可采用仿真的方法进行作战评估;在研制阶段可采用虚实结合的方法进行综合性能评估;在定型列装阶段可采用实装与仿真相结合的方法进行作战试验;在部队使用阶段可结合部队演训活动采用平行导调的方式进行在役性检验。

在基于 LVC 的装备体系试验中,"L"指实兵实装(Live),表现为真实

的人使用真实装备在真实战场上执行作战想定中规定的行动；"V"指虚拟仿真（Virtual Simulation），表现为真实的人在虚拟战场环境中操作虚拟装备，又称为"人在环"半实物仿真；"C"指构造仿真（Constructive Simulation），表现为虚拟的人操作虚拟装备，又称为虚拟兵力计算仿真，它是一种纯数字仿真。

体系试验方法是进行体系试验活动所采用的形式和手段，即通过有目的地控制作战现象、事件、过程及环境条件来研究作战效能的方法。依据所采用的技术手段不同，它主要包括实装试验法、仿真试验法和虚实结合试验法3种类型。

（1）实装试验法。在实战化的战场环境条件下，体系试验全部参试装备和人员均采用实装实兵的方式进行试验的方法，就是实装试验法。这种方法具有实战贴合度好、数据可信度高等优势，但也存在组织实施难、试验周期长及预算开支大等客观问题，它是体系试验的主要试验方法。

（2）仿真试验法。仿真试验法是以计算机仿真和各种专用物理效应设备为手段，在体系对抗仿真环境中，对装备体系潜在或客观存在的作战使用性能和效能进行动态研究，以预测和评估装备体系对作战能力的贡献率的试验方法。该方法可以根据参试人员的情况，分为"人在环"仿真试验方法和虚拟兵力计算试验方法。仿真试验法具有安全性高、经济性强、易于重复、规模不限及评估方便等优势，但也存在建模困难、模型可信度有待提高等难以回避的客观问题，它主要用于体系试验方案的推演与优化、作战效能和体系贡献率的评估等方面。

（3）虚实结合试验法。虚实结合试验法是实装与仿真相结合的试验方法，它以分布式逻辑靶场为基础，统筹实装、仿真等试验资源，构建虚实融合互操作、作战要素完整且实时运行控制的试验体系，能够实施因受作战要素、环境条件及模型精度等制约而难以完成的试验任务。虚实结合试验法是开展体系试验的有效手段，其具备实装试验法和仿真试验法的优点，可在一定试验可信度条件下，最大限度地降低试验难度和试验成本，并且能够更为客观地评估作战效能和作战适用性，它是体系试验的发展方向。

从试验手段的角度出发，实装试验法指试验体系只具备"L"的成分；仿真试验法指试验体系只具备"V"、"C"或"VC"的成分；而虚实结合试验法则指试验体系同时具备"LVC"或"LV"、"LC"的成分，因此虚实结合试验法又称为基于 LVC 的体系试验方法。

9.1.2　LVC 仿真试验体系结构

LVC 仿真的根本是分布交互,分布式仿真背后的策略是利用网络支持仿真服务。将现有的建模与仿真资产链接成一个单独的、统一的仿真环境。相较于大型单片式独立仿真系统的开发和维护,这种方法具有下述优势。首先,它允许每个单独仿真应用与其固有的主题专业知识共处一地,而不必在一个位置开发和维护一个大型独立系统;其次,它有利于以往建模与仿真投资的高效利用,因为根据已有的建模与仿真资产可以快速配置新的、功能强大的仿真环境;最后,它提供了将硬件或实体资产集成到一个统一的试验或训练环境中的灵活机制,并且比独立系统具有更强的扩展性。当然,分布式仿真也有缺点,即它的许多相关问题都与互操作性考虑有关。互操作性是各种不同的仿真系统及支持实用程序(如浏览器、记录器)在运行时以相干方式进行交互作用的能力。目前存在很多影响互操作性的技术问题,如时间前进机制的一致性、所支持服务的兼容性及数据格式的兼容性,甚至运行时数据元的语义失配。当前的分布式仿真体系结构所提供的能力主要用于解决互操作性问题,以及实现各参与方之间协调运行时的交互。这种体系结构的实例包括分布式交互仿真(DIS)、高层体系结构(HLA)和试验与训练使能体系结构(TENA)。实际上,LVC 是为了应对新的建模与仿真形势所提出的一个融合性概念,并没有为其制定特定的标准,更没有特定的支撑软件。因此,自分布式仿真出现以来的所有标准、规范、技术及支撑软件,都可能是 LVC 仿真系统所采用的技术。

(1)高层体系结构(HLA)。基于体系结构的开发已成为通用工程实践的一部分。20 世纪 80 年代中期,美国国防部针对不同平台、不同模型和不同仿真应用之间的高性能互操作问题,提出了先进分布式仿真(ADS)技术的概念。先进分布式仿真技术经历了从平台级分布式交互仿真(DIS)、聚合层仿真协议(ALSP)到高层体系结构(HLA)的发展过程,并于 1998 年完成 HLA 的最终定义。HLA 于 2000 年 9 月成为 IEEE 1516.X 系列标准,形成了一系列比较完整的理论、标准和协议。

HLA 主要由 3 部分组成:规则(Rules)、对象模型模板(Object Model Template,OMT)及接口规范说明(Interface Specification)。为了保证在仿真系统运行阶段各联邦成员之间能够正确交互,HLA 的规则定义了在联邦设计阶段必须遵守的基本准则。对象模型模板提供了一种标准格式,以促进模

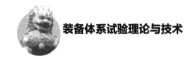

型的互操作性和资源的可重用性。接口规范说明则定义了联邦成员与联邦中其他成员进行信息交互的方式，即 RTI 的服务。

HLA 是一个开放式的、支持面向对象的体系结构，其显著特点是通过提供通用的、相对独立的支撑服务程序，使应用层同底层支撑环境分离。HLA 的基本思想是采用面向对象的方法来设计、开发和实现仿真系统的对象模型，以获得仿真联邦的高层次的互操作和重用。

HLA 仿真系统中的联邦成员由若干相互作用的对象构成，对象是联邦的基本元素。虽然 HLA 定义了联邦和联邦成员构建、描述及交互的基本准则与方法，但 HLA 不考虑如何由对象构建联邦成员，而是在假设已有联邦成员的情况下考虑如何构建联邦（仿真系统），即如何设计联邦成员间的交互以达到仿真的目的。

（2）基本对象模型（BOM）。由于 HLA 仅对联邦和联邦成员做出规范，而对更小粒度的仿真对象缺乏开发规范，导致仿真模型开发随意性较强、重用性较差。为了解决上述问题，20 世纪 90 年代后期，仿真互操作性标准化组织（SISO）提出了一种高效的仿真建模框架——基本对象模型（BOM），并于 2006 年 3 月发布了相关的标准。BOM 主要包括模型标识、概念模型、模型映射和对象模型定义 4 部分。其中，模型标识主要指描述模型开发信息，包括模型的可重用信息；概念模型通过概念实体类型和概念事件类型描述现实事物；模型映射将概念模型中的实体类型和事件类型映射到 HLA-OMT 中的对象类型，从而使概念模型和 HLA 对象模型的开发呈现松耦合特性。BOM 中最基础也是最难处理的部分是概念模型设计，一般采用标准建模语言（UML）与可扩展标记语言（XML）的思想。如果 BOM 仅用于概念模型定义，其中的模型映射和对象模型定义部分可以省略。目前，BOM 的应用处于两个层面：一个是接口层的应用，即利用 BOM 花费更少的时间开发出易于修改、灵活的联邦对象模型（FOM）；另一个是功能层的应用，即利用 BOM 促进仿真运行模型的开发，这里的模型指可编译的编程语言代码或可直接运行的二进制代码。

（3）试验与训练使能体系结构（TENA）。虽然 BOM 的出现可以提高仿真模型的重用性，但 BOM 只是一个标准，并未提供领域所需的具体基本对象模型。况且 HLA 想支持各种领域系统的开发与集成，就要将不同类型的仿真（包括大量已有的仿真）集成起来互操作，因此它必须非常灵活，其特点是对具体应用的实现所施加的限制必须非常少，那么只有 BOM 标准和

HLA 并不能满足具体应用的特定需求。此外，由于 HLA 不能用于硬实时应
用环境，而在装备试验与训练领域，需要将实际的测试设备加入试验与训练
系统中，这对实时性要求较高，因此在该领域 HLA 的使用受到了很多限制。
为此，美国国防部通过基础计划 2010（FI2010）工程开发了"试验与训练使
能体系结构"（TENA），如图 9-1 所示，其由 TENA 应用、非 TENA 应用、
TENA 对象模型、TENA 公共基础设施和 TENA 实用程序组成。TENA 公共
基础设施又包括 TENA 中间件、TENA 仓库和逻辑靶场数据档案。

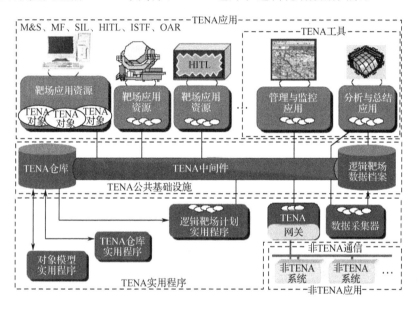

图 9-1　TENA 概略图

　　TENA 提供了试验和训练所需的更多特定能力，特别是针对美军试验与
训练增加了标准的雷达对象模型、GPS 对象模型、平台对象模型及时间空间
位置信息对象模型等，并在通信机制、时间管理等方面有所改进，旨在提高
试验与训练中应用建模与仿真技术的互操作性、可重用性及可组合性。TENA
在美军的联合任务环境试验能力（JMETC）、互操作性测试与评估能力及星
船 II 先进 C2 软件应用分布式测试环境等多个项目中得到应用，并在美军的
多次 LVC 演习中作为主要的技术体系结构和 MDA 信息交换机制。

　　（4）模型驱动体系结构。在 BOM 中提出要对实体和事件进行概念建模，
形成概念模型定义，并通过模型映射将概念模型中的实体类型和事件类型映
射到 HLA-OMT 中的对象类和交互类。但在 BOM 中只是给出了概念模型与

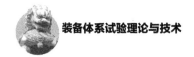

HLA 对象模型之间的映射规则，这在实际应用中是远远不够的，因为概念模型还不是可运行的程序，如果想运行，则必须转换成与平台相关的模型。但是要对同一模型针对不同的平台、不同的中间件及不同的语法采用手工转换，就无法实现真正的可重用和互操作。为了解决上述问题，目前在仿真领域采用软件工程中模型驱动体系结构（MDA）的思想。MDA 是由对象管理组于 2001 年开发的规范集，用以改进计算机软件的互操作性和可重用性，进而提高生产率。MDA 是基于元模型理念提出的，其基本思想是：首先要以元模型的形式给出一个能够解决通用的、最本质问题的概念模型，而不是直接给出程序或编码来解决问题。其核心思想是：使用一个通用的、稳定的概念模型，该概念模型与语言、开发商和中间件等无关——使模型与特定平台的实现分离。MDA 通过定义模型转换的规则将与平台无关的模型（PIM）转换为平台特定模型（PSM），并在 PSM 中给出具体的实施细节。模型转换是 MDA 方法实施的关键。

MDA 建立在对象管理集团（OMG）已有标准的基础上，包括统一建模语言（UML）、XML 元数据接口（XML）和查询视图转换（QVT）。其中，UML 是使用 MDA 技术的"钥匙"——开发人员使用 UML 对系统进行建模，产生 PIM。使用 UML 建立的模型必须能够被 MDA 工具理解，并能够自动转换成模型和代码。

虽然 MDA 方法的来源不是仿真建模领域，但是它可以解决 BOM 中概念模型的转换，提高仿真软件的互操作性和可重用性。在欧州航天局（ESA）2004 年提出的新一代面向重用的仿真模型规范 SMP2 中，明确提出支持MDA，用以克服 HLA 标准和 BOM 标准在模型组件集成方面的缺点。MDA标准自推出以来迅速在国际上得到了广泛应用。

9.1.3 LVC 仿真试验设计策略

9.1.3.1 分布式仿真工程和执行过程（DSEEP）

作为 LVC 路线图实现（LVCAR 阶段 2）的一部分，美国国防部建模与仿真协调办公室（MSCO）启动了一项任务，以开发多体系结构开发与执行的通用过程视图，即分布式仿真工程和执行过程（DSEEP）。为了开发这种通用系统工程过程，核心小组和主题专家一致认为：利用和改进/扩展一个已有的系统工程过程标准要比从零开始建立一个全新的过程描述更可取。

DSEEP 体现了系统和软件工程部门中的最佳惯例针对建模与仿真领域的一个剪裁。图 9-2 所示为 DSEEP 顶层流程视图。

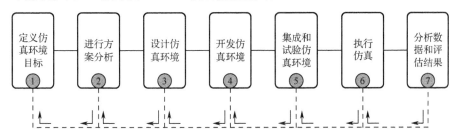

图 9-2　DSEEP 顶层流程视图

DSEEP 7 个步骤（图 9-2）的每一步都继续分解为一组相关的更低层次的活动，可按照需要的一组活动输入、一个或多个输出产品及一个提议的细粒度任务列表来表征每个活动。尽管这些活动描述是按照逻辑顺序确定的，但 DSEEP 强调：一个步骤内及跨步骤活动之间的迭代和并行是其所期望的。

DSEEP 中定义的主要步骤和活动通常适用于单体系结构或多体系结构的开发，因此，DSEEP 为所期望的过程的开发提供了一个可行的框架，但必须利用解决多体系结构开发特有（或会使其更严重）问题所需的其他任务来进行补充加强。这种补充加强文档通常称为一个覆盖。基于已认识到的解决问题的最佳惯例，将预期覆盖中所定义的任务进行总结，从而确定一个关于"如何做"的执行指南，用以开发和执行多体系结构仿真环境。这种最终形成的覆盖就是"多体系结构 LVC 环境工程和执行指南"。

9.1.3.2　LVC 仿真系统方案全新构建

LVC 仿真系统全新构建，是指严格按照 DSEEP 过程，重新打造一套仿真系统。一套 LVC 仿真系统不是为某一次作战试验而建设的，因此，分析潜在的未来试验任务，明确仿真系统的功能是必不可少的系统级设计任务。这里主要从 LVC 仿真系统自身的特点出发，提出一些技术上应尽量遵循的原则。

（1）多体系结构方案。多体系结构开发，意味着需要面对超出单体系结构仿真环境开发所需内容范围的特殊开发内容。不能解释多体系结构仿真环境的新增困难，将会造成一个不切实际的建设方案。

建设方案应说明与多体系结构环境的运行有关的技术和软（即非技术）因素。技术因素实例包括与所有在用体系结构相兼容的启动和关闭程序的开

发，以及如何协调不同体系结构以在仿真基础设施上进行大数据量传输的不同机制。软因素实例包括如何培训人员利用不熟悉的软件和操作程序进行工作，以及多体系结构用户之间的人员和设施调度。统一的交互协议通常为确定多体系结构仿真环境建设方案中需要解决的考虑因素提供了一个良好的基础。

（2）减少元模型的不兼容性。对于 LVC 仿真系统而言，系统本身的特点导致无法建立统一的元模型。因此，这里提到的"减少元模型的不兼容性"，主要针对不同体系结构的仿真系统难以避免的不兼容问题，实际上如果重新打造，应当尽量设计一致的元模型。如果实在难以避免，则应至少保证交互数据的一致性，不能存在通过二次生成而补充交互数据集的现象。

不同仿真体系结构所使用的数据交换模型结构的差异可能会造成多体系结构环境中的不兼容性。

由于仿真数据交换模型（SDEM）在多体系结构环境的各体系结构之间必须进行密切合作，建立 SDEM 的小组必须理解这些元模型差异，并采取措施使得每个体系结构的元模型规范以一致的方式得到满足。

给定 SDEM 元模型中数据的根本表示，在给定仿真环境中的各体系结构之间必须是相互关联的。数据表示的语义在每个 SDEM 中应是一致的，这对于仿真环境的成功是很关键的。对于解决不兼容性，给出两种建议方式，分别是利用体系结构中立的元模型表示方式和利用网关。

理想的解决方案是利用体系结构中立的元模型表示方式。虽然目前有一项正在进行的工作用于开发体系结构中立的建模机制，如联合可组合对象模型（JCOM）研究，但各参与体系结构以特有的方式建模其属性和行为是极有可能的。建议对诸如 JCOM 等工作进行监视并寻求时机以在现有体系结构中实现它们。

采用网关是解决现有元模型不兼容性的主要建议举措。一旦决定采用网关来连接不同的体系结构，就必须考虑不同方面的因素，需要解决以下主要问题：如何选择网关，如何知晓元模型不兼容性已得到解决，以及是否有工具可以用来支持跨体系结构的网关开发。

测试网关以确保其能准确地转换元模型数据，对于仿真环境的成功是很关键的。应验证网关两侧的数据，以实现语义和语法的准确性。除了网关提供的用于数据验证的工具，如果存在体系结构特有的数据验证工具，则应该用来确认或识别数据转换中的问题。

（3）对象标识符的唯一性和兼容性。分布式仿真体系结构中的通用假定是：在描述模拟世界状态的网络上发送的数据是"地面实况"，即相对于模拟环境是正确的。在所模拟的一个系统或实体不能使用正确和完全的信息的情况下，通常由个别成员应用以有意降级或破坏地面实况信息。然而在某些仿真环境中，需要由专用成员应用以执行信息降级（如通信影响服务器中天气和地形对通信影响的建模），并在网络上将降级的信息重新发送给其他成员应用。在多体系结构仿真环境中，必须将这种重新传输的降级后信息从始发端体系结构的数据模型和协议转换成其他体系结构的数据模型和协议。这种转换可能出现在网关、中间件或其他地方。故意不正确的数据由于其违背了地面实况假定（如针对传输的模拟实体，表面上不一致的位置数据），可能导致问题的产生及信息传输两次的事实（即第一次采用初始的正确形式，第二次则为降级后的形式）。

解决该难点的一种方案是利用体系结构特征来区分地面实况和非地面实况数据。这种特征包括不同的消息类型（如一个特殊的 HLA 交互作用类）或单个消息类型中的标记。用于连接多体系结构仿真环境的转换器（网关、中间件）必须能够正确地将这些非地面实况数据指示器转换成可在该转换后传输相同信息的一种形式。

如果没有可用的适当体系结构/协议特征，那么修改受影响的成员应用，以使其能意识到不同类型数据的来源（例如来自模拟一个对象的成员应用的地面实况，以及来自通信影响服务器的非地面实况），并只使用来自预期来源的输入信息，也就足够了。

（4）初始化序列和同步。分布式仿真中的初始化是一个并不普通的顺序过程。为了确保每个成员应用都为初始化过程中的下一项操作做好准备，通常需要显式定序和同步仿真环境中成员应用的初始化操作。在多体系结构仿真环境中，这些难点变得更有难度。初始化序列需求可能增大，这是因为诸如用来连接多体系结构的机制（如网关或中间件）可能需要以特定顺序启动的体系结构来执行，而这种定序约束可能难以实施。并且在多体系结构仿真环境中，显式的初始化同步可能变得更加困难。这是因为相比于一般的操作如对象属性更新，必要的同步机制和消息（如 HLA 同步服务）很可能是体系结构所特有的，并且很少可能是在体系结构的协议之间进行直接转换的。

某些体系结构提供可在不同程度上用于初始化序列和同步的协议服务。例如在一个 HLA 仿真环境中，可利用同步点来实现此目的，尽管它们难以按照最初的预期运行，因而需要一个详细规划的通用多阶段初始化过程，该

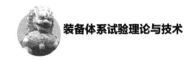

过程包括用以完成初始化操作的预定暂停。

如果利用某一体系结构的协议服务来协调多体系结构仿真环境中各体系结构之间的初始化，那么应对用来连接各体系结构的机制（如网关或中间件）进行配置或改进，以实现服务在不同体系结构之间的转换。如果连接各体系结构的机制不能转换同步服务，那么可以使用仿真环境执行以外的技术，如人工控制。即使协议服务是可以转换的，它也只能实现已知的同步约束。因此在规划仿真环境执行及测试该环境时，应当特别注意初始化。任何同步约束或初始化序列决策都应归档在仿真环境协议中。

根据具体仿真环境需求，设计用来监视和控制仿真环境执行的软件工具在初始化的定序和同步方面可能是有用的。最后，为了规避上述难点，应尽可能将成员应用设计成初始化序列独立的。

（5）建立超越标准的仿真模型。一个成熟的仿真系统，应及时剥离模型和仿真支撑环境之间的技术联系，进而剥离模型和标准规范之间的联系。这一项工作可能是费力不讨好的。但对于系统的进一步发展而言，它是一个不错的选择。系统可以很轻松地成为其他仿真系统的一部分，如果接口设计进行了充分的抽象，那么几乎不需要任何改造工作，就能直接实现互操作。

因此，基于现有标准规范、支撑软件建立现实的工程系统，待其成熟后，使其超越现有标准规范，脱离现有底层支撑技术，是实现 LVC 仿真系统的最佳方案。

（6）系统运行保障设计。对于 LVC 仿真系统而言，必须充分考虑系统正式运行时的运行保障。LVC 仿真系统各分系统存在不同的技术机制，需要不同的专业技术人员进行保障，如实况仿真需要熟悉实际装备操控和硬件接口操控的技术人员，构造仿真需要相关的软件工程师，以及虚拟仿真需要模拟器硬件工程师等。特别是在系统建设完成后，必须明确各分系统保障人员的责任，这样才能保证保障到位。

此外，必须考虑分布式的情况，需要配备专门的通信设备，实现系统运行、保障及维护的统一安排。

一个没有进行保障设计的 LVC 仿真系统在运行时遇到的运维问题将导致试验失败。

9.1.3.3　依托现有系统的 LVC 仿真系统方案构建

现实情况是依托现有的仿真系统，采用改造、完善、集成的模式，打造一套 LVC 仿真系统。在实现过程中，也需要尽量遵循 DSEEP 过程。这种集成式的建设过程，其重点是交互机制和交互接口，如果有需要，则须进行交互上的技术改造。

（1）统一的交互机制与交互接口。不管底层采用何种通信工具，LVC 仿真系统必须具有统一的交互机制，否则会导致逻辑混乱。此外，现有系统的交互接口各不相同，应尽量采用下述在集成过程中对交互接口进行融合的实现方式。

① 不需要任何操作，直接采用现有交互接口。这是理想状态，如果各分系统在开始设计时就考虑 LVC 融合，或者各分系统在建设时间上有先后之分，后建系统严格采用先建系统的交互接口，这种方式就能实现，它也是最佳方式。

② 需要进行数据包分解、再组合，但不存在任何数据转换的处理。这种方式也很理想，说明各系统只是对交互的内容存在组织形式上的差异，而不存在交互理解上的差异，系统融合后没有不良影响。它是次佳方式。

③ 需要进行部分数据的转换，如分解提取、转换及统计合成等。这种方式为一般方式，它又分为两种：一种是简单的转换，如单位制、初始位置相对量等简单转换，和第②种方式一样，对系统融合几乎没有影响；另一种则需要进行实质性的数据转换，如速度位置间的强行转换。

④ 在交互过程中，需要进行部分交互内容的二次生成，这就意味着有一方存在交互数据项的缺失，需要采用二次生成的方式获取该项数据。如果新生成的数据项为关键数据项，则必须进行接口改造；如果为次要数据项，则可以采用这种方式，但在试验过程中，需要注意这种融合方式所带来的影响。二次生成的方式为勉强方式。

（2）不同时间推进机制的处理。现存仿真系统存在 3 种时间推进机制：等步长推进、事件推进及混合推进。

时间推进机制带来的问题必须进行处理，一是保证各个实体的同步性；二是保证交互信息的因果关系尽量正确。因现有系统在运行方式、通信机制上已经成型，故以通信融合为主。

交互的两个系统的内部交互数据结构不尽相同，需要对两个分系统间的交互数据进行转换。交互数据转换主要面临两个系统在推进机制上不一致的问题，如图 9-3 所示。在虚拟兵力生成系统的一个步长内，如果某一台模拟器发生两件以上的因果事件，如同时发生开火、被毁两个事件，则需要进行

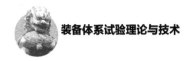

逻辑判断，可能会取消其中一个事件。

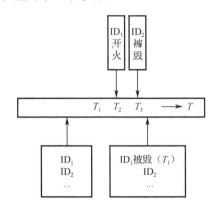

图 9-3　交互事件逻辑判断示意图

9.1.4　LVC **仿真的主要问题**

某些情况下，实际需求可能要求选择其外部接口与不同仿真体系结构密切合作的仿真。这就是所谓的多体系结构仿真环境。当在同一环境中必须采用不止一个仿真体系结构时，体系结构的差异使得互操作性问题变得更加复杂。例如，中间件不兼容、相异的数据交换元模型，以及各体系结构所提供的服务在性质上的差异都必须得到解决，以使这种环境能正确运行。

将现有仿真系统迁移到一个单独的分布式仿真体系结构上，或者采用单一仿真体系结构重新建立仿真系统都是不切实际的。在可以预见的将来，多体系结构仿真环境仍将实际存在。

美国国防部发起了一个实况-虚拟-构造仿真体系结构路线图（LVCAR），其建议的关键举措之一就是建立一个多体系结构仿真环境开发和执行的通用系统工程过程。

在这种情况下，广泛存在的问题是：当集合不同体系结构的用户部门来开发一个联合、统一的多体系结构分布式仿真环境时，每个用户部门自有的开发过程差异成为有效协作的持续阻碍。下面介绍出现的主要问题。

（1）系统使用目的不同。不同仿真系统是为不同的领域而开发和使用的。例如 HLA 主要用于提供建模与仿真领域的互操作性和 M&S 资产的可重用性，TENA 主要用于提供试验资源的互操作性和可重用性。TENA 被更广泛地用于将真实的靶场资产集成到训练环境中。TENA 与 HLA 的开发是为了满足各自领域的特殊需求。

（2）对象建模不兼容。即使在单一的体系结构内，对象建模也一直是互操作性和可组合性最大的障碍。DIS 协议试图通过开发一个由所有 DIS 参与者使用的单一数据模型来解决互操作性问题，但这种方法并没有为复杂的、多变的各种系统的描述提供灵活性。HLA 又试图从另一个方面来解决问题，主要是规定了记录对象模型的格式，该方式把对象模型的定义和内容留给了开发者。这种方法提供了很大的灵活性，但由于很多不同的 FOMs 带来了实际的互操作性问题，在将针对不同 HLA 对象模型开发的仿真集成为一个 HLA 联邦时，其集成的复杂度明显增加了。在 HLA 研究领域，已经针对标准的参考 FOMs（如实时平台参考 FOM）开展了一些研究。

TENA 用元对象模型定义了其对象模型格式，并且定义了一套标准对象模型，利用这些模型可以组合生成复杂的对象模型。这种提供标准对象模型子集的方法在灵活性和标准化之间提供了一种更易接受的折中方法。但是 HLA 和 TENA 对象建模方法都是与其特有的体系结构或协议相关的。

（3）缺乏可组合性。目前的难题是在 DIS、HLA 和 TENA 中都没有完全实现可组合性，这种缺陷限制了不同仿真系统的互操作能力。例如 DIS 专注于交互数据，而 HLA 对象建模缺乏可组合性使得从单独部件汇编为 HLA FOMs 变得非常困难。一个 FOM 充当了有约束性的契约，通过该契约允许各系统或仿真器交换有意义的信息。如果在生成一个 FOM 方面有困难，那么各系统或仿真器之间的互操作就存在风险。

（4）中间件/基础设施不兼容。DIS、HLA、TENA 的实现工具都提供了一个通信基础设施层，包括预定义的用户接口和一系列的服务，这些服务基于公布/订阅模式，用于在生产者和消费者之间分发数据。虽然它们提供了相似的消息分发服务，但在使用方面是不同的。例如 HLA 提供了大量的服务，用于满足 M&S 领域的独特需求（如时间管理）。未来如果中间件实现工具需要合并，则试验和 M&S 在独特需求方面的功能都需要得到解决。

（5）缺乏重构性。美国国防部的"建模与仿真主计划"对重构性的定义是："迅速选择和组合部件以构建有意义的仿真系统，从而满足特定用户需求的能力"，并且这种重构"能有效地集成、互操作和重用"。然而，问题是"在仿真领域还不能对 HLA 或 TENA 完全实现重构"，这也是限制互操作能力力的因素之一。例如，HLA 对象建模缺乏对重构性的支持使得从单个片段整合成 HLA 联邦对象模型（FOMs）变得更加困难。一个联邦对象模型通常作

装备体系试验理论与技术

为系统和仿真器之间互换信息的协约，如果在其创建上存在困难或滞后，那么系统和仿真器之间的互操作就会出现问题。

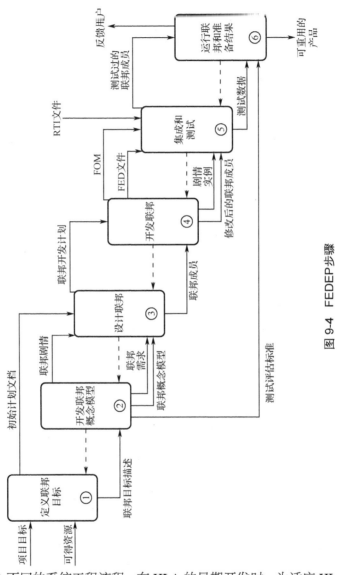

图 9-4 FEDEP步骤

（6）不同的系统工程流程。在 HLA 的早期开发时，为适应 HLA 联邦开发已明确了构造和运行 HLA 联邦的系统工程流程（FEDEP）。如图 9-4 所示 FEDEP 的 6 个步骤中，开发联邦概念模型是关键步骤之一。FEDEP 并不排除实物成员的加入，实际上，在 HLA 联邦开发中也考虑了实物资源的使用。但是，可能需要对 FEDEP 过程进行重新审视才可找到与 TENA 相关的具体要求。TENA 体系结构参考文件描绘了一个类似的系统工程流程。而且，联合任务环境测试能力（JMETC）项目也采用 TENA 的工程流程，并重命名为"JMETC 集成和客户支持流程"。因此单一的系统工程流程对于 LVC 仿真资源互操作而言不仅是需要的，还会促进互操作能力。

9.2 LVC 体系试验仿真系统设计

对于 LVC 仿真系统而言，无论是在训练系统还是在试验系统中，都不必纠结于某一实体的某次事件的先后关系对试验结论的影响，与此相比，有更多更大的影响值得关注。关键性事件的发生，必须保证实时、可靠地传送至其他节点，在系统本身性能之外，应尽量减少网络通信延迟时间；对于非关键性时间，允许存在少量时间延迟，只要不影响整体效果即可，如机动位置的变更等。专门定义"超现实"事件，如设现实中作战双方通过目视发现目标为即时时间，而分布式网络通信导致的延迟，如果在毫秒级，则比人的反应时间（10ms 级）少一个量级，可不必考虑，一旦超过 100ms，则需要考虑其影响。例如对命中事件的影响，就需要设计为射击方计算命中，而不是被射击方计算命中。针对上述具体需求，LVC 并行集成主要包括集成结构、集成流程、集成方式、通信和管理控制方式设计。

9.2.1 结构设计

9.2.1.1 系统架构

体系试验需要采用 LVC 仿真的方法构建一个异域异构、内外场结合的逻辑靶场。逻辑靶场以互联互通互操作中间件为核心，在试验资源共享使用的基础上，集成 LVC 体系试验参试实体资源和外设仪器设备，同时采用智能网关接入各类异构试验资源，使得各类资源集成于一个逻辑靶场中，以推行体系对抗试验，其系统架构如图 9-5 所示。体系试验仿真总体结构可以总结为"1 个空间、2 个网络、3 类对象"。其中，"1 个空间"指实际试验场与虚拟战场应逼真同步，不仅实际战场需要投影到虚拟战场中，实际装备、半实物模拟装备和虚拟兵力也要投影到虚拟战场中，以形成一个虚拟作战空间，这是 LVC 仿真的基础；"2 个网络"指导调控制网络和战术互联网络，前者负责导调、实装采集信息及战场效果显示等信息的联通，后者主要用于作战信息联通，二者互相独立、互不干涉；"3 类对象"指"实装-半实物-虚拟兵

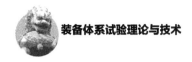

力"3 类体系试验对象，试验时实际装备集中在实装层，所有参试人员主要集中在实装层和半实物层，虚拟层主要是为了完善装备体系对抗生成虚拟兵力，导调控制和管理人员集中在虚拟层的操作上。

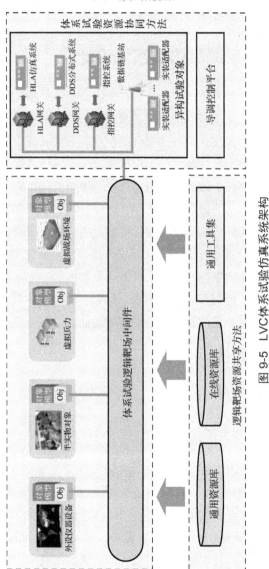

图 9-5　LVC 体系试验仿真系统架构

LVC 体系试验仿真系统分为 4 个层次：应用层、资源层、转接层和运行支撑层，如图 9-6 所示。其中，应用层主要包括体系试验准备分系统、导调控制分系统和体系试验评估分系统 3 部分，负责提供开展体系试验业务工作的必要软件；资源层包括实装对象、半实物对象、虚拟兵力对象 3 类实体，以及外设仪器设备，它是构建逻辑靶场的基本要素；转接层包括实装适配器、DDS 网关、HLA 网关和指控网关等，主要用于将异构的逻辑靶场资源转换为以对象模型为核心的标准化体系试验资源；运行支撑层包括运行于宽带网络基础上的中间件、在线资源管理系统、离线数据库和数据采集分系统，以及相关工具集，主要用于支撑逻辑靶场运行，并提供针对逻辑靶场进行在线操作和数据采集的接口。

图 9-6　LVC 体系试验仿真系统层次

9.2.1.2　系统组成

LVC 体系试验仿真系统主要实现对所有节点仿真程序的集成和管理，既可以支持一个节点上运行多个实体的虚拟兵力仿真系统，又可以支持模拟器上某一独立岗位的模拟程序，还可以支持实装操控件的接入。LVC 仿真框架重点关注仿真交互，主要包含以下模块：

（1）最小仿真进程集成框架。它在技术上是一个代码框架，用于仿真程序嵌入，它是整个 LVC 仿真系统集成的基础。对内，其在堆栈、全局变量层次实现与各类仿真程序的交互；对外，则实现与其他节点之间的交互。为了实现透明的交互机制，最好通过共享内存、消息机制等隔离同底层框架（如 RTI、TENA 及 DDS 等）之间的直接联系。

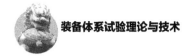

此外，最小仿真进程集成框架为上层管理控制程序——分控程序留有调用接口和控制、管理、交互数据接口，以供分控程序按照任务分配结果进行调用和传递各种参数。

（2）控制程序。其功用有三，一是进行交互隔离；二是进行时间管理；三是实现仿真程序的操作控制，具体包括初始化、运行控制、数据收集和统计等。

对于某一节点上运行多个仿真进程的情况，最好将控制程序分为两层，一层是该节点上运行的控制程序，可以称为分控程序；另一层则是整个系统仿真的控制程序，可以称为总控程序。

分控程序既是 LVC 仿真集成的一部分，又是 LVC 仿真运行的一部分。最小仿真进程集成框架实现对各类仿真程序的集成，并形成可执行程序。而分控程序则在各个节点内部运行，其在最终运行时负责操控节点内的多仿真进程。

分控程序在每个节点上都有安装，它最好是一个值守程序，能够根据仿真任务，调用最小仿真进程集成框架生成的可执行程序，并为调用的各个任务生成共享内存区、消息句柄等交互通道，以供节点内的仿真进程进行通信，也可供分控程序对本节点上的仿真任务进行控制与管理。

总控程序实现对所有节点上分布式运行的仿真任务进行控制与管理。在启动仿真系统时，由总控程序将虚拟兵力的仿真任务发送到虚拟兵力仿真程序运行的各个节点上，并将各类初始化信息分门别类地发送到各类仿真系统中，分控程序接收后将其作为本次仿真的初始条件。总控程序发布加载仿真任务的命令后，由分控程序加载各个节点上的仿真任务。

仿真运行时，通过分控程序控制、监控及管理各个节点上的仿真任务。同时，由总控程序接收来自试验管理人员的控制命令，并传递给各个分控程序，支持其对整个 LVC 仿真系统的实际控制。

9.2.2　集成流程设计

LVC 仿真系统按照先集成、后运行的使用流程，进行各类仿真系统的集成运行。

首先由各类仿真系统开发者确定最小仿真进程的模型，并将最小仿真进程的模型装入集成框架中，形成最小仿真进程框架，可由此生成可执行的仿真程序。最小仿真进程框架提供模型的调用接口，供 LVC 框架在运行时根据仿真任务分配结果进行调用。调用接口包括该最小仿真进程的步长设置、初始化数据位置设置、运行结果文件设置及运行状态信息设置等内容，在集成框架调用该最小仿真进程时一并传递给该任务。

在形成可执行的仿真程序后，由仿真任务分配软件提供任务分配方案，由分控程序在各个节点上启动指定的任务，并开设共享内存区、消息句柄等交互通道，同时通过调用接口指定仿真控制、管理、交互及监控数据的位置。

分控程序通过分配方案确定本节点上的仿真任务和其他节点上的计算任务的交互数据，通过共享内存访问本节点上仿真任务的输出结果，并通过 RTI、TENA 及 DDS 等通信中间件传输至其他节点，由其他节点上的分控程序获取该结果，再写入该节点上的共享内存区中，以供该节点上的仿真任务读取。交互数据的反向获取亦然。

该种集成方式也适用于虚拟兵力仿真系统的并行仿真实现，当虚拟兵力的实体量大、交互复杂且模型计算量大时，可能需要多进程、多节点实现并行仿真，方能满足 LVC 仿真系统的实时性要求。采用上述方式进行 LVC 集成时，其具体步骤如下：

（1）按照作战编成及模型的组成，设计一个均衡的初步方案，进行仿真任务分配，按照核、CPU、节点对应的任务分层进行集成，集成后的软件形式分别为节点内的仿真线程、进程和进程组。

（2）运行仿真系统，检查其是否满足实时性运行需要，如果满足，则按照现有方案进行集成。

（3）如果不满足实时性运行需要，则要对仿真任务计算和通信进行监测。

（4）根据监测结果，如果仿真任务计算不均衡，则需重新进行任务分配，并按照新方案进行集成，一切从步骤（1）开始。

（5）如果仿真计算是均衡的，则检查仿真计算时间是否过长，如果计算时间过长，则优化仿真计算模型；如果计算时间不长，则检查仿真通信时间是否过长。

（6）如果仿真通信时间过长，则优化仿真通信，主要是将通信量大的任务进程划分到一个节点上，按照新方案进行集成，一切从步骤（1）开始。

（7）如果计算量均衡、计算时间不长且通信时间也不长，则应优化中间件接口与并行集成框架，缩短仿真时间。

具体并行集成流程如图 9-7 所示。

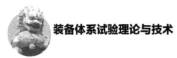

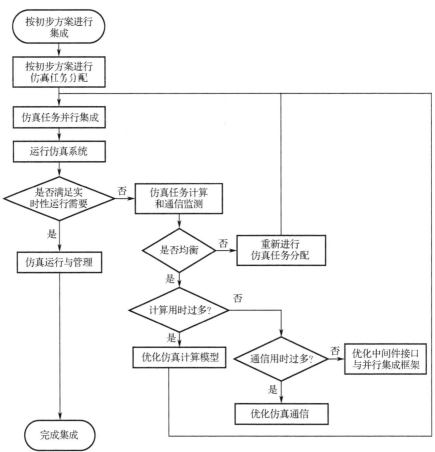

图 9-7　具体并行集成流程

9.2.3　集成方式设计

LVC 仿真系统在软件组织形式上，由集成框架生成的可执行的仿真软件、仿真运行管理与控制软件和仿真任务分配软件组成。

计算任务可以按照初始化、读交互数据、仿真运行及写交互数据 4 个步骤进行设计，后 3 个步骤是一个任务在仿真帧内完整的功能，若一个节点内部存在多个仿真进程，则可以并行运行。

各个计算任务之间的交互通过读、写功能实现，节点内部通过共享内存实现，节点间通过"共享内存-RTI-共享内存"的数据传输方式实现。LVC 仿真系统与其他系统之间可以通过网关的形式进行松耦合的交互。

仿真任务分配软件为仿真运行管理与控制软件提供各节点仿真任务的

配置文件，主要内容形式是各个节点上应启动的任务配置列表，其包括任务的编号、任务步长、任务的结果文件名称及存放文件夹位置等信息。当分控程序启动任务时，这些信息将被传入任务中。另外，各种初始化信息也可以通过总控传送到本地，对于模拟器而言，通过这些配置文件可以确定自身的角色、初始位置等；对于虚拟兵力仿真程序而言，主要确定有几个进程及每个进程负责运行哪些实体的模型；对于实况仿真程序而言，主要确定该实体在整个仿真系统中的身份。

仿真运行管理与控制软件根据任务配置列表开设共享内存区、启动可执行的仿真软件中的多个任务，并对各个节点上的计算任务运行进行同步控制、启停控制，实现并行计算。同时，分控程序和并行计算线程集成框架通过共享内存区的通信，实现对仿真运行初始化、时间和结果的管理，以及运行监控与管理。

LVC 集成与运行环境功能的关系如图 9-8 所示。

9.2.4　通信交互设计

LVC 仿真系统交互通信，主要为各个仿真模型的运行提供可靠、高效、统一的通信支撑，并支撑作战仿真系统在集群计算机、视景计算机上的运行。通过实现节点内和节点间的仿真通信，并对其进行管理，在仿真交互信息的传输上进行优化，减少网络间通信量，提高仿真速度。其包括以下模块：

（1）仿真中间件的接口模块。开发仿真中间件的接口模块，以便于仿真模型的使用，并保持仿真计算任务的完整性。接口模块主要包括通信调用模块、时间推进模块及同步控制模块等。在通信调用模块上，利用通信的分层、分发机制，减少通信量；在时间推进模块上，需要满足不同长度的时间推进需求；在同步控制模块上，既要实现进程内多线程之间的同步，又要通过共享内存等方式实现节点内的进程同步，还要通过网络实现所有计算任务的同步。

（2）节点内部通信模块。节点内采用共享内存的方式实现进程间的通信，开发公用的共享内存通信模块，实现节点内计算任务的同步、通信，支撑仿真运行。其主要包括共享内存模块及线程、进程同步控制模块。

（3）节点间通信模块。节点间采用中间件通信方式实现不同节点上的计算任务间的通信，从而实现节点间计算任务的同步、通信，支撑仿真运行。其主要包括中间件通信接口和节点间同步控制模块。

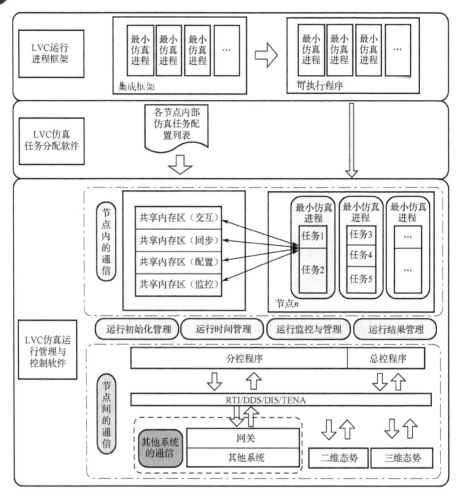

图 9-8 LVC 集成与运行环境功能的关系

（4）仿真通信管理模块。仿真通信采用分层式通信管理方式，节点内采用共享内存、节点间采用中间件通信，开发仿真通信管理模块，实现计算任务间通信的分层管理。

对于全局应用的信息，如敌我双方的战损、位置信息，在同各个仿真子系统协调后，按照敌我、分层的方法实现统一的信息分发，在一个节点内提供统一的全局信息共享区，以供各个计算任务调用。

节点间由分控程序采用 RTI 等通信中间件传输交互数据。当某个任务提交完交互数据后，通信中间件将此数据发布至其他订购该数据的节点，待该节点上的分控程序收到该数据后，将其写至共享内存区，并通知订购该数据的任务读取数据。

初始化数据可直接通过访问数据获取，每个集成框架提供统一的访问数据库的接口函数，调用该接口可实现数据库访问。

分控程序发布数据如图 9-9 所示。

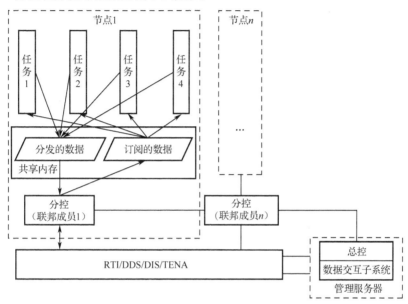

图 9-9　分控程序发布数据

9.2.5　管理控制设计

仿真运行管理与控制软件分为三级：总控程序、分控程序和仿真进程。

节点间的管理与控制由总控程序执行，分控程序是一个值守程序，当总控程序发布命令后，其生成联邦成员加入联邦或者网络通信系统，同时根据总控程序发布的任务生成列表和共享内存开设列表，开设共享内存区、启动各仿真任务。集群运行管理控制流程如图 9-10 所示。

（1）总控程序。总控程序只对分控程序进行控制，具体包括初始化设置、运行控制及结果处理。

初始化设置，一是设置数据库访问接口；二是分发各个节点上应该加载的计算任务。

运行控制，主要实现仿真系统的启动、暂停与恢复、结束、结果数据处理、评估及备份等控制。其独立运行时，可在控制界面上操作；与其他分系统一起运行时，可直接响应管理控制分系统的命令（除开机命令外）。

结果处理，按其要求进行统一拷贝。

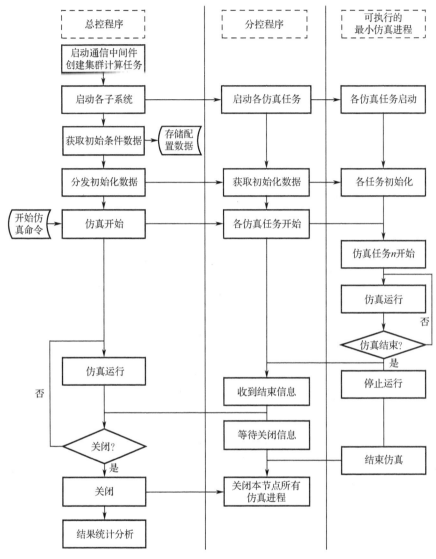

图 9-10 集群运行管理控制流程

（2）分控程序。分控程序在各个节点上随操作系统启动而加载，作为值守程序，其主要功能是：接受总控程序的命令，调用本节点上的仿真进程，传递仿真结束的信息，以及向总控程序提供本节点上软硬件的信息。

接受总控程序的命令包括：仿真运行控制（初始化、开始、暂停及结束）命令，强制关闭所有仿真进程和通信程序命令，态势加载命令，仿真结果数据采集命令，以及进程加载信息。

当总控程序发出"启动任务"命令时，分控程序加载仿真进程，待仿真启动所需的所有进程加载完毕后，分控程序向各仿真进程发送"加入联邦"的命令；待所有仿真进程加入联邦后，节点上的分控程序发送"加入完毕"；待所有分控程序都发送"加入完毕"的信息后，总控程序提示可以开始。

当总控程序发出"开始"、"暂停"或"结束"命令时，各分控程序接收命令并发给仿真进程。

当认为某一计算任务可以结束时，向分控程序发送结束的消息，分控程序再发给总控程序，由总控程序发送"结束"命令，之后所有分控程序再向本节点上的仿真进程发送"结束"命令，所有仿真进程关闭，一次仿真结束。

当收到强制关闭所有仿真进程和通信进程的消息时，所有仿真进程和通信进程都被强制关闭，并且清理仿真环境，为下一次仿真做准备。

（3）最小仿真进程。内部运行的计算任务对应各个最小负责任务，在运行上受分控程序控制。

9.3　基于 DoDAF 的装备体系平行试验体系结构设计

现代战争的本质是体系与体系的对抗，为适应体系对抗特点，装备建设正由传统的发展性能先进的单型号装备向构建结构合理、功能完备、性能匹配的装备体系加速转变，装备体系化发展需求促使装备试验向体系试验转变。所谓体系试验，就是综合运用多种方法构建逼真的战场环境，设置相应作战对手，基于真实对抗环境，模拟真实的作战运用和对抗过程，检验装备体系的整体作战能力并对其进行全面真实评估的过程。当前，运用体系工程理论和方法研究复杂作战问题主要集中在作战体系及装备体系上，而对试验体系的研究尚处探索起步阶段。试验体系是指由功能上相互联系、性能上相互补充的各种试验要素、试验单元和试验系统，按照一定的组织结构进行连接，并按照相应的机理实施运行的整体系统。体系试验对于检验装备体系整体作战能力、发现装备问题缺陷、改进装备研制生产及优化装备编配结构等具有重要意义，它是装备试验的重要发展趋势。

平行试验是为检验武器装备体系效能而提出的一种全新的试验模式，也是随着复杂性科学理论、体系工程理论与方法、计算机技术与先进建模手段及通信与信息技术不断发展，应对装备体系试验面临的主要挑战而进行装备体系试验的一种积极探索，其为装备体系效能的检验提供方法和途径。平行试验的系统构成复杂、要素多元、层次多样，属于典型的复杂系统。DoDAF

是目前应用最为广泛也是最成熟的一种体系结构框架，主要用来描述系统的顶层、动作需求和架构。

为研究探索平行试验的系统设计问题，在介绍平行试验基本概念的基础上，采用 DoDAF 规范和标准，运用框架设计方法构建装备体系平行试验视图模型。其中，运用顶层业务概念模型（OV-1）、活动节点连接描述模型（OV-2）、业务活动模型（OV-5b）及活动状态转变描述模型（OV-6b）等视图模型描述平行试验的概念模型、活动流程及节点连接等；运用能力构想视图模型（CV-1）描述平行试验系统结构能力；运用系统功能描述模型（SV-4）、系统接口描述模型（SV-1）及业务活动到系统功能追溯矩阵（SV-5）等视图模型描述平行试验系统结构功能组成和系统间连接关系，旨在从顶层设计层面对平行试验进行规划和研究。

9.3.1　平行试验的基本概念

平行试验的理论源自现代控制论中的平行系统理论。中国科学院自动化研究所王飞跃科研团队在国内首次系统提出了平行系统思想，即人工社会（Artificial Societies）、计算实验（Computational Experiments）和平行执行（Parallel Execution）的 ACP 方法。该方法通过构建与现实系统平行运行的人工系统，以及现实系统与人工系统的交互作用，完成对现实系统的管理与控制、对相关行为的实验与评估，以及对人员的培训，实现对未来状况的"借鉴"和"预估"，并相应地调节各自的管理与控制方式，为研究复杂系统提供一种新思路。在这之后，邱晓刚、杨雪榕、孙黎阳、曹裕华及董志明等先后将 ACP 理论和方法引入军事领域，并进行了一些探索性的研究。

平行试验借鉴平行系统理论，构建一个与现实靶场（或物理靶场）同步运行的人工靶场，并将现实靶场中的实际装备实时地映射到人工靶场中，实现在人工靶场中构建要素齐全、功能完备的装备试验体系及对抗环境，人工靶场负责同步处理现实靶场中物理试验的行动及状态信息，并将计算试验的结果反馈到现实靶场，从而实时控制装备试验的行为和过程，评估装备体系试验效能。由于现实靶场试验受试验条件、试验环境、试验周期及试验经费等因素制约，装备体系难以构建、试验难以开展，而人工靶场不受物理条件制约，可以对实际对象进行抽象和建模，在数字物理环境平行状态下构建一个完备的体系试验环境，使装备试验体系构建得以完备、体系对抗条件得以形成、作战效能得以检验，从而实现装备的技术性能测试向体系对抗效能评估拓展。

9.3.2　平行试验业务视图模型构建

（1）顶层业务概念模型（OV-1）。通过构建与现实靶场平行运行的人工靶场，实现现实靶场的赛博拓展，为武器装备由性能试验向体系效能评估拓展提供解决思路和研究方法。人工靶场能够克服现实靶场在试验条件、试验场地、试验环境、试验周期、试验费用及试验组织等方面存在的问题，使试验基地、科研院所、试验部队和生产厂家等地域上离散的不同试验要素实现逻辑上的统一，即"地域分布、逻辑一体"。平行试验的顶层业务概念模型（OV-1）如图 9-11 所示。

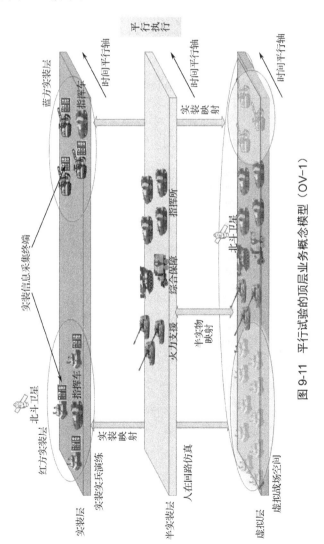

图 9-11　平行试验的顶层业务概念模型（OV-1）

（2）活动节点连接描述模型（OV-2）。在 DoDAF 中，作战资源描述既能描述作战设施的位置和作战的地理位置，也可以有选择地说明作战活动的信息流、资源流、人员流或物资流。这里以试验活动人员流为例，描述平行试验的人员活动，如图 9-12 所示。

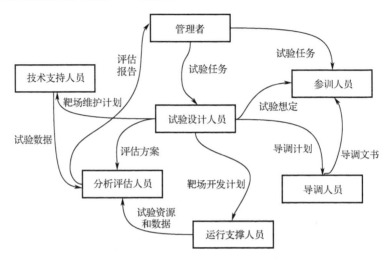

图 9-12 平行试验活动节点连接描述模型（OV-2）

在活动节点连接描述模型中，管理者指试验委托方，负责下达试验任务；试验设计人员负责设置试验活动的资源配置，设计试验总体方案、试验大纲及试验科目等；技术支持人员负责管理和维护试验使用的网络系统，并向分析评估人员提供试验数据；运行支撑人员是靶场资源所有者，主要负责开发平行试验的靶场，配置仿真资源或设施仪器等，并向分析评估人员提供试验资源和数据；参训人员按照试验想定开展试验科目；导调人员主要执行试验活动，并处理试验活动中的异常情况；分析评估人员负责对试验全过程周期数据进行分析处理，实现试验态势生成、试验过程回放，并生成评估报告等。

（3）业务活动模型（OV-5b）。在平行试验中，现实靶场试验和人工靶场试验同步在线运行，对两类试验运行结果进行分析比较，结果一致者，即可认定装备通过试验鉴定，达到预期作战能力。当结果不一致时，需要检查仿真是否正确，如果仿真正确，则认定装备设计存在缺陷或装备体系构成存在问题，应提出改进意见及建议并形成评估报告；如果仿真不正确，则需要实施校核和修正仿真模型，进一步优化试验任务，进行迭代试验，最终实现对装备体系效能的检验评估，如图 9-13 所示。

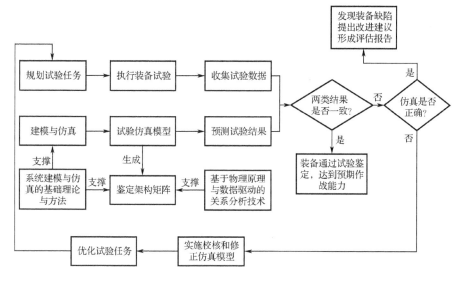

图 9-13　平行试验业务活动模型（OV-5b）

（4）活动状态转变描述模型（OV-6b）。平行试验活动状态转变描述模型以图形化的方法描述试验活动如何通过改变自身状态来响应各种事件。活动状态转变产品描述试验活动对不同事件的响应及状态变化过程。这里以平行试验过程为例描述试验活动状态转变，如图 9-14 所示。

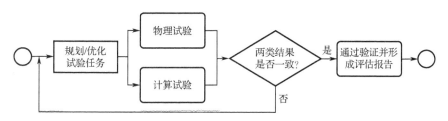

图 9-14　平行试验活动状态转变描述模型（OV-6b）

9.3.3　平行试验系统能力视图模型构建

能力指系统为完成某项任务所具备的本领，建立平行试验系统的重要目的就是实现各种试验资源的互联、互通、互操作。平行试验系统应具备的能力如图 9-15 所示。

（1）资源管理能力。对平行试验全过程周期产生的数据进行存储，通过军事信息网络实现物理试验与计算试验的数据在线处理和实时推进，提供在线计算资源，支持各种试验资源的部署及升级维护。

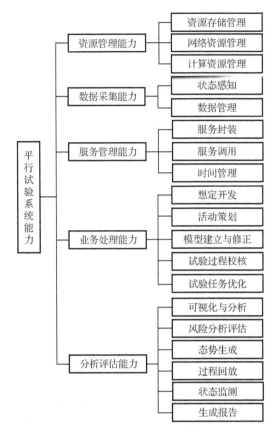

图 9-15　平行试验系统能力构想视图模型（CV-1）

（2）数据采集能力。通过传感器、转发器、通信技术和计算机软硬件技术等多种手段，感知物理试验和计算试验的状态信息以及参试装备的技术状况，实时采集试验数据，并按照相应规则，对这些数据进行管理，为试验数据分析与决策支持提供支撑。

（3）服务管理能力。把想定资源、模型资源、环境数据、装备数据及知识数据封装成服务，以供其他用户调用。同时利用中间件向物理系统、人工系统、分析评估系统和靶场基础框架提供时间同步服务，实现试验资源的互联、互通、互操作。

（4）业务处理能力。能够实现想定开发、活动策划、试验过程校核与仿真模型修正及试验任务优化等任务。

（5）分析评估能力。运用分析评估软件实现对试验全过程周期所采集的数据进行分析处理，生成即时试验态势，并对试验过程进行回放，评估试验风险，生成试验报告，为评估装备体系效能提供支撑。

9.3.4　平行试验系统功能视图模型构建

（1）系统功能描述模型（SV-4）。系统功能描述模型主要用来描述人员和系统的功能。这里在借鉴 TENA 框架的基础上，对平行试验系统功能进行建模。平行试验系统主要包括物理试验环境、人工试验环境、靶场基础框架及分析评估系统 4 部分，如图 9-16 所示。

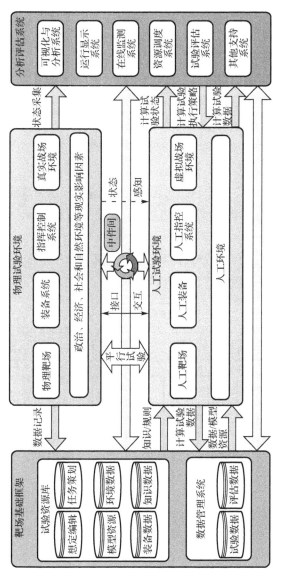

图 9-16　平行试验系统功能描述模型（SV-4）

① 物理试验环境。主要包括物理靶场、装备系统、指挥控制系统、真实战场环境及政治、经济、社会和自然环境等现实影响因素，这些都是真实的靶场试验条件，其运行过程是真实的人在真实的试验环境中操作真实的装备进行的试验。

② 人工试验环境。具体包括人工靶场、人工装备、人工指控系统（指挥与控制系统）及虚拟战场环境等要素，其中，人工系统是基于多 Agent 建模、行为建模和计算机仿真技术等构建的数字环境。该系统是对现实靶场的映射和拓展，既可利用虚拟的系统单元和现实靶场的武器单元构建信息化的网络系统，也可利用虚拟的战场空间和兵力构成对抗态势，从而将现实靶场中的武器装备或装备系统置于作战环境中。

③ 靶场基础框架。主要包括试验资源库、数据管理系统和中间件。其中，试验资源库主要包括想定编辑（工具）、任务策划（工具）、模型资源、环境数据、装备数据及知识数据等资源；数据管理系统主要包括试验数据和评估数据等；中间件主要包括时间管理系统、数据分发系统及运行管理系统等，用于实时信息交换。

④ 分析评估系统。主要包括可视化与分析系统、运行显示系统、在线监测系统、资源调度系统、试验评估系统及其他支持系统等，负责对试验进行分析和评估。

平行试验系统主要包括资源管理、数据采集、服务管理、业务处理及分析评估等功能模块，如图 9-17 所示。

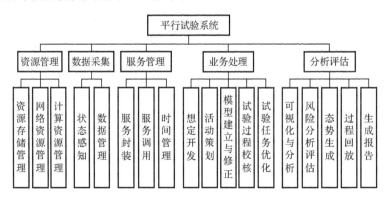

图 9-17　平行试验系统的功能模块

（2）系统接口描述模型（SV-1）。在平行试验中，物理系统、人工系统、试验资源库、分析评估系统、中间件、数据管理系统及试验角色管理系统之间均存在接口关系，并且不止一条接口关系（为简化图形复杂度仅描述一条接口关系），由此可知平行试验的体系构成关系比较复杂，节点间的连接及交互关系多样。平行试验系统接口描述模型（SV-1）如图 9-18 所示。

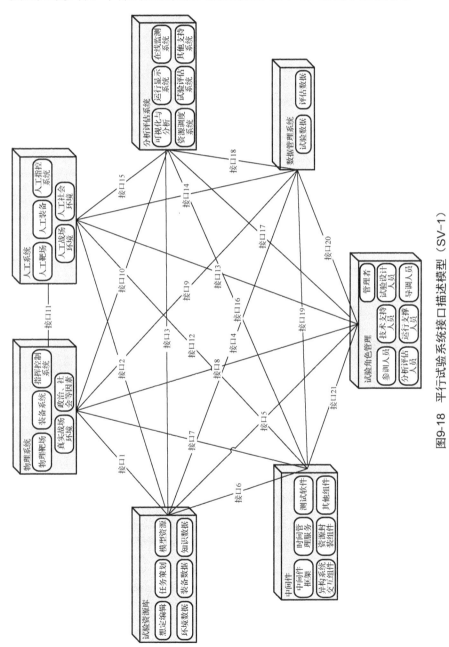

图9-18　平行试验系统接口描述模型（SV-1）

（3）业务活动到系统功能追溯矩阵（SV-5）。平行试验业务活动到系统功能追溯矩阵主要体现平行试验系统的业务视图与系统视图之间的关系，描述试验活动与系统之间的映射关系。业务活动来自业务视图中的活动模型，系统功能与 SV-4 中的系统功能一致。平行试验的业务活动到系统功能追溯矩阵见表 9-1。

表 9-1　平行试验的业务活动到系统功能追溯矩阵（SV-5）

子系统	资源管理能力	数据采集能力	服务管理能力	业务处理能力	分析评估能力	人员管理能力
资源管理	★	□	★			
数据采集	★		□	□		
服务管理	★	△		△	△	△
业务处理	★	□	△	★	□	
分析评估	★	△			★	
角色管理	★					△

注：★表示全部功能已经提供并部署，□表示功能已经列入计划但还没有开发出来，△表示部分系统功能已经提供（或全部已经提供但系统没有部署），空白单元格表示对该业务没有支持系统或是业务活动和系统功能之间没有支撑关系。

9.4　试验装备体系虚实交互设计

在技术上，实装、模拟器和虚拟兵力之间横亘着几座大山，隔断了实况模型、虚拟模型和构造模型之间的交互，阻止了三类仿真模型之间的互操作。

试验装备体系三类仿真实体之间及与导调系统之间，涉及互操作的交互信息可分为两类：

（1）导调系统、实况仿真实体上的指挥信息系统、模拟器上的指挥信息系统与计算机生成兵力的指挥控制模型间的指控信息，其在交互内容上由指挥信息系统决定；在交互方式上，实装由无线通信设备收发，模拟器由有线网络模拟的无线通信设备收发，虚拟兵力由仿真框架的通信软件收发。

（2）三类仿真实体间产生直接影响的互操作，如射击、电子干扰等行为，对战场环境、敌方装备产生的影响需要实时传输给实装、模拟器仿真系统及虚拟兵力仿真系统。

上述两类交互信息，都需要建立实装和模拟器、虚拟兵力之间的交互通信通道。实装接入系统，能够提供实装无线电台和模拟器模拟电台、虚拟兵力仿真框架间稳定的交互通信。而指挥信息系统和虚拟兵力之间的指挥控制模型的交互，涉及人机交互问题，是实装或模拟器中的"实际人"和虚拟兵力中的"虚拟人"之间的交互，需要通过虚实转换接口，实现上下级顺畅的指挥控制，保证"令行禁止"。

9.4.1　实装接入系统设计

实装接入系统，解决实装和模拟器、虚拟兵力之间互操作的通道问题。

该系统的主要功能是实时采集实装的状态信息（如位置、速度、射击及被命中等）、实时计算实装的姿态、实时提供战场环境，以及实现与内场的实时信息交互。理想的实装接入方式为：试验场景为实装外场实际场景，实装在外场进行作战试验活动，与实战不一样的是乘员不直接观察外场场景，而是通过嵌入式战场环境模拟系统观察战场，实装的位置信息通过运动学方法实时计算（北斗定位系统仅提供初始位置和时间），其难点是内场信息与嵌入式系统的实时交互。

拟依托实装接入中心实现外场实际装甲装备和培训试验系统电台模拟器互联，为构建一个集虚拟平台、模拟器和实装于一体的培训试验环境提供支撑。

（1）总体结构。实装接入系统总体结构如图 9-19 所示。

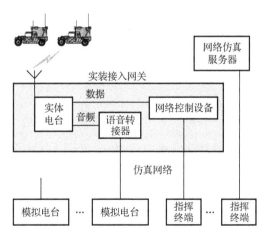

图 9-19　实装接入系统总体结构

该系统包含车载实体电台、网络控制设备及语音转接器等。实体电台与

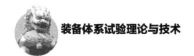

网络控制设备相连，形成实装接入网关。该部分连入试验系统仿真网络，实现与仿真网络中相关模拟器、虚拟兵力的连接；以无线信道实现与外场实装中相应车载电台的连接。以该实装接入网关为基础，实现试验系统电台模拟器与外场车载实体电台的信息互通。实装接入系统自动转发来自外场实装及试验系统中模拟器、虚拟兵力的交互信息并进行格式转换，实现三类试验实体间的信息互通。

（2）功能设计

① 数据业务。实体电台数据采集后按照虚拟节点和电台模拟器帧格式进行打包、分帧，实现实体电台、虚拟节点和模拟电台数据的互联、互通。

② 语音业务。外场装甲装备实体电台语音经本地电台采集获得后，通过重新编码实现与培训试验系统模拟电台语音互通。模拟电台语音经过编码后交由电台转发至外场装甲装备实体电台。

③ 参数匹配。通过网络控制设备读取实体电台参数，交由仿真网络进行模拟器与实体装备参数匹配，实现模拟器与实体装备互联互通前的参数匹配控制。

④ 路由协议转换。实现两种功能，一是实体节点所在的战术电台子网路由信息由仿真网络可识别；二是仿真网络中虚拟节点路由信息由实体节点可识别。

虚拟节点与实体节点混合组网，采取实体网络之间与虚拟网络之间通过路由重分布的方式进行路由信息交互，即实体网络之间运行 WRIP 协议，虚拟网络之间运行 FRP/OSPF 等其他协议，两个网络之间在接入点进行路由重分布。实体节点所在战术电台网路由信息解析，可由仿真网络识别，实现网络动态路由分布。

9.4.2　虚实接口设计

虚实接口，用于解决实装或模拟器中的"实际人"和虚拟兵力中的"虚拟人"之间的交互问题，实现上下级顺畅的指挥控制，保证"令行禁止"。目前，虚实接口不包括语音指挥命令的转换接口。

实兵操作席位以人在环仿真和半实物仿真环境为主，采用真实的信息系统指控软件，而仿真系统以数学仿真为主，利用计算机生成的虚拟兵力对指挥信息进行响应并反馈效果。在指挥信息系统中，主要采用指挥信息建模方式，通过军事报文等传递信息；在仿真系统中，主要采用程序式语义的信息语义建模方法，以便采用计算机理解的结构化数据来传递信息，将对信息的理解固化到特定的代码逻辑中。由于二者数据定义的类型、取值量纲及表现形式、存储形式和传递形式等多有不同，造成两个系统的数据不能彼此直接交互理解，需要进行桥接转换。

国外主要研究的 LVC 集成技术及 TENA 中间件就是为了解决虚实交互的问题，但目前国内对指挥信息系统和仿真系统之间的信息互操作，尤其是语义层次上的互操作研究较少。

为提高指挥信息系统与作战仿真系统之间的互联、互通、互操作能力，实现两者的无缝集成，从分析作战过程的指挥信息入手，根据指挥信息系统和作战仿真系统之间交互的数据特点，探索基于云仿真平台的概念，以装备体系对抗模拟环境为中心服务器，在 LVC 仿真框架的基础上，采用 SOA 和 SOS 体系架构方法，构建开放式协同模拟框架，其他半实物或实装系统作为客户端，可根据需求动态加入系统，双方通过数据交互操作实现协同仿真，以数据的产生和运用为纽带实现其他辅助功能的交互操作。如图 9-20 所示，仿真中心服务器通过高速网络实现与半实物模拟器、实装系统、综合显示系统、导调控制系统和考核评估系统等的互联互通，提供仿真数据服务。

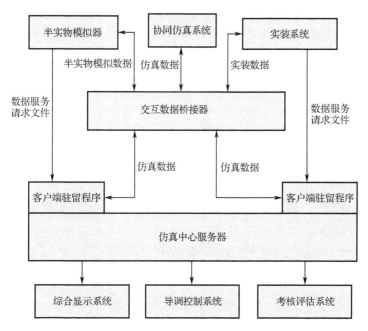

图 9-20　基于 SOA 和 SOS 的系统组成示意图

（1）指挥信息系统数据采集技术。该技术主要用于采集各作业人员在培训、训练和试验过程中收发的战术报文、文书和信息系统的操作记录。指挥信息系统的数据采集节点多、操作系统类型多，现有指挥信息系统软件采用非标准控件，且各军兵种和各专业具有不同的报文格式和传输协议，导致采集对象数量大、情况复杂，难以采用常规方法进行采集。系统采用 API 截获、动态库劫持和数据库触发器等技术，能够截获指挥信息系统交互的战术数据短报文、实时报文及文电信息，具有效率高和无丢包率等特点，且能较好地解析报文内容。同时，采用虚拟对象标注技术能够较好地获取非 Windows 标准控件上的操作信息。

（2）异构数据的实时转换技术。针对指挥信息样式复杂的难题，建立命令格式、命令匹配字典与格式化文书相对应的数据库，实现对各种格式信息的解析。同时，运用虚拟超级用户代理技术、交互信息格式自动转换技术实现实装与虚拟兵力之间的信息交换。交互信息格式自动转换技术通过数据解析、报文头替换等方法将 VMF 报文、文电和实时报文在数据支持分系统与指挥信息分系统间进行转换，实现两个分系统的互连互通。

应用虚实交互技术建立虚实交互转换桥接器，实兵可以通过实装指挥软件产生的指挥信息与虚拟兵力进行实时交互，控制作战仿真过程中的各种作战行动，将指挥员决策过程与实装软件系统、作战仿真系统结合起来，实现指挥员在逼真战场环境中依托实装指挥系统，实时掌控、指挥部队战斗行动，取得接近实战的训练或试验效果。

参考文献

[1] 刘奥，姚益平. 基于高性能计算环境的并行仿真建模框架[J]. 系统仿真学报，2006，18（7）：2049-2051.

[2] 周玉芳，余云智，翟永翠. LVC 仿真技术综述[J]. 指挥控制与仿真，2011，32（4）：7.

[3] STEINMAN J S, LAMMERS C N, Valinski M E. A unified technical framework for net-centric systems of systems, test and evaluation, training, modeling and simulation, and beyond[A]. 2008, 08F-SIW-041.

[4] BAGRODIA R L, LIAO W T. Maisie: a language for the design of efficient discrete-event simulations[J]. IEEE Transactions on Software Engineering,

1994, 20(4):225-238.

[5] WILMARTH T L, KALE L V. POSE: getting over grainsize in parallel discrete event simulation[C]// International Conference on Parallel Processing. IEEE, 2004.

[6] 徐林，姚益平，蒋志文. 基于 RTX 扩展的 Windows 2000/XP 系统实时性分析[J]. 系统仿真技术及其应用，2008，10（7）：698-701.

[7] HILL M D, MARTY M R. Amdahl's Law in the Multicore Era[J]. Computer, 2008, 41(7): 33-38.

[8] U.S. DoD. TENA——The Test and Training Enabling Architecture Reference Document. Version 2002[R]. USA: U.S.DoD, 2002.

[9] 王国玉，冯润明，陈永光. 无边界靶场——电子信息系统一体化联合试验评估体系与集成方法[M]. 北京：国防工业出版社，2003.

[10] 王小伟，张连仲，薄云蛟. 试验体系及体系设计研究[J]. 装备学院学报，2014，25（1）：103-107.

[11] 游光荣，张英朝. 关于体系与体系工程的若干认识和思考[J]. 军事运筹与系统工程，2010，24（2）：13-20.

[12] ZEIGLER B P, MITTAL S. Enhancing DoDAF with a DEVS-based system lifecycle development process[C]// IEEE International Conference on Systems. IEEE, 2006.

[13] 梁振兴. 体系结构设计方法的发展及应用[M]. 北京：国防工业出版社，2012.

[14] 王飞跃. 人工社会、计算实验、平行系统——关于复杂社会经济系统计算研究的讨论[J]. 复杂系统与复杂性科学，2004，1（4）：25-35.

[15] WANG F Y. Artificial societies, computational experiments, parallel systems; a discussion on computational theory of complex social-economic systems[J]. Complex Systems and Complexity Science,2004,1(4):25-35.

[16] 王飞跃，杨坚，韩双双，等. 基于平行系统理论的平行网络架构[J]. 指挥与控制学报，2016，21（1）：71-77.

[17] WANG F Y, LIU D R, XIONG G, et al. Parallel control theory of complex systems and applications[J]. Complex Systems and Complexity Science, 2012, 9(3):1-12.

[18] 邱晓刚，张志雄. 通过计算透视战争——平行军事体系[J]. 国防科

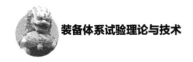

技，2013，34（3）：12-17.

[19] 杨雪榕，范丽，王兆魁. 武器装备体系平行试验概念与方法的讨论[J]. 国防科技，2013，34（3）：18-22.

[20] 孙黎阳，楚威，毛少杰，等. 面向 C4ISR 系统决策支持的平行仿真框架[J]. 控制信息系统与技术，2015，6（3）：56-61.

[21] 曹裕华. 武装备体系试验与仿真[M]. 北京：国防工业出版社，2016.

[22] 董志明. 面向体系对抗的平行训练理论方法研究[J]. 装甲兵工程学院学报，2016，30（1）：63-68.

[23] 曹维，何新华，别晓武，等. 基于多层次多视图的装甲指控系统体系研究[J]. 装备学院学报，2014，25（6）：118-121.

[24] 董志明，高昂，郭齐胜，等. 基于 LVC 的体系试验方法研究[J]. 系统仿真技术，2019，15（3）：170-175.

（试验评估）

第10章

装备体系试验评估基础

试验评估是开展装备体系试验的重要内容之一。通过对体系试验数据（包括外场试验数据、内场试验数据、装备使用及作战训练与战术演习数据、试验资料档案数据、装备研制及试验数据等）进行统计分析和处理，评估被试装备的作战适用性、作战效能及体系贡献率，给出评估结论和相关建议。本章简要阐述装备体系试验评估基础，内容包括装备体系试验评估的原则与思路、流程与方法、技术要点及评估类型与结论。

10.1　装备体系试验评估原则与思路

装备体系试验评估首先应明确评估原则与思路。

10.1.1　评估原则

作战试验评估是按照作战试验设计内容完成全部作战试验任务后，通过对在作战试验过程中采集的真实有效的试验数据进行整理、分析和评估，进而得出评价结果的过程。作战试验评估应聚焦装备的作战效能、作战适用性和体系适用性的评估，充分体现被试装备作战试验的基本任务目标，明确回答决策者所关注的被试装备的作战性能问题，对作战试验过程中被试装备的优势及存在的问题缺陷给出客观公正的综合评估结论。作战试验评估应遵循以下基本原则：

（1）准确客观。作战试验评估应全面描述作战试验大纲的执行情况，客观真实反映作战试验科目的实施情况。具体地讲，就是在逼真的战场环境构设条件下，从作战试验实施中获得的试验数据量非常充分，足以支持对装备作战效能、作战适用性及体系适用性的评估；试验实施计划、数据采集与处理及评估结果分析等都有清晰而准确的试验报告支持，试验过程可追溯、质量可监控；试验实施、数据处理及分析评估等不受外部和个人偏见的影响，独立权威、结论可信。

（2）系统全面。作战试验评估应系统全面地评估被试装备在实际作战条件下的作战效能、作战适用性、体系适用性，以及重要战技指标阈值是否满足要求，是否存在重大系统缺陷或作战缺陷等，并对未来的作战试验鉴定和装备改进升级提出意见和建议。作战试验评估应做到要素齐全、内容完整，以便于决策者参考。

（3）方法规范。在作战试验评估中应采用适合不同评估指标体系特点和指标性质的评估方法，以便有针对性地对不同指标体系进行客观准确的评估。在选择评估方法时，需要按照相同的数据处理、权重确定及阈值选择等方法，对指标体系进行分析评估。作战试验评估方法的选择应能够符合客观实际情况，体现指标间的内在联系。

10.1.2 评估思路

装备作战试验评估以作战试验评估目标为出发点，将装备作战效能、作战适用性和体系适用性评估指标体系作为依据基础，从被试装备作战试验中获取试验数据，参考研制总要求、作战条令、军事训练大纲、基地试验数据、以往演训数据及外军数据等相关文件内容、数据和要求，依托作战试验数据采集评估系统、作战试验仿真系统等的支撑，采用定性评估与定量评估相结合、实装评估与仿真评估相结合及专项评估与综合评估相结合等方式方法，全面反映被试装备在多种使命任务下完成作战任务的能力，科学分析该装备在作战效能、作战适用性及体系适用性等方面存在的问题，并结合作战试验中装备技术和质量问题的统计结果，提出对被试装备的作战编成、战术运用、器材备件及维修保障等诸多方面的意见和建议，为该装备在战术技术性能、作战适用性及体系适用性等方面提出改进和提升意见及建议、决策该装备质量是否满足定型要求，以及优化装备体系编配等提供数据支撑和有力的参考。装备作战试验评估总体思路如图 10-1 所示。

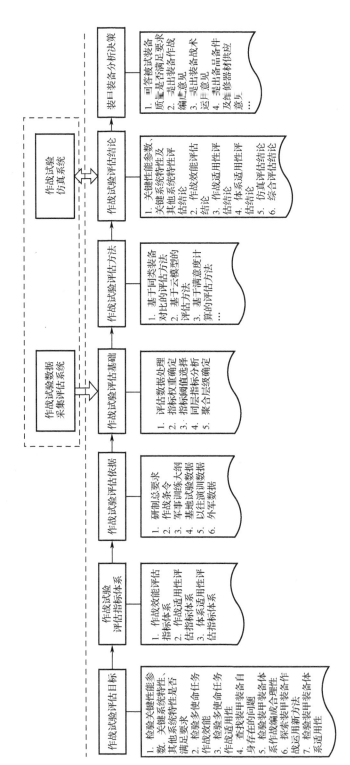

图 10-1　装备作战试验评估总体思路

10.2　装备体系试验评估流程与方法

为确保评估结论的科学合理，应从多个角度、多种粒度对被试装备进行评估，全面反映其作战效能、作战适用性等各种能力的表现，及时发现装备存在的问题，并对装备是否通过装备定型提出参考建议，为装备决策提供依据。

10.2.1　评估流程

装备作战试验评估流程如图 10-2 所示。

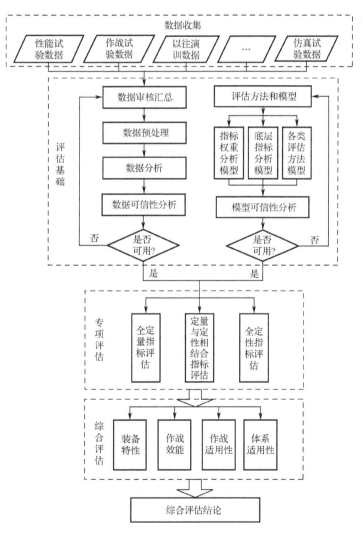

图 10-2　装备作战试验评估流程

　　根据装备作战试验评估的总体思路，作战试验评估主要流程包括：评估数据准备（数据收集+评估基础）、专项评估、综合评估和综合评估结论等环节。其中，评估数据准备主要是根据作战试验实施过程中采集的作战试验数据，并结合装备前期性能试验数据、以往演训数据和仿真试验数据等，在经过数据的审核汇总、预处理和分析后，筛选出可用于评估的有用数据。同时，在评估方法和模型选择中应用指标权重分析模型、底层指标分析模型及各类评估方法模型，通过对各类模型进行可信性分析，选取最适合的试验评估分析方法模型，进入作战试验评估环节。

　　每项底层指标都有其特定含义，有的可以直接测量得到，有的则需要公式计算或归一化处理，视具体情况而定。以某型坦克可靠性为例，其主要参数之一是平均故障间隔时间，表示坦克发生两次相邻故障的平均间隔时间。对此可以先记录坦克发生故障的时间，再通过简单计算得到试验结果。坦克故障在作战任务各个阶段都可能发生，阶段不同则平均故障间隔时间也不同。如在远程机动阶段，不考虑装备操作水平，坦克主要受道路选择和自身性能影响，其平均故障间隔时间接近设计定型试验测量结果；而在战术突击阶段，坦克除受作战地形、自身性能及使用者操作水平等影响，还会面临对手的火力打击与各种干扰，导致平均故障间隔时间缩短。通过上述分析，两个不同阶段的同一层次不需要聚合，也不需要向上层聚合就可以说明问题，用于判定的目标值和门限值由专家确定，通过比较可以判断其是否满足作战情况，并针对明显缺陷查找原因。

　　作战试验评估分为专项评估和综合评估两类。

　　（1）专项评估。装备作战试验专项评估根据评估指标的性质可以分为全定量指标评估、定量与定性相结合指标评估及全定性指标评估3类。对于全定量指标评估，当前专家学者研究得较多也较为深入。在作战试验实际中应用比较多的有层次分析法、TOPSIS法、加权和及加权积评估算法等评估方法。由于全定量指标评估完全依赖于在作战试验实施过程中采集获取大量实测的数据，以及作战试验仿真推演中产生的数值数据，缺乏对某些不能用数值衡量的定性指标的判定，在评估结论上难以更加真实客观地反映装备作战试验中出现的某些实际情况。因此，在作战试验评估方法上，应重点针对装备作战试验中定量与定性相结合的指标体系及全定性指标体系的评估进行研究。应用实践表明，基于云模型和满意度计算的两种评估方法能够有效评估作战试验中定量与定性相结合的指标体系和全定性指标体系，从而为装备作战试验的专项评估提供有力支撑。

（2）综合评估。装备作战试验综合评估主要根据被试装备作战试验实施过程中采集的试验数据，结合作战效能、作战适用性及体系适用性 3 方面评估指标体系，给出对被试装备作战试验的综合评估结论。综合评估主要回答装备作战任务完成率、总体任务满意度。当与同类装备进行对比时，还要给出该装备综合作战能力的提升程度。装备作战试验综合评估可以是针对被试装备的作战效能、作战适用性和体系适用性中的某一项所给出的综合评估结论，也可以是决策者关注的被试装备某两项或者该装备的整体综合评估结论。装备作战试验综合评估主要通过相应的评估方法及评估过程，给出被试装备的综合评估结论，提出存在的主要问题，以及对装备编配、作战运用、操作使用和维护等方面的意见和建议等，为决策者进行决策提供全面客观的参考支撑。

10.2.2　评估方法

作战试验评估采取定性与定量评估相结合、单项评估与综合评估相结合及专家评估与仿真评估相结合的方式，将已分析整理的试验数据作为评估指标体系底层指标输入值，从作战效能、作战适用性和体系贡献率 3 方面进行评估，每种评估对应不同的评估指标体系，每种评估结果可以作为其他评估过程的参考。对于定量评估指标，通常根据数学模型直接进行计算；对于定性评估指标，通常采用专家评分法和问卷调查法进行数据统计；对于具有对抗背景的评估指标（通常指体系贡献率评估指标），通常采用仿真评估的方法获取评估数据，依据部队独立评估报告、仿真评估的结论，召开装备作战试验鉴定会，依据专家意见综合提出作战试验评估结果。

目前，装备作战试验评估主要有两种：基于效能（能力或指标）驱动的评估和基于行动任务驱动的评估。评估方法主要有主观评定法（如会议评估法、Delphi 法和主观概率法等）、统计分析法（如抽样调查、参数估计、假设检验、回归分析和相关分析等）、数学解析法（如兰彻斯特方程、系统动力学模型、贝叶斯网模型、Petri 网法、影响图建模分析法、ADC 方法、SEA 方法、层次分析法、模糊评估法、灰色评估法和信息熵评估法等）及仿真模拟法（如数值模拟方法、模拟试验方法、探索性分析方法和基于 Agent 和复杂网络的仿真建模方法等）。前 3 种方法（拟线性近似方法）主要用于基于效能驱动的作战试验评估；仿真模拟法主要用于基于行动任务驱动的作战试验评估。但由于影响装备作战试验的因素很多，特别是信息化装备体系效能

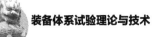

指标呈现网络结构。如何建立含义明确、可操作的作战试验评估模型，以客观、准确地描述装备在规定条件下完成作战行动任务的能力，成为装备作战试验与评估开展前应研究、解决的问题。

（1）定量评估。装备作战试验定量评估是依据装备作战试验的任务、需求、计划、项目、实施、总结与评估的要求，通过对试验过程中量化可测度信息的采集与处理而得出试验结论的一种方法。

（2）定性评估。装备作战试验定性评估以人的主观判定为基础，利用人的综合分析能力，直接面向试验所关注的核心问题从宏观和整体的角度进行评估，反映试验对象的整体性特征。装备作战试验定性评估指标体系如图 10-3 所示。其包括两项指标：一是基本满意度，即试验人员对装备在整个试验过程中的总体表现的认可程度；二是专项满意度，即试验人员对装备排除各种影响因素以保持良好作战状态的能力的认可程度。装备作战试验定性评估内容（项目）如图 10-4 所示。

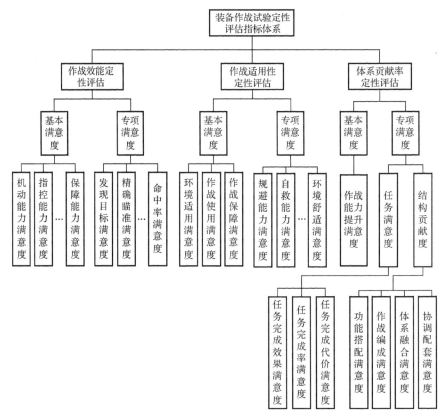

图 10-3　装备作战试验定性评估指标体系

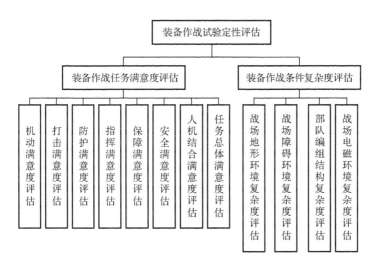

图 10-4　装备作战试验定性评估内容（项目）

10.3　装备体系试验评估技术要点

装备作战试验评估是一个复杂的过程，不仅要选择科学、合理、有效的评估方法，在整个评估过程中还需要对作战试验采集的试验数据进行处理分析，往往会遇到底层评估指标处理、指标权重确定、评估指标阈值选择、同层指标分析及聚合层级确定等一系列数据处理问题。这些问题是开展装备作战试验评估的基础。

10.3.1　评估数据处理

装备作战试验评估数据处理是使评估指标数据规范化，根据作战试验评估指标的性质可将评估指标体系中的指标分为定量指标和定性指标，并对其进行分析处理。评估数据处理的目的是通过判断评估指标类型，对指标进行无量纲化和归一化处理，为作战试验评估指标最终向上聚合奠定基础。

10.3.1.1　数据处理步骤

具体评估数据处理步骤如下：

（1）指标类型判断。评估指标无论是定量指标还是定性指标，其指标值都可以分为成本型、效益型、固定型（适中型）、偏离型、区间型和偏离区间型等。例如火炮的射击反应时间、射击精度等指标值，通常认为其越小越好，称为成本型指标；而火炮的有效射程、坦克的平均机动速度等指标值，

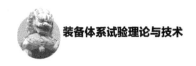

通常认为其越大越好，称为效益型指标。为了便于对指标值的大小进行统一的度量判断，需要对评估指标值进行必要的判断处理。

（2）指标无量纲化。对于多目标评估而言，不同指标具有不可公度性，即不同指标具有不同的度量单位（量纲）。无量纲化就是要将这些指标的量纲去掉，改用统一标准的数值大小反映指标属性值的优劣。

（3）指标归一化。在装备作战试验评估指标中，不同指标的数值大小差别很大。例如火炮的射击反应时间以秒为单位，数量级通常是个位或十位；而火炮的有效射程则以米为单位，数量级通常是千位、万位甚至更高。指标归一化的目的就是把这些不同数量级单位的指标值统一变换到[0,1]区间，以便不同指标之间进行比较评估。

10.3.1.2　定量指标数据处理

在处理定量指标时，假定原始指标转化为不受量纲影响的指标时呈线性关系，通常采用直线型方法。但在很多实际情况下，指标实际值的变化对量化的影响并不是等比例的，可采用折线型、给定区间型及曲线型等方法，使定量指标处理更加接近实际。下面重点介绍直线型、折线形及给定区间型 3 种方法。

（1）直线型方法。直线型方法主要包括标准值法、Z-Score 法和比重法等。

① 标准值法。即指标原始值 x_i 与该指标的某个标准值相对比，从而使指标原始值转化成指标处理值 y_i 的方法。标准值确定可采用极大值或极小值等实际值，也可采用满意值、不允许值等。几种标准值法参照表见表 10-1。其中，$1 \leqslant i \leqslant m$（$m$ 为指标实际值的数量），$0 < k < 100$，$q=100-k$。

表 10-1　几种标准值法参照表

序号	公　　式	影响评估因素	评估范围	特　　点
1	$y_i = \dfrac{x_i}{\max x\{x_i\}}$	$x_i, \max\{x_i\}$	$\left[\dfrac{\min x_i}{\max x_i}, 1\right]$	指标处理值随原始值增大而增大，处理值不为零，处理值最大为 1
2	$y_i = \dfrac{\max x_i + \min x_i - x_i}{\max x_i}$	$x_i, \max x_i,$ $\min x_i$	$\left[\dfrac{\min x_i}{\max x_i}, 1\right]$	指标处理值随原始值增大而减小，用于成本型指标的无量纲化
3	$y_i = \dfrac{\max x_i - x_i}{\max x_i - \min x_i}$	$x_i, \max x_i,$ $\min x_i$	$[0,1]$	指标处理值随原始值增大而减小，用于成本型指标的无量纲化

续表

序号	公　式	影响评估因素	评估范围	特　点
4	$y_i = \dfrac{x_i - \min x_i}{\max x_i - \min x_i}$	$x_i, \max x_i,$ $\min x_i$	$[0,1]$	指标处理值原始值增大而增大，处理值的最小值为 0，最大值为 1
5	$y_i = \dfrac{x_i - \min x_i}{\max x_i - \min x_i} k + q$	$x_i, \max x_i,$ $\min x_i, k, q$	$[q, k+q]$	指标处理值随原始值增大而增大，处理值最小为 q，最大为 $k+q$

② Z-Score 法。即通过不同量纲的指标原始值进行比较，按照统计学原理求取指标处理值 y_i 的方法，其计算公式如下：

$$y_i = \frac{(x_i - \bar{x})}{s} \tag{10-1}$$

式中，$\bar{x}$，s 分别为均值和方差；指标原始值 x_i 与指标处理值 y_i 的关系参见图 10-5。从指标处理值分布情况来看，其分布在零的两侧，当指标原始值大于平均值时，指标处理值为正；当指标原始值小于平均值时，指标处理值为负。与标准值法相比，Z-Score 法利用原始数据的所有信息，同时对样本量提出更大需求。

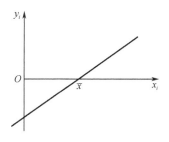

图 10-5　Z-Score 法示意图

③ 比重法。即将指标原始值转化为其在指标值总和中所占的比重，计算公式如下：

$$y_{ij} = \frac{x_{ij}}{\sum\limits_{i=1}^{n} x_{ij}} \tag{10-2}$$

$$y_{ij} = \frac{x_{ij}}{\sqrt{\sum\limits_{i=1}^{n} x_{ij}^2}} \tag{10-3}$$

（2）折线型方法。指标原始值处于不同区间时，对被评估对象的影响并

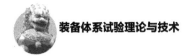

不一定一样。当 x_i 小于某个点 x_m 时，x_i 变化对综合水平影响较大，指标处理值 y_i 有较大变化；当 x_i 大于某个点 x_m 时，x_i 变化对综合水平影响较小，此时指标处理值 y_i 应变化较小。对于这种情况，应采用折线型方法分段进行无量纲处理，其计算公式如下：

$$y_i = \begin{cases} 0, x=0 \\ \dfrac{x_i}{x_m}y_m, 0<y_m<1, 0<x\le x_m \\ y_m+\dfrac{x_i-x_m}{\max x_i-x_m}(1-y), x>x_m \end{cases} \quad （10\text{-}4）$$

式中，$1\le i\le n$。指标原始值 x_i 与指标处理值 y_i 的关系参见图 10-6。

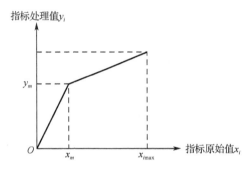

图 10-6　折线无量纲化方法示意图

（3）给定区间型。设给定的最优区间为 $[x^0-x^*]$，x' 为最低下限，x'' 为最高上限。其计算公式如下：

$$y_i = \begin{cases} \dfrac{1-(x^0-x_i)}{(x^0-x')}, x'<x_i<x^0 \\ 1, x^0\le x_i\le x^* \\ \dfrac{1-(x_i-x^*)}{(x''-x^*)}, x''>x_i>x^* \\ 0, 其他情况 \end{cases} \quad （10\text{-}5）$$

指标处理值 y_i 与指标原始值 x_i 之间的关系参见图 10-7。

10.3.1.3　定性指标数据处理

定性指标分为名义指标和顺序指标两类。其中，名义指标是只有代码，不能真正量化的一种类型指标，如装备分类：陆军装备、空军武器、海军武器及火箭军武器等；而顺序指标是可以量化的，如优、良、中、差或及格、不及格等。本书中涉及的定性指标均指顺序指标，定性指标数据处理方法是指顺序指标量化的方法，其数据处理步骤如下：

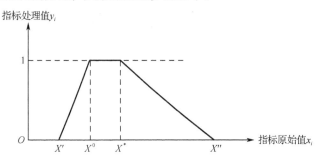

图 10-7　最优指标为区间时的数据处理

（1）分解指标。在已有评估指标体系的基础上，对于过于宏观和模糊及不便于理解和主观判断的定性指标，通常需要进行必要的分解使指标含义的指向性更强，以便于给出相对客观的判断值。

（2）确定评判等级及量化。其中涉及的定性指标均指顺序指标，通常需要进行等级划分。根据评估方法和习惯不同可按多种等级划分方法评判，如优、良、中、差，甲等、乙等、丙等或及格、不及格等。等级确定后将定性指标按照不同等级进行量化并求取标准分表。

（3）制定评分表或问卷调查表。采用专家评分或问卷调查等方式制定评分表或问卷调查表，并选取适量且满足要求的人员打分或以填表的形式，获取作战试验定性指标数据。

10.3.2　试验数据分析

作战试验数据分析可以采用失效模式与影响分析（FMEA）的方法，它是可靠性设计的一种重要方法，也是一种系统化的过程分析技术。FMEA 采用结构化的系统程序方法，对产品或过程可能出现的各种故障模式及其影响、故障原因进行分析，评估故障模式发生概率和难检度，根据计算的风险数制定改进措施。引入 FMEA 技术分析作战试验过程出现的各种结果，通过分析试验过程已经存在的问题模式，评估其发生的可能性、产生的影响程度和难检度，建立风险评估模型，并根据评估情况识别过程中的薄弱环节，制定改进措施。

FMEA 的一般分析步骤如下：

（1）明确分析范围。分析范围为装备体系试验全过程。

（2）分析问题模式。这里将"故障模式"改称为"问题模式"，主要指通过分析试验过程的功能，根据实践经验、统计记录等归纳试验过程的问题模式。

（3）评估问题模式影响的严重程度（S）。根据专家意见，制定各种可能的问题模式造成影响的严重度 S 的评定准则及其等级，并经专家讨论制定各个等级量化标准，见表 10-2。

表 10-2　严重度 S 的评定准则

评 定 准 则	严 重 等 级	严 重 度
该问题模式导致严重的安全事故发生	灾难	9～10
该问题模式导致试验不能正常开展	致命	7～8
该问题模式导致试验需要耗费大量人力物力进行补救	临界	5～6
该问题模式影响程度一般	轻度	1～4

（4）分析问题模式产生的原因。针对每个问题模式，通过咨询有关人员，列举造成每一种问题模式的原因，见表 10-3。

表 10-3　问题模式原因分析

问 题 模 式	可能的过程原因
指挥机构之间不能互联互通	装备技术体制不统一
武器装备体系整体联通性差	装备信息传输接口类型多样

（5）评估问题模式发生概率（O）。根据专家意见，将问题模式发生概率分为非常高、高、中等、低和极低 5 个等级，并经专家讨论制定各个等级量化标准，见表 10-4。

表 10-4　发生概率 O 的评定准则

评 定 准 则	发生概率等级	发 生 度
必然发生	非常高	9～10
问题经常发生	高	7～8
偶有问题发生	中等	5～6
很少发生问题	低	3～4
基本不发生问题	极低	1～2

（6）评估现有条件下问题模式的难检度（ *D* ）。根据专家经验，确定每个问题模式的难检度（难以分析检测的程度）的评定准则及其等级，并经专家讨论制定各个等级的量化标准，见表 10-5。

表 10-5　难检度 *D* 的评定准则

评　定　准　则	难检度等级	难　检　度
很难检测分析出问题模式	非常高	9～10
较难检测分析出问题模式	高	7～8
基本可以检测分析出问题模式	中等	5～6
可以检测分析出问题模式	低	1～4

（7）计算风险顺序数 R_{PN}（Risk Priority Number）。其计算公式如下：

$$R_{PN} = SOD \qquad (10\text{-}6)$$

式中，*S* 为评估严重度；*O* 为频度；*D* 为探测度。

（8）根据分析结果制定改进措施。

综上所述，FMEA 的分析步骤如图 10-8 所示。

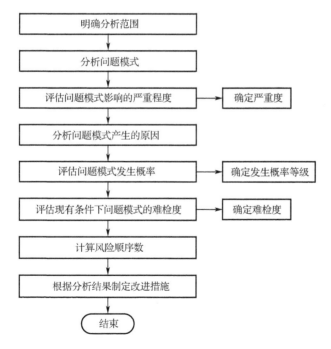

图 10-8　FMEA 的分析步骤

FMEA 对每个问题模式的分析结果为风险顺序数，它反映武器装备体系试验在这个可能的问题模式上存在的风险大小。风险顺序数越大，表明对应的问题模式的风险越大；反之，则表明该问题模式的风险越小。对于风险数比较大的试验问题模式，需要采取改进措施。

10.3.3 指标权重确定

装备评估指标体系是一个复杂的大系统，其由众多指标相互联系、相互作用而构成。指标体系中的一个指标仅反映总体的某一方面特征，要想全面评估装备作战效能、作战适用性及体系适用性的总体情况，就要综合考虑这些指标。评估指标体系中各指标的重要程度不同对评估结论的影响也不同，指标的权重就是评估指标的相互重要程度，即指标重要性的权数。为了体现装备作战试验评估指标体系中各个评估指标在体系中的地位作用及重要程度，需要对各个指标赋予不同的权重。确定权重的方法可以根据计算权重时原始数据的来源不同分为主观赋权法、客观赋权法和组合赋权法。

（1）主观赋权法。主观赋权法主要是装备论证、作战试验及装备使用领域等各方面的专家学者根据被试装备所处的背景条件和评估者的意图，以及相关领域专家的知识和经验积累，对指标体系中的各个指标给出权重系数，在权重确定时虽然结合了众多专家的知识积累和工作经验，但有较大的主观随意性。主观赋权法的主要方法有德尔菲法、相对比较法、连环比率法、PATTERN 法、集值迭代法、最小平方和法、特征向量法、AHP 法、网络层次分析法等。

（2）客观赋权法。客观赋权法的权重确定主要来源是装备作战试验实施过程中评估矩阵的实际试验数据。作战试验评估指标体系各个指标的权重系数具有绝对的客观性。但如果仅考虑试验数据自身的结构特性，有时会出现重要指标的权重系数小而不重要指标的权重系统大的不合理现象。客观赋权法的主要方法有熵值法（IEM）、主成分分析法、逼近理想点法及变异系数法等。

（3）组合赋权法。组合赋权法综合了主观赋权法和客观赋权法各自的特点，从上述两种方法内部找出最合理的主、客观权重系数，再根据具体情况确定各种赋权法权重系数所占的比例，最后求出综合评估的各个指标权重系数。组合赋权法确定的权重系数通过作战试验数据获得，利用原始数据和数学模型，使权重系数具有客观性，在此基础上，综合各个领域专家学者的知识和经验，使作战试验各个指标的权重取值既具有一定的客观性又在一定程度上反映了作战试验决策者对装备实际需求的主观判断。在装备作战试验评估过程中应用不同的评估方法对各指标体系中指标权重的确定通常采用组合赋权法获得。

10.3.4　指标阈值选择

确定装备作战试验评估指标阈值的目的是为被试装备评估提供一个参照，以便更好地评估装备完成任务能力的程度，发现自身存在的问题，找到需要整改的重点，探寻更大的上升空间。阈值通常包括最低可接受值和理想值（也称为目标值）。确定阈值的方法主要包括需求论证法、同类装备对比法、军事训练考核法、数据外推法和专家赋值法等。

（1）需求论证法。装备在设计研发前期，通常由装备论证领域专家分析该装备可能担负的作战使命任务和军事需求并进行科学论证。装备论证的结论通常为该装备所具备的能力扩展，装备能力扩展主要表现为性能指标的提升，而这些性能指标值就可作为装备作战试验评估指标阈值。

（2）同类装备对比法。装备的发展研制通常采用迭代方式，需要和同类装备进行比较。当需要发展新一代装备时，参照物多为国内老一代装备或者国外同类较先进的装备。当把老一代装备的数据作为作战试验最低可接受值时，新研装备的作战效能、作战适用性和体系适用性通常高于参照物；当将国外同类先进装备的数据作为作战试验最低可接受值时，新研装备的作战效能、作战适用性和体系适用性通常接近或略高于参照物。

（3）军事训练考核法。在作战条令和军事训练大纲中对部队操作使用装备完成特定科目给出了相应的标准，尽管军事训练大纲重点考核装备操作人员实际操作装备的技术水平，但从某种程度上来说训练大纲也能反映出装备的作战能力特性。因此，军事训练大纲中的标准也可以作为装备作战试验评估指标阈值。

（4）数据外推法。随着装备兵棋推演、作战试验仿真等技术的不断发展，它们在装备作战试验中得到广泛应用。通过作战试验仿真可以获得装备在虚拟环境中完成作战任务的表现程度，并可以采集得到装备的作战试验数据，将这些数据稍加修正即可作为装备作战试验评估指标阈值。

（5）专家赋值法。专家赋值法主要依靠装备需求论证、装备试验及装备使用等相关领域专家的经验积累、装备技术知识和个人价值观等确定指标阈

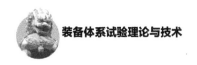
值。由于专家赋值法具有较强的主观性，通常需要组织若干相关装备领域专家学者，通过多轮打分和意见反馈的方式，最终给出装备作战试验评估指标阈值。

10.3.5 同层指标分析

装备作战试验评估指标体系中的同层指标虽然相互独立，但指标之间的关系并不唯一，通常包括构成关系、依赖关系和泛化关系。

（1）构成关系。构成关系即作战试验评估指标之间是并联"或"的关系，通常采用指标加权和模型向上聚合，其计算方法为

$$S = \sum_{i=1}^{n} \omega_i S_i \qquad (10\text{-}7)$$

（2）依赖关系。依赖关系即作战试验评估指标之间是串联"与"的关系，通常采用指标加权积模型向上聚合，其计算方法为

$$S = \prod_{k=1}^{m} S_k^{a_k} \qquad (10\text{-}8)$$

（3）泛化关系。泛化关系即作战试验评估指标之间是"或与并存"的关系，通常采用指标综合计算模型向上聚合，其计算方法为

$$S = \sum_{i=1}^{n} \omega_i S_i + \prod_{k=1}^{m} S_k^{\alpha_k} \qquad (10\text{-}9)$$

10.3.6 聚合层级确定

装备作战试验评估指标体系依据不同的试验目的和指标体系分类，确定不同层级评估指标是否需要向上聚合。在评估装备作战效能时，如果基于装备作战能力构建装备作战效能评估指标体系，则可以将指标体系聚合到装备作战能力层，也可以聚合到顶层；如果基于作战效果构建装备作战效能评估指标体系，则指标体系不聚合到顶层，而是聚合到作战试验重点关注的问题层，通常指顶层的下一层。在评估装备作战适用性时，通常将作战适用性的评估指标体系聚合到作战试验重点关注的问题层，即顶层的下一层。

10.4 装备体系试验评估类型与结论

装备体系试验评估结论是依据装备体系试验评估指标体系，采用适合的综合评估方法所得到的被试装备体系试验综合结论。装备体系试验评估结论

分为装备特性评估结论、作战效能评估结论、作战适用性评估结论、体系适用性评估结论、在役适用性评估结论和综合评估结论 6 类。在给出被试装备体系试验评估结论的同时，还要与相关试验装备结合，分析体系试验中问题产生的原因。装备综合评估结论与相关文件（如作战试验评估指标体系、试验方法、仿真评估报告，作战试验发现问题情况统计，作战应用及编成研究报告，备品备件及维修保障清单，以及作战试验数据报告等）进行组合，最终形成装备体系试验综合评估报告。

10.4.1　装备特性评估结论

装备特性通常由装备的使用对象提出并由装备论证部门进行论证，主要包括关键性能参数、关键系统特性和其他系统特性，如坦克的最大机动速度、持续机动距离、信息传输距离和可用性等。这些装备特性分布在作战效能和作战适用性指标体系中，并写入装备的研制总要求，同时会给出最低可接受值或理想值。作战试验结果如果不满足最低可接受值（阈值）或与理想值相差较大，则说明该项指标不合格。即对于写入研制总要求的装备特性指标采取一票否决制，被试装备如果存在不满足要求指标项就不能生产定型。例如美军在开展 M1A2 坦克作战试验过程中，对作战可用性给出了最低可接受作战性能要求为等于或优于 M1A1 坦克（0.734），而在美军后续作战试验与鉴定中，发现 M1A2 坦克作战可用性仅为 0.69，小于所要求的 0.734。因此，M1A2 坦克经装备特性评估结论判定不能通过生产定型。

10.4.2　作战效能评估结论

装备作战效能评估可以全面反映装备在作战试验实施过程中发挥的作战能力。专项评估只能评估决策者所关注的某项关键作战问题的解决情况。但是装备的某项作战能力并不是提升得越高越好。对某一项能力要求过高，就可能影响到其他作战能力的发挥。进行作战效能综合评估时，可以将多个分要素能力评估结论在同一雷达图中展现，从而能够清晰看出新型装备体系作战效能综合提高程度，判断是否还有上升空间。例如基于同类装备对比的作战效能评估方法。在实例分析中，根据作战试验评估结果将新研某型坦克作战效能的五大作战能力通过雷达图的形式呈现出来。可以明显看出，这五大作战能力在指挥控制能力方面较为薄弱，而其他 4 种能力都较为均衡。通过对比分析，有助于该装备在作战试验后有针对性地对某项专项作战能力进行提升改进。

10.4.3　作战适用性评估结论

装备作战适用性评估主要是依据构建的装备作战适用性评估指标体系，对环境适用性、人机适用性和保障适用性3方面内容进行评估，为决策者进行装备决策提供依据。作战适用性主要考核：装备在作战过程中对战场各种复杂环境的适应能力；装备操作使用人员操作装备时的满足程度；装备在使用过程中的可用度及维修保障、战场抢修等方面的能力要求。在作战适用性评估指标体系中评估指标大多都是从环境、人员等与装备结合的角度进行衡量的，包括定量指标和定性指标。当评估某项作战适用性时，若评估指标体系中定量和定性指标相结合则可以应用云模型评估方法进行评估。但在对装备作战适用性进行评估时通常以定性指标居多，人的主观感受不易客观评价，可以应用基于满意度计算的评估方法对定性指标进行评估，最终给出定性评估结论。定性评估结论通常采用多级评语结论（如常用"优秀、良好、及格或不及格"作为判定结论）。当装备评估结论为不及格时，认为被试装备在作战适用性方面存在重大缺陷，可能影响部队人员操作或装备作战能力的发挥，在找到原因并将问题归零之前不能进行生产定型。

10.4.4　体系适用性评估结论

由于装备本身具有组成装备个体的独立性和异构性、关系复杂性与演化性、涌现行为非线性及自组织与适应性等特征，建立体系要素与其整体之间的函数关系并揭示其影响规律是一个难点。在现实开展的装备作战试验实践过程中，主要根据作战体系赋予装备的使命任务，评估作战体系内某个被试装备完成任务的程度。由于受试验时间、人员、场地和经费等诸多方面条件的约束，完全通过实装作战试验很难将体系中各类装备的作战效能、作战适用性等进行全面计算，在装备的体系贡献率方面往往可以采用基于需求论证的体系贡献率评估方法，分别计算体系中不同类型装备对整个作战活动的支撑程度。如果需要更加准确地得到被试装备的体系适用性，考虑到实装试验消耗较大、影响因素多及样本量较少等问题，可以通过作战试验虚拟仿真、兵棋推演等方法评估体系适用性。采用现实与仿真相结合或完全仿真等多种形式评估装备的体系融合度和体系贡献率，并不断对模型数据等进行校正，以提高作战试验体系适用性评估的科学性。

10.4.5　在役适用性评估结论

综合分析评估一般采用定性与定量相结合的方式进行，既充分考虑部队人员与相关专家对装备使用、管理、维修及保障等方面的定性评价，又通过数据和模型定量计算主要考核指标；通过与同类装备的"横向比较"及与历史数据的"纵向比较"，结合专家知识经验，给出分析评估结论；必要时，可以采用计算机仿真的方法，弥补实装考核的不足，给出某些分析评估结论。例如为弥补在役考核周期、考核规模的不足，可利用历史数据构建仿真模型，对装备作战效能进行仿真评估，保证考核结论的科学性与合理性。在役考核分析评估报告主要包括在役考核实施情况概述、评估内容的界定、评估指标计算方法、采集数据综合分析、分析评估结论及相关意见和建议等。

10.4.6　综合评估结论

装备体系试验综合评估结论是在深入分析被试装备作战效能、作战适用性、体系适用性和在役适用性评估结论的基础上，回答决策者比较关注的被试装备作战任务完成率、总体任务满意度等方面的问题，当与同类型装备进行对比时，还要给出综合作战能力提升程度。如果被试装备在某项作战能力上存在较为明显的缺陷，则应重点分析装备出现该问题的具体原因。装备体系试验综合评估报告由体系试验的总体单位牵头拟制，报上级主管机关的装备部门。装备体系试验综合评估报告主要包括被试装备的基本情况，评估数据来源，主要评估方法及评估过程，主要评估结论，存在的主要问题，以及对装备编配、作战运用、操作使用和维护等方面的意见和建议。

参考文献

[1] 吴溪. 装甲装备作战试验设计理论与方法研究[D]. 北京：航天工程大学，2018.

[2] 宋敬华. 武器装备体系试验基本理论与分析评估方法研究[D]. 北京：装甲兵工程学院，2015.

[3] 罗小明，何榕，朱延雷. 装备作战试验设计与评估基本理论研究[J]. 装甲兵工程学院学报，2014，12（6）：1-7.

第 11 章

装备作战效能评估

作战效能评估是装备体系试验评估的重要内容。本章介绍装备体系效能试验评估方法，内容包括装备作战效能评估指标体系、基于还原论的实装试验评估和基于整体论的仿真试验评估。

11.1 装备作战效能评估指标体系

装备作战效能评估指标体系包括基于还原论、基于整体论和基于系统论三种。

11.1.1 基于还原论

孙武在《孙子兵法》"计篇"中指出，"故经之以五事，校之以计而索其情：一曰道，二曰天，三曰地，四曰将，五曰法""将者，智、信、仁、勇、严也""故校之以计而索其情，曰：主孰有道？将孰有能？天地孰得？法令孰行？兵众孰强？士卒孰练？赏罚孰明？吾以此知胜负矣"。其中所表现出的就是早期的基于"还原论"的效能（能力）评估思想，通过对比敌我双方的"五事七计"衡量满足一组特定任务要求"胜"的程度的度量。

依据"还原论"思想，作战效能试验评估指标体系可以从不同角度进行分解。例如基于装备作战功能可分解为战场机动能力、指挥通信能力、火力打击能力、防护能力及保障能力等。这种分解方法可操作性强，且容易通过实装试验获取数据。不同试验规模的试验关注点是不同的，以战场机动能力为例，作战效能不再关心单装的灵活转向、制动距离等指标，而是更加关心装备体系在某一作战阶段的平均机动速度。作战效能试验评估指标体系主要可分为以下 3 类：

（1）基于功能（分系统）的评估指标体系，如图11-1所示。

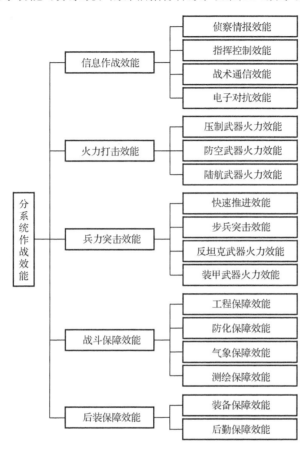

图 11-1 基于功能（分系统）的数字化部队作战效能试验评估指标体系

（2）基于任务剖面（作战活动）的评估指标体系，如图11-2所示。

（3）基于特定议题的评估指标体系，如图11-3所示。

11.1.2 基于整体论

毛泽东在《论持久战》中指出："战争的胜负，固然决定于双方军事、政治、经济、地理、战争性质、国际援助诸条件，然而不仅仅决定于这些；仅有这些，还只是有了胜负的可能性，它本身没有分胜负。要分胜负，还须加上主观的努力，这就是指导战争和实行战争，这就是战争中的自觉的能动性。"其中，"指导战争和实行战争"结果的好坏/优劣程度可以理解为在既定条件（"双方军事、政治、经济、地理、战争性质、国际援助诸条件"）下对

给定任务（打赢战争）的完成情况，这体现了朴素的基于"整体论"的作战效能评估思想。可见，正确的效能评估结论，应该可以准确反映待评对象完成任务的能力。

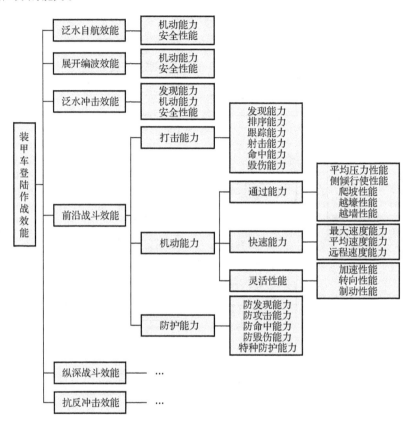

图 11-2 基于任务剖面（作战活动）的武器装备体系作战效能试验评估指标体系

依据"整体论"思想，基于作战效果可分解为作战持续时间、己方装备战损、敌方装备战损、己方弹药消耗和敌方弹药消耗等指标，此种分解方法易操作，但红蓝对抗的实装试验环境设置难度较大，且试验数据不易获取，因而可以考虑采用作战仿真的方法获取数据，主要适用于体系作战效能试验。武器装备体系作战效能整体评估指标可分为 3 类：增强作战效果指标、增加作战效率指标和降低作战代价指标。

增强作战效果指标是衡量对作战体系任务完成效益影响作用的指标，主要包括：

● 毁伤敌方各类目标或装备的概率、数量及百分比

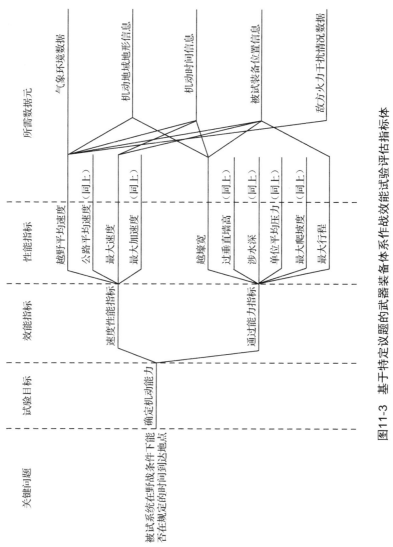

图11-3　基于特定议题的武器装备体系作战效能试验评估指标体

- 敌方伤亡、被俘人员，缴获的装备和资产，以及遭破坏的装备和资产
- 兵力倍增系数
- 兵力交换比改善量
- 敌方作战体系结构演化特性的降能程度

……

增强作战效率指标是衡量对作战体系任务完成时间影响作用的指标，主要包括：

- 压制敌机场时间

- 压制敌防空火力时间
- 压制敌舰载或岸基雷达时间
- 预警机空中值班时间
- 干扰机留空时间
- 迟滞敌机动部队行动时间
- 推进（机动）时间
- 作战窗口时长
- 武器单元之间的协同时间
- 决策响应时间
- OODA 环时长
- 作战响应时间
- 进攻（防御）战斗持续时间

降低作战代价指标是衡量对作战体系任务完成代价影响作用的指标，主要包括：

- 己方各类弹药消耗数量
- 目标或装备战损概率、数量及百分比
- 己方伤亡、被俘人员，遭破坏的装备和资产
- 敌我兵力损耗交换比
- 己方作战体系结构演化特性的降能程度

…

11.1.3　基于系统论

针对体系作战效能评估中既要获得整体效能进行方案比较，又要分析效能产生机理进行体系优化的问题，以系统论思想为指导，以作战体系的整体效能为根本评估目标，采用效能评估与效能分析相结合的方法，实现体系作战效能的整体全局评估与局部关键分析。

11.2　基于还原论的装备体系作战效能实装试验评估

下面从评估方法、基于结果对比的应用示例和基于结果等级（阈值比较）的应用示例 3 方面介绍基于还原论的装备体系作战效能实装试验评估。

11.2.1　评估方法

装备体系作战效能评估的目的就是对装备完成特定任务的能力进行综合判断。作战效能没有通用的指标体系，不同装备的指标体系之间相差较大。而对于多数装备作战试验指标体系是基于特定议题的，可采用树状分解技术，对关键作战问题进行分解，如图 11-4 所示。

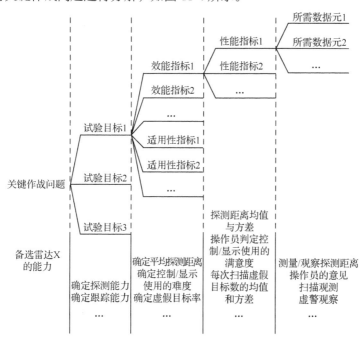

图 11-4　树状分解思想

对于关键作战问题，可以通过分析各单项效能值，最终给出总体结论；也可以采用底层向上聚合的方法最终计算出一个值，并将该值与其阈值（确定方法见 9.3.4 节）进行比较后给出最终结论，从而回答"是"或"否"的问题。其具体步骤是：通过底层指标度量、评估阈值确定及评估指标处理等方法，进行底层指标计算；分析指标间关系，确定权重；进行顶层聚合，输出试验结论。装备作战效能评估总体思路如图 11-5 所示。

（1）底层指标量化。作战效能评估指标经过底层数据源计算、处理后，最终得到底层参数值，有些难以定量测量的参数也可以通过专家根据经验进行判定。例如采用表 11-1 所示的标准值对照表，对目标底层参数进行判定，从而形成定量数据；若想进行作战效能聚合，还需要通过量化形成统一的衡量尺度，即作战效能评估指标的状态值。

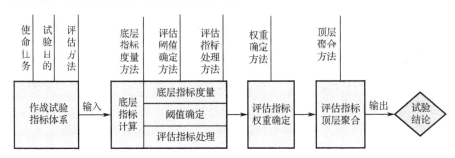

图 11-5　装备作战效能评估总体思路

表 11-1　标准值对照表

等级	1	2	3	4	5	6	7
程度	极差	较差	差	中	好	较好	极好
分值	0～1.50	1.51～3.00	3.01～4.50	4.51～6.00	6.01～7.30	7.31～8.60	8.61～12.90

为了避免不同作战效能间的不可公度性及对立性影响，必须对作战效能进行规范化处理，通常将作战效能的状态值规范到某个共同区间内，如[0,1]、[0,10]、[0,100]等。

阈值确定分为两种情况：一种是关键参数阈值，通常由论证专家在装备研发论证阶段确定，在装备研制总要求中有明确体现；另一种是关键参数以外的相关参数，需要由多名专家采取打分等形式逐一确定，也可以参考外军同类装备相应值确定。有些试验结果本身是一个比值，如目标发现率、目标有效发现率、有效打击率及毁伤效率等，可以通过与同类装备（改进前装备或者升级前装备或者上代产品）相应值进行比较来判断实际效果；有些试验结果是带有单位的数值，如平均发现目标延迟时间、最远攻击距离和平均散布距离等，其与同类装备对应数值的比值即为最终效能值。

（2）权重计算。指标权重通常分为两种情况：一种是底层指标之间被认定是相互独立的，隶属同一上层的多个底层指标进行权重分配；另一种是隶属不同上级的底层指标之间存在关联关系，可以采用基于 ANP 的网络层次分析法，对所有底层指标进行统一的权重分配，但是过程比较复杂，且需要借助 SD 软件。权重分配也可采用专家打分法，即一定数量的相关领域专家通过一定方式对指标权重独立发表见解，并用统计方法做适当处理。

（3）指标聚合。根据下层指标与上层指标间的关系，采用合适的方法（加权和、加权积等）对下层指标进行聚合，得到上层指标值。

该方法基于还原论思想，适合基于实装试验的装备作战效能评估。

11.2.2　基于结果对比的应用示例

这里介绍基于特定议题的比较试验。以某型坦克作战效能试验评估为例，取其中一个关键作战问题：该型坦克经过改装后是否具有火力优势，其效能指标包括搜索发现、跟踪定位、火力打击和毁伤目标等，进一步分解为性能指标 A、性能指标 B 及所需数据元，具体分解过程如图 11-6 所示。

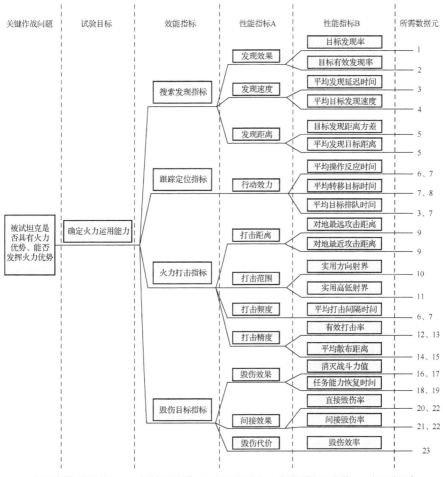

1—发现目标数（含假目标）；2—发现有效目标数；3—发现目标时间；4—各时间段发现目标数；5—发现目标距离；6—决定打击目标时间；7—完成打击准备时间；8—目标被锁定时间；9—打击目标距离；10—打击各目标方向夹角；11—打击各目标俯仰角；12—对目标造成毁伤次数；13—攻击目标总数；14—弹着点坐标测量；15—攻击瞄准点；16—命中目标时间；17—对目标毁伤值；18—目标被毁伤时间；19—被毁伤目标恢复战斗力时间；20—目标被直接毁伤战斗力下降值；21—目标被间接毁伤战斗力下降值；22—被毁伤目标总体战斗力值；23—每次打击目标所需弹药数。

图 11-6　某型坦克作战效能指标体系

B 层的底层性能指标的指标值可通过试验得到（见表 11-2 的第 2 列），参考阈值为用于比较的某型坦克改装前的对应值（见表 11-2 的第 3 列）。假定各底层指标之间是相对独立的，采用加权和法（选择一种合适的方法计算各级权重）得出综合结论值。部分作战效能试验数据统计见表 11-2。

表 11-2　某型坦克作战效能试验数据统计表

B 层性能指标名称	指　标　值	参　考　阈　值	指标效用值	指　标　权　重
目标发现率	0.8	0.6	1.33	0.5
目标有效发现率	0.6	0.4	1.5	0.5
平均发现延迟时间/s	0.5	1	2	0.4
平均目标发现速度/s	2	5	2.5	0.6
目标发现距离方差	1.44	3.24	2.25	0.5
平均发现目标距离/km	3	2.5	1.2	0.5
平均操作反应时间/s	3	5	1.67	0.4
平均转移目标时间/s	2	5	2.5	0.3
平均目标排队时间/s	10	30	3	0.3
对地最远攻击距离/km	4	3.5	1.14	0.6
对地最近攻击距离/km	0.5	0.8	1.6	0.4
实用方向射界	360°	360°	1°	0.5°
实用高低射界	−8°～+30°	−3°～+25°	1.36°	0.5°
平均打击间隔时间/s	8	12	1.5	1
有效打击率	0.7	0.5	1.4	0.6
平均散布距离/m	5	8	1.6	0.4
消灭战斗力值（战斗力）	0.6	0.4	1.5	0.6
任务能力恢复时间/min	5	3	1.67	0.4
直接毁伤率	0.8	0.6	1.33	0.6
间接毁伤率	0.2	0.4	2	0.4
毁伤效率	1.5	2	1.33	1

假设装备研制总要求规定，新型坦克火力效能 E_N 是老式坦克火力效能 E_O 的 1.5 倍以上，由底层逐层集合计算可得实际某新型坦克火力效能 E'_N =1.68>1.5。试验结果表明，坦克火控系统经过改装，无论是单项性能还是整体作战效能都有明显提升，认定该型坦克能够发挥火力优势。

11.2.3　基于结果等级（阈值比较）的应用示例

通过对层次结构指标进行综合，得到综合结果；通过与阈值比较，或者根据综合结果等级（优、良、中、差）与期望值的比较，得出试验评估结果。

例如，某情报侦察装备的作战效能评估值为 85.5（优），可以较好满足作战任务要求，其评估结果见表 11-3。

表 11-3　某情报侦察装备作战效能评估结果

评估基础数据项目	评 估 值	权 重 系 数	评 估 结 果
效能指标 1	78.2	0.3	23.46
效能指标 2	87.55	0.3	26.27
效能指标 3	89.43	0.4	35.77
作战效能评估结果			85.5

11.3　基于整体论的装备体系作战效能仿真试验评估

下面从评估方法和应用示例两方面介绍基于整体论的装备体系作战效能仿真试验评估。

11.3.1　评估方法

通过体系对抗仿真得到装备体系作战效能指标体系中的底层指标，并采用一定方法对这些指标进行综合。雷达图就是其中一种方法，即通过多个指标围成的多边形面积计算体系效能的大小。

11.3.2　应用示例

（1）评估目的。在相同作战背景、作战对手和同一作战想定条件下，开展 A 型坦克体系运用试验与 B 型坦克体系运用试验，对比研究成体系运用条件下整体作战效能的变化趋势，探索分析 B 型坦克成体系应用对整体作战效能的影响。

（2）评估指标体系。武器装备体系效能评估指标体系如图 11-7 所示。

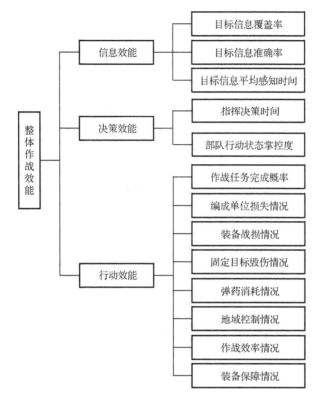

图 11-7　武器装备体系效能评估指标体系

（3）评估手段。武器装备体系效能仿真评估流程如图 11-8 所示。

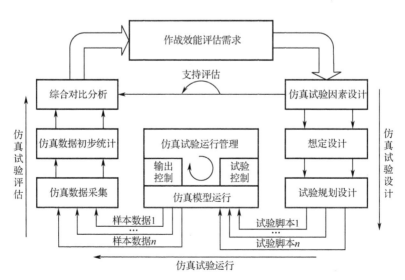

图 11-8　武器装备体系效能仿真评估流程

（4）试验想定。拟制两个试验想定：

① B 型坦克系统与 A 型坦克在"数字化作战"想定下的体系运用试验；

② B 型坦克系统与 A 型坦克在"自适应同步作战"想定下的体系运用试验。

（5）试验类型。在本应用示例中共设计了 3 种试验：

① 试验一（A 型坦克）；

② 试验二（B 型坦克）；

③ 试验三（B 型坦克及其配套装备）。

（6）试验结果分析。武器装备体系效能仿真评估数据处理流程如图 11-9所示。三种试验的装备战损情况及整体效能宏观指标对比结果如图 11-10～图 11-13 所示。

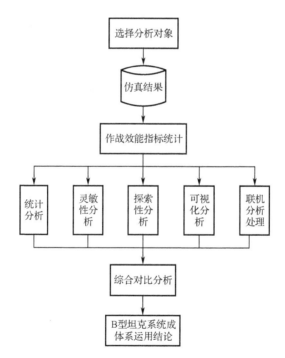

图 11-9　武器装备体系效能仿真评估数据处理流程

图 11-10 所示为试验一与试验二的装备战损情况对比。相比试验一条件下的装备战损情况，试验二条件下的红方装备战损率降低 24.20%，蓝方装备战损率提高 19.14%。

图 11-11 所示为试验一与试验二的装备整体效能宏观指标对比。假设以指标值所围成的"雷达面"面积表示整体作战效能，试验二的整体作战效能是试验一的 1.81 倍。

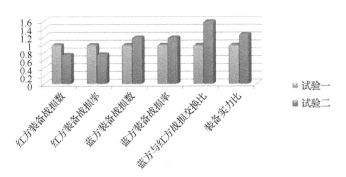

图 11-10　试验一与试验二的装备战损情况对比

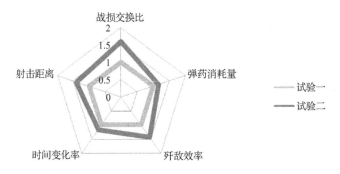

图 11-11　试验一与试验二的装备整体效能宏观指标对比

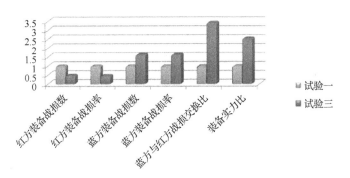

图 11-12　试验一与试验三的装备战损情况对比

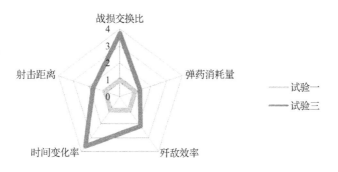

图 11-13　试验一与试验三的装备整体效能宏观指标对比

图 11-12 所示为试验一与试验三的装备战损情况对比。相比试验一条件下的装备战损情况，试验三条件下的红方装备战损率降低 57.76%，蓝方装备战损率提高 60.07%。

图 11-13 所示为试验一与试验三的装备整体效能宏观指标对比。假设以指标值所围成的"雷达面"面积表示整体作战效能，试验三的整体作战效能是试验一的 5.7 倍。

11.4　基于系统论的装备体系作战效能仿真试验评估

系统论指导下的作战效能评估，要求运用整体论的思想，从全局把握作战的整体效能；运用还原论的思想，有针对性地分析影响整体效能的局部关键因素，最终谋求对作战效能整体、全面、科学、可信的认识。整个评估过程应遵循"整体考虑下的局部分析与局部分析后的整体把握"的基本原则。首先，从宏观上把握作战的整体性，根据作战体系表现的整体功能来评价与对抗环境的适应性，即战果反映的作战企图的实现情况；其次，需要对作战体系的结构进行研究，梳理系统要素的相互关系和层次结构，弄清关键因素对整体效能产生的影响作用；再次，对作战的动态行为和演化过程进行分析，解释整体效能产生的因果路径；最后，将这些整体评估与局部分析的结论进行综合，形成对作战体系的全面认识。通过系统论指导下作战效能的整体评估与效能分析，实现对作战效能从评估到分析、由现象到规律，以及由外部效果到内部因果的循序渐进的认识。基于系统论的装备体系作战效能评估与分析原理如图 11-14 所示。

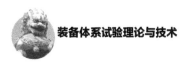

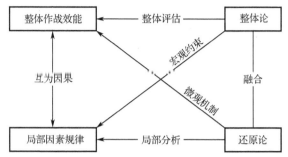

图 11-14 基于系统论的装备体系作战效能评估与分析原理

参考文献

[1] 孙明. 数字化部队作战效能评估[D]. 北京：装甲兵工程学院，2010.

[2] 罗小明，何榕，朱延雷. 装备作战试验设计与评估基本理论研究[J]. 装甲兵工程学院学报，2014，28（6）：1-7.

[3] 曹裕华. 装备作战试验理论与方法[M]. 北京：国防工业出版社，2016.

[4] 张迪. 基于结构和能力的陆军武器装备体系评估方法研究[D]. 北京：装甲兵工程学院，2014.

第 12 章

装备作战适用性评估

作战适用性是装备体系试验评估的重要内容。本章介绍武器装备作战适用性试验评估，内容包括作战适用性评估指标体系、定性指标获取方法、基于问卷调查的装备作战适用性评估、基于实测结果的装备作战适用性评估及装备体系可用性和可靠性定量评估。其中，定性指标获取方法、基于问卷调查的装备作战适用性评估、基于实测结果的装备作战适用性评估对作战效能、体系融合性和在役适用性同样适用。

12.1　装备作战适用性评估指标体系

对于装备作战适用性评估指标体系的构建存在几种不同的观点，装备单体作战试验和装备体系试验阶段的评估指标体系略有不同，前者从单个装备角度出发进行考核；后者则从整个装备体系角度出发，不再考虑单装问题。

12.1.1　十性

基于综合保障的思想，通过对美军作战试验中作战适用性的含义进行分析，认为作战适用性是装备满足作战使用、技术性能及综合保障要求的特性和功能。因此，对装备作战适用性的评估主要从可用性、可靠性、维修性、保障性、测试性、运输性、兼容性、生存性、安全性及人机适应性 10 方面（简称"十性"）构建指标体系，如图 12-1 所示。作战环境只作为一种限制条件，在底层指标与试验剖面匹配的过程中进一步明确。

（1）可用性。可用性主要考核装备经常处于完好状态，能够随时遂行作战任务的能力。通常将使用可用度和可达可用度作为可用性的评价指标。

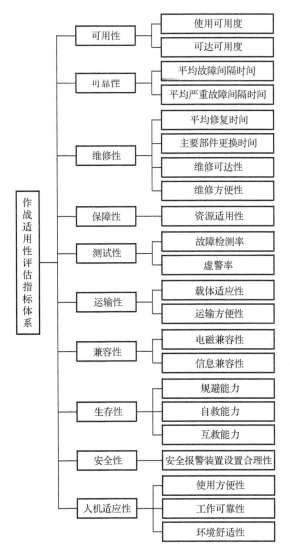

图 12-1　部队试验试用评估指标体系

（2）可靠性。可靠性主要考核装备无故障工作的能力。其主要评价指标有平均故障间隔时间（MTBF）和平均严重故障间隔时间（MTBCF）等。

（3）维修性。维修性主要考核装备便于和易于维修的能力，即装备维修的简便性和快捷性。其主要评价指标有平均修复时间（MTTR）、主要部件更换时间，以及维修可达性、方便性等。

（4）保障性。保障性是指装备便于保障的设计特性及所配备的保障资源的充足性和适用性，通常用资源适用性等指标来评价。

（5）测试性。测试性是指装备能及时、准确地确定其状态（可工作、不可工作或性能下降）并隔离其内部故障的一种设计特性，通常用故障检测率、虚警率等指标来评价。

（6）运输性。运输性是指被试品自行或借助牵引、运载工具，利用铁路、公路、水路、海上、空中和空间等任何方式有效转移的能力。其可从被试品通过各种载体的运输能力、行军和战斗状态间相互转换的速度和便捷性等方面进行定性评价。

（7）兼容性。兼容性是指装备本身设备之间、装备与环境之间及装备与体系内其他装备之间同时使用不发生干扰的能力，通常对被试装备指挥信息系统同车多机工作、指挥信息系统和其他相关设备同时使用时互不干扰的能力等指标进行定性评价。

（8）生存性。生存性主要指装备避免或承受敌方打击或各种环境干扰的能力，通常对装备主（被）动防御、规避、修复、自救、互救及人员逃逸等指标进行定性评价。

（9）安全性。安全性指装备使用与维修过程中不易造成装备损坏和人员伤害的能力，通常对被试装备安全报警装置设置的合理性及在使用和维修过程中造成装备或设备损坏、对人员造成伤害的可能性与危害程度等指标进行定性评价。

（10）人机适应性。人机适应性一般指装备使用操作的方便性、乘员工作的可靠性和舒适性等特性。其主要评价指标包括：登车装置和舱门尺寸及形状的合理性；各类操控装置、仪表、观察装置、座椅、电台及信息终端等的布局合理性；振动、噪声、空气质量、通风及温湿度等车内环境对乘员工作的影响。

12.1.2　三性

将作战环境影响直接引入作战适用性评估指标体系中，从装备在战场发挥作战能力角度出发，它是装备在作战使用过程中基于装备适用作战环境条件并能有效工作的能力，可从作战环境适用性、作战使用适用性和作战保障适用性（简称"三性"）进行考核评价。在评估装备作战适用性时，可根据不同装备的各自特点和使命任务，并结合装备在作战任务中的具体情况分析构建装备作战适用性评估指标体系，体系中的内容可根据决策者的决策需求进行适当裁剪。

1）作战环境适用性

通过对真实战场环境的分析，装备的作战环境适用性主要包括对战场自然环境、复杂电磁环境和战场威胁环境等的适用能力。

（1）战场自然环境适用性。即适应自然环境的能力。自然环境包括地形（如高原、山地、丘陵、盆地、平原、草原、沙漠、丛林及滨海等）环境、昼夜条件和气象条件等。实质上，战场自然环境适用性是战场地形、昼夜与气象等条件对被试装备的战术技术性能（如机动、通信和火力等）的影响程度。

（2）复杂电磁环境适用性。即装备在敌我双方作战过程中，适应敌我双方对抗威胁的电磁环境及战场复杂的背景电磁环境的能力。实质上，复杂电磁环境适用性是复杂电磁环境对被试装备的战术技术性能（如机动、通信和火力等）的影响程度。例如，侦察情报装备复杂电磁环境适用性可包括短波电台、超短波电台、高速数据电台、卫星系统、雷达设备及定位导航设备的适应性，分别用于检验不同干扰条件对短波电台、超短波电台和高速数据电台的通联影响程度，具体包括无干扰条件下的短波电台、超短波电台和高速数据电台适应性，以及有干扰条件下的短波电台、超短波电台和高速数据电台适应性；用于检验不同干扰条件对雷达设备的探测、引导影响程度，具体包括无干扰条件下的雷达设备适应性、有干扰条件下的雷达设备适应性；用于检验不同干扰条件对定位导航设备的定位影响程度，具体包括无干扰条件下的定位导航设备适应性、有干扰条件下的定位导航设备适应性。

（3）战场威胁环境适用性。即装备适应敌方地面和空中火力威胁、野战防御威胁及信息威胁等各种威胁环境的能力。

2）作战使用适用性

作战使用适用性主要决定于作战使用安全性、作战使用人机结合性与操作方便程度。

（1）作战使用安全性。主要涉及系统危险严重性定性度量和危险可能性定性度量，其评估指标是：在试验进行的时间内，相应危险严重性等级事故发生的频率。危险严重性是由人为差错、环境条件、设计缺陷、系统及分系统故障所引起的事故严重性的定性度量，通常分为灾难、严重、轻度和轻微4个等级。例如，侦察情报装备作战使用安全性可包括安全标识合理性（用于评价各型装备安全标识是否合理完备）、操作使用安全性（用于评价各型装备使用过程中易造成装备损坏、人员伤亡的情况）、保养修理安全性（用于评价各型装备保养修理过程中易造成装备损坏、人员伤亡的情况）、操作使用便利性（用于评价各型装备操作使用方便性、操控性的满意程度）及舒适性（用于评价各型装备舒适性程度）等。

（2）作战使用人机结合性与操作方便程度。人机结合性是对装备使用过程中能否实现人员与装备有效结合的度量。操作方便程度是作战使用人员在使用装备过程中对装备是否好用、易用的主观度量。另外，装备在作战使用过程中只有与人的操作进行结合才能充分发挥其最大的作战效能。因此，也有用人机适用性代替作战使用适用性的。人机适用性是指装备在作战使用过程中，能够与使用人员的心理、生理和工作负荷等相适应的程度，具体包括：装备使用操作是否便捷，是否满足使用人员的操作可达范围，能否降低操作错误，以及提升操作效率的能力；人员操作装备时的工作舒适性，装备内部空间布局是否合理，以及是否符合人机工程要求；装备是否具有良好的防护措施，能否较好地保护人员安全；装备各系统显示终端的人机界面是否友好，所有操作、显示是否有误操作保护措施等内容。

3）作战保障适用性

装备的作战保障适用性是指装备在作战使用过程中，其能够得到及时有效的抢救抢修、维护保养和弹药物资器材供应的能力。具体包括：装备的使用保障和维修保养是否满足部队的作战使用要求；能否达到实施战备值班的可用度要求；配备的保障资源能否满足日常训练、战备和作战的要求；能否满足在战场上快速发现故障并达到维修和抢修的要求。主要通过装备的战备保障适用性、固有保障适用性、战场抢修适用性及战场补给适用性等指标进行考核。

（1）维修保养适用性。其可包括维修适用性（装备适于维修的能力，主要包括维修可达性、维修配件通用性、部件更换的快捷度、维修防错标示性和维修难易程度）和保养适用性（装备适于保养的能力，主要包括保养频率、保养难易程度和保养时间效率）。

（2）弹药保障适用性。具体包括弹药储存、运输及装填适用性，用于考核弹药便于储存、运输和装填的能力。

（3）资源保障适用性。其可包括备品备件齐备性（装备的备品备件是否齐备，从种类满足和数量满足两个角度进行评价）、设备设施适用性（装备维修保养的设备设施是否完备、能否满足作战要求的程度，从功能满足和易用性两个角度进行评价）、技术资料齐备性（装备的技术资料满足程度，从

种类满足和内容详细两个角度进行评价），以及训练保障适用性（装备是否具备满足训练要求的手段、教材等训练保障条件的程度，从手段多样和使用效果两个角度进行评价）等。

（4）输送保障适用性。其可包括装卸载适用性（装备便于进行铁路装载和卸载的能力，从装载便利性和卸载便利性两个角度进行评价）、紧急卸载适用性（装备便于在铁路输送过程中不依托站台进行卸载的能力）、加固适用性（装备便于在铁路输送过程中进行固定的能力，从便于加固和便于拆卸两个角度进行评价）、体积适用性（装备长、宽、高能够适于铁路输送的能力）及载荷适用性（装备重量能够适于铁路输送的能力）等。

12.1.3 五性

"三性"实际上是对"十性"的分类表示。针对"三性"指标体系存在的不足，提出从武器装备完成作战任务剖面的角度出发，将作战适用性分为人机工程适用性、作战环境适用性、作战保障适用性、作战任务适用性和作战编成适用性（简称"五性"）。与"三性"相比，"五性"多出了作战任务适用性和作战编成适用性，这两个指标实质上是体系融合性的重要度量。

（1）人机工程适用性。指装备操作人员在操作使用装备时对装备的操控性、舒适性及可达性等方面的评估。例如，电子装备的人机工程适用性包括软硬件人机界面、作战使用安全性、人机结合性和人机保障性等。

（2）作战任务适用性。具体包括装备完成战斗的准备时间、进入指定地域投入战斗状态的时间、结束战斗的撤收时间及战备储备的完好程度等方面的内容。例如，电子装备作战任务适用性包括战斗完好性（完全能执行任务率、部分能执行任务率、能执行任务率）、持续作战能力（装备利用率、任务可靠性、退出任务率）。

（3）作战编成适用性。指装备携运的便利性、装备器材的齐套性，以及在体系作战中装备的利用率等方面的内容。例如，电子装备作战任务适用性包括战斗完好性（部署性、互联互通性、电器兼容性、电磁兼容性、使用可用度、使用可用性）、持续作战能力（装备平均利用率、基础设施保障性、软件保障性、后勤保障性、指控保障性）。

12.2 装备作战适用性定性指标获取方法

装备作战适用性指标多为定性指标，一般可分为若干等级，如作战适用性定性指标可分为"优、良、中、差"等。为了获取各项指标的定性评估结论，可以采用问卷调查的方法。由于专家不一定直接参与作战试验，其对整个试验基本情况并不是很清楚，因而专家评分表需要给出详细的评分标准（评分模板），模板中需要提供评估对象、评估内容、评分标准及评分结果等内容，使评估专家能够根据模板规定的问题对试验过程和结果进行综合分析与判断（在向专家发评分表时，可附带部分试验测量结果供其参考），最后给出符合要求的定性评估结论。武器装备火力打击适用性满意度专家评分表（模板）见表 12-1。

表 12-1 武器装备火力打击适用性满意度专家评分表（模板）

评 估 内 容	评 分 标 准	评 分 参 考	评 分 结 果
基本满意度		试验测量结果、以往试验数据和个人经验	*
目标发现满意度		试验测量结果、以往试验数据和个人经验	*
…		…	…
受设备操作复杂性限制程度		试验测量结果、以往试验数据和个人经验	*

12.2.1 满意度问卷调查法

以作战任务满意度中的火力打击适用性满意度为例，其评估指标体系如图 12-2 所示。

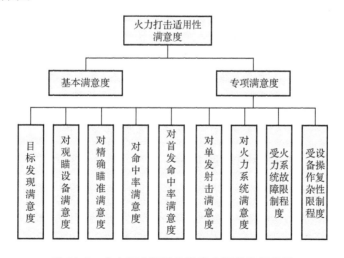

图 12-2 火力打击适用性满意度评估指标体系

问卷调查法主要面向装备的操作人员，因为操作人员在执行任务过程中直接与装备发生接触，有助于揭示装备的实际特性。该方法需要使用制式的调查问卷，将试验关注的主要问题通过征询装备操作人员感受的方式反映出来，在试验结束后由装备操作人员完成问卷，最后进行统计汇总并形成评估结论。某型坦克火力打击适用性满意度调查问卷如图 12-3 所示。

某型坦克火力打击适用性满意度调查问卷
1. 你对本次作战任务执行过程中坦克火力性能发挥的总体水平是否满意？ A. 非常满意　　B. 比较满意　　C. 没有感觉　　D. 不太满意　　E. 很不满意
2. 本次任务中你是否总是能够及时地在适当距离上发现目标？ A. 总是能够　　B. 基本能够　　C. 半数能够　　D. 偶尔能够　　E. 基本不能
3. 本次任务中坦克观瞄设备自身性能对你执行搜索任务的帮助如何？ A. 帮助极大　　B. 有些帮助　　C. 没有感觉　　D. 有些限制　　E. 限制很大
4. 本次任务中你是否总可以实现精确瞄准？ A. 总是可以　　B. 多数可以　　C. 半数可以　　D. 少数可以　　E. 极少可以
5. 你对本次作战任务中的命中率是否满意？ A. 非常满意　　B. 比较满意　　C. 没有感觉　　D. 不太满意　　E. 很不满意
6. 你对本次作战任务中的首发命中率是否满意？ A. 非常满意　　B. 比较满意　　C. 没有感觉　　D. 不太满意　　E. 很不满意
7. 你认为本次任务中为使一个目标失去威胁平均需要射击多少次？ A. 1 次　　B. 2 次　　C. 3 次　　D. 4 次　　E. 5 次
8. 你认为本次任务中火力系统出现故障的次数多不多？ A. 很少　　B. 较少　　C. 中等　　D. 较多　　E. 很多
9. 你认为本次任务中火力系统出现的故障对火力打击行为和效果的影响程度如何？ A. 影响极小　　B. 影响较小　　C. 有些影响　　D. 影响较大　　E. 影响极大
10. 本次任务中设备操作的复杂度对你完成打击任务的影响程度如何？ A. 影响极小　　B. 影响较小　　C. 有些影响　　D. 影响较大　　E. 影响极大

图 12-3　某型坦克火力打击适用性满意度调查问卷

12.2.2　10 分制问卷调查法

设计问卷调查表（表 12-2），其纵向为底层指标的影响对象，横向为影响值得分，按照"从 1 到 10"的标准对各指标项进行评价，其中 10 为最好，1 为最差。假设采集了 n 份数据，表中填写的是某指标得分的次数。

表 12-2　底层指标评估采集数据

评估基础数据项目		检 验 结 果									
调 查 评 分		10	9	8	7	6	5	4	3	2	1
影响 对象 1	影响因素 1										
	…										
	影响因素 n_1										
…	…										
影响 对象 m	影响因素 1										
	…										
	影响因素 n_m										

12.3　基于问卷调查的装备作战适用性评估

定性评估是装备体系试验评估的重要组成部分。定性评估通常采用满意度评估，即从试验员主观认识的角度对装备作战效能和作战适用性相关内容做出评判。关于定性指标的综合方法有很多，如模糊综合评判法、灰色系统理论法及云模型法等。本节介绍均值-标准差修正法、均值-层次分析法和云模型法。

12.3.1　均值-标准差修正法

1）基本步骤

满意度调查问卷（见 12.2.1 节）完成后，填写调查结论汇总表，表中填写每一个评估结论的取得次数，见表 12-3。汇总后，对评估结论进行以百分制为基础的分值量化，量化标准见表 12-4。最后计算问卷调查结果量化基础数据，填写问卷调查结果表（表 12-5）。

表 12-3　调查结论汇总表

序号	评 估 指 标	A 正面评 价很高	B 正面 评价	C 不做 评价	D 负面 评价	F 负面评价 很高
1	总体满意度					
2	目标发现满意度					
3	对观瞄设备满意度					
4	对精确瞄准满意度					

续表

序号	评 估 指 标	A 正面评价很高	B 正面评价	C 不做评价	D 负面评价	F 负面评价很高
5	对命中率满意度					
6	对首发命中率满意度					
7	对单发射击满意度					
8	对火力系统满意度					
9	受火力系统故障限制程度					
10	受设备操作复杂性限制程度					

表 12-4　满意度量化标准

评 估 指 标	A	B	C	D	E
1	90	70	50	30	10

表 12-5　问卷调查结果表

序号	A	B	C	D	E	均值	标准差
1							
2							
3							
4							
5							
6							
7							
8							
9							
10							

　　装备火力打击满意度的计算可以分为基本满意度计算、专项满意度计算和总体满意度计算 3 个步骤。

　　（1）基本满意度计算。其计算方法如下：

$$A_{mb} = E_{mb} + P_{msb} \qquad (12\text{-}1)$$

式中，A_{mb} 为装备打击能力基本满意度；E_{mb} 为装备打击能力基本满意度均值；P_{msb} 为装备打击能力满意度标准差权值。满意度标准差权值见表 12-6。

表 12-6　满意度标准差权值

	$s \leqslant 20$	$20<s \leqslant 40$	$40<s \leqslant 60$	$60<s \leqslant 80$	$s>80$
权值	+10	+5	0	−5	−10

注：s 表示基本满意度标准差的值。

（2）专项满意度计算。其计算方法如下：

$$A_{mp} = \sum_{i=1}^{n}(E_{mpi} + P_{mspi})/N \qquad (12\text{-}2)$$

式中，A_{mp} 为装备打击能力专项满意度；E_{mpi} 为装备打击能力某个专项的满意度均值；P_{mspi} 为装备打击能力某个专项的满意度标准差权值；n 为参加问卷调查试验人员总数；N 为专项满意度总数。满意度标准差权值见表 12-6。

（3）总体满意度计算。其计算方法如下：

$$A_{ms} = \sigma_1 A_{mb} + \sigma_2 A_{mp} \qquad (12\text{-}3)$$

式中，A_{ms} 为装备打击能力总体满意度；σ_1 和 σ_2 为权重系数，由专家组确定，$\sigma_1 + \sigma_2 = 1$。

2）应用示例

以某型坦克单体作战试验火力打击满意度分析为例，给出其满意度基本构成和调查问卷，选取 10 名试验人员填写调查问卷，其结果见表 12-7。

表 12-7　调查结论汇总表

序号	评 估 指 标	A 正面评价很高	B 正面评价	C 不做评价	D 负面评价	F 负面评价很高
1	总体满意度	5	3	2	0	0
2	目标发现满意度	4	4	2	0	0
3	对观瞄设备满意度	4	2	4	0	0
4	对精确瞄准满意度	3	3	4	0	0
5	对命中率满意度	5	2	3	0	0
6	对首发命中率满意度	2	3	5	0	0
7	对单发射击满意度	4	2	4	0	0
8	对火力系统满意度	2	4	4	0	0
9	受火力系统故障限制程度	1	4	5	0	0
10	受设备操作复杂性限制程度	2	5	3	0	0

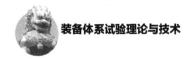

标准差计算公式为

$$S = \sqrt[2]{\frac{\sum_{i=1}^{n}(S_i - \overline{S})^2}{n}} = \sqrt{(X_1 - \overline{X})^2 + (X_2 - \overline{X})^2 + \cdots + \frac{(X_n - \overline{X})^2}{n}} \quad （12\text{-}4）$$

从而可得基本满意度标准差：

$$S_1 = \sqrt{5(90-76)^2 + 3(70-76)^2 + 2(50-76)^2/10} = 15.62$$

基本满意度均值为

$$\overline{X}_1 = \frac{5*90+3*70+2*50}{10} = 76$$

由表 12-6 可得满意度标准差权值 $P_{msb} = 10$；由式（12-1）可得火力打击基本满意度值 $A_{mb} = 76 + 10 = 86$。

同理，计算第 2～10 专项满意度指标的平均值和标准差，其结果见表 12-8。

表 12-8　问卷调查结果

序号	A	B	C	D	E	均值	标准差
1	5	3	2	0	0	76	15.62
2	4	4	2	0	0	74	15.97
3	4	2	4	0	0	70	18.33
4	3	3	4	0	0	68	17.66
5	5	2	3	0	0	74	17.44
6	2	3	5	0	0	82	18.55
7	4	2	4	0	0	70	18.33
8	2	4	4	0	0	66	16.97
9	1	4	5	0	0	62	17.89
10	2	5	3	0	0	68	15.23

由式（12-2）可得专项满意度值：

$$A_{mp} = \sum_{i=1}^{n}(E_{mpi} + P_{mspi})/N = 81$$

此外，$\sigma_1 = \sigma_2 = 0.5$，由式（12-3）可得总体满意度值：

$$A_{ms} = \sigma_1 A_{mb} + \sigma_2 A_{mp} = 0.5 \times 86 + 0.5 \times 81 = 83.5$$

即对某型坦克火力打击总体满意度为 83.5%。

12.3.2　均值-层次分析法

作战适用性是指装备在实际使用环境中满足作战运用要求的能力和程度，主要包括作战环境适用性，作战使用适用性和作战保障适用性，按照层次分析法，作战适用性评估根据各下级指标评估值的加权平均值进行计算。下面介绍基于 10 分制问卷调查的装备作战适用性评估方法——均值-层次分析法。

地形环境适用性（P_{dx}）是指不同地形环境下各型装备的机动、通信及火力的影响程度，主要包括机动适用性（P_{jd}）、通信适用性（P_{tx}）和火力适用性（P_{hl}）。根据调查数据进行评估，其具体评估模型如下：

$$P_{dx} = \frac{1}{3} \times (P_{jd} + P_{tx} + P_{hl})$$

$$P_{jd} = \frac{1}{5} \times (\text{avg}(v_{gs}) + \text{avg}(v_{dj}) + \text{avg}(v_{jy}) + \text{avg}(v_{dc}) + \text{avg}(v_{yy}))$$

$$P_{tx} = \frac{1}{4} \times (\text{avg}(v_{sd}) + \text{avg}(v_{ql}) + \text{avg}(v_{py}) + \text{avg}(v_{cs})) \qquad （12-5）$$

$$P_{hl} = \frac{1}{3} \times (\text{avg}(v_{sd\_hl}) + \text{avg}(v_{ql\_hl}) + \text{avg}(v_{py\_hl}))$$

$$\text{avg}(v) = 10 \times \frac{1}{n} \times \sum_{n=1}^{n} v$$

其中，v_{gs}、v_{dj}、v_{jy}、v_{dc}、v_{yy} 分别为装备在高速公路、等级公路、简易公路、大车路和越野条件下的机动适用情况评分值；v_{sd}、v_{ql}、v_{py}、v_{cs} 分别为装备在山地、丘陵、平原和城市条件下的通信适用情况评分值；v_{sd_hl}、v_{ql_hl}、v_{py_hl} 分别为装备在山地、丘陵和平原条件下的火力适用情况评价值；n 为 10 分制问卷调查的数量；v 为调查的评价值，$v \in [1,10]$；$\text{avg}(v)$ 为该项调查值的算数平均值。

应用示例：地形环境适用性包括装备的机动适用性、通信适用性和火力适用性。其中，机动适用性用于调查装备在高速公路、等级公路、简易公路、大车路和越野条件下的机动适用情况；通信适用性用于调查装备在山地、丘陵、平原和城市条件下的通信适用情况；火力适用性用于调查装备在山地、丘陵和平原条件下的火力适用情况。表 12-9 给出了地形环境适用性评估采集数据示例，共计 3263 份问卷。

表 12-9　地形环境适用性评估采集数据示例

评估基础数据项目		检 验 结 果										
调 查 评 分		10	9	8	7	6	5	4	3	2	1	分
机动适用性	高速公路	155	65	54	26	13	7	6	2	1	1	次
	等级公路	139	78	62	23	10	7	4	1	1	2	次
	简易公路	135	62	57	37	12	10	9	1	1	3	次
	大车路	126	68	61	33	19	4	4	8	1	2	次
	越野	88	57	63	36	34	19	14	8	0	13	次
通信适用性	山地	51	41	56	51	26	24	11	9	6	5	次
	丘陵	62	51	72	35	29	14	7	6	1	4	次
	平原	117	77	43	18	11	3	1	4	3	3	次
	城市	72	65	44	34	29	12	4	7	1	3	次
火力适用性	山地	56	35	27	20	18	7	3	4	0	4	次
	丘陵	58	32	31	26	8	3	1	3	0	4	次
	平原	71	38	34	7	8	3	1	3	0	4	次
调查问卷的数量（n）		3263										次

依据表 12-9 给出的评估基础数据，按照式（12-5）进行地形环境适用性评估计算，其结果如下：

$$P_{dx} = \frac{1}{3} \times (P_{jd} + P_{tx} + P_{hl}) = 8.98$$

$$P_{jd} = \frac{1}{5} \times (avg(v_{gs}) + avg(v_{dj}) + avg(v_{jy}) + avg(v_{dc}) + avg(v_{yy})) = 10.61$$

$$P_{tx} = \frac{1}{4} \times (avg(v_{sd}) + avg(v_{ql}) + avg(v_{py}) + avg(v_{cs})) = 8.00$$

$$P_{hl} = \frac{1}{3} \times (avg(v_{sd\_hl}) + avg(v_{ql\_hl}) + avg(v_{py\_hl})) = 8.34$$

$$avg(v) = 10 \times \frac{1}{n} \times \sum_{n=1}^{n} v = 89.80$$

由此可知地形环境适用性为 89.80，等级对应良好。

12.3.3　云模型法

装备体系试验评估取决于多个因素，且其指标数据在采集上存在数据匮乏、信息不明确等问题。评估的大部分指标属于定性指标，每个指标在本质上都具有模糊性和一定的随机性，即不确定性。云模型可以很好地表示指标的不确定性，并具有无须先验概率、推理形式简单等优点。

在装备作战试验评估指标体系中，经常会出现同一层级指标中既有定性指标也有定量指标的情况。装备作战试验评估指标体系中的定性指标往往依据试验人员或者装备操作人员的主观感受而得到，具有很大的不确定性，不能被转换成精确的数值。因此，定性指标与定量指标的聚合具有一定难度。基于云模型的评估方法利用云模型实现了不确定性概念与定量数值之间的转换，为定性指标与定量指标相结合的指标体系评估提供了有效手段。

1）基本原理与步骤

云模型是用语言值表示某个定性概念与其定量表示之间的不确定性转换模型的。设 X 是一个论域，$X=\{x\}$，L 是与 X 相联系的语言值（模糊子集）。对于任意元素 x，$x \in X$ 都指定一个数 $\mu_1(x)=[0,1]$，称为元素 x 对 L 的隶属度。隶属度在论域上的分布称为云。云是从论域 X 到区间 $[0,1]$ 的映射，即

$$\mu_1(x):X \rightarrow [0,1], x \in X \qquad (12-6)$$

式中，x 在论域上的分布称为云模型，一个 x 称为一个云滴。

云模型用数字特征：期望值 E_X、熵 E_n 和超熵 H_e 表征定性概念，其含义见表 12-10。云模型及其数字特征如图 12-4 所示。

表 12-10　云模型数字特征含义

数 字 特 征	含 　 义
期望值 E_X	期望值是云滴在论域中的期望，最能代表定性指标
熵 E_n	熵是定性指标的不确定性度量，反映该定性指标的云滴离散程度和论域空间中可接受的云滴的数值范围，体现了定性指标的裕度。熵越大，指标越模糊
超熵 H_e	超熵反映云滴的离散程度。超熵越大，云滴离散度越高，云的厚度也越大

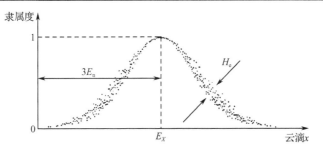

图 12-4　云模型及其数字特征

云模型的 3 个数字特征 (E_X, E_n, H_e) 可以通过云模型算法生成多个任意

云滴，由 (E_X, E_n, H_e) 生成云滴 (x, μ) 组成的正态云图称为云发生器。从定性指标到定量指标的转换称为正向云发生器，如图 12-5 所示；反之，从定量指标到定性指标的转换称为逆向云发生器，如图 12-6 所示。

图 12-5　正向云发生器　　　　图 12-6　逆向云发生器

假设有 m 个评估指标，每个指标对应 n 组试验数据，云模型计算公式为：

$$\begin{cases} E_X = \dfrac{\max(E_{X_1}, E_{X_2}, \cdots, E_{X_n}) + \min(E_{X_1}, E_{X_2}, \cdots, E_{X_n})}{2} \\ E_n = \dfrac{\max(E_{X_1}, E_{X_2}, \cdots, E_{X_n}) - \min(E_{X_1}, E_{X_2}, \cdots, E_{X_n})}{6} \\ H_e = k \end{cases} \quad (12\text{-}7)$$

式中，k 为常数，可根据评语的模糊程度进行调整。

基于云模型的作战效能评估分为 5 个步骤，其基本流程如图 12-7 所示。

图 12-7　基于云模型的作战效能评估基本流程

2）示例分析

示例 1：以某型坦克作战适用性中的单项适用性——保障适用性评估为例，进行云模型的专项评估分析。基于云模型的作战试验专项评估方法是通过构建装备作战试验的某专项评估指标体系，将体系中的定性指标用正态云表示出来，建立专项评估指标集 U、权重集 W 和评语集 V。

（1）构建专项评估指标集。保障适用性评估指标体系是进行保障适用性评估的依据。科学确定评估指标体系对评估结论具有重要影响。依据装甲装备作战适用性评估指标体系，得到保障适用性评估指标体系，如图 12-8 所示。保障适用性评估指标集 $U = \{U_1, U_2, U_3, U_4\}$，既有定量指标又有定性指标，主要由装备的战备保障能力、固有保障能力、战场抢修能力和战场补给能力组成。其中，战备保障能力用 U_1 表示，反映坦克能否达到实施战备值班的可用度要求和维修资源保障能力，通常是一些较为直观的定性参量；固有保障能力用 U_2 表示，包括无故障行驶里程、故障检测率、故障隔离率及固有可用度；战场抢修能力用 U_3 表示，反映坦克在战场出现故障时能否满足快速发现故障并达到维修和抢修的要求，它可以是定性指标也可以是定量指标，多以定量指标为主，主要包括平均故障抢修时间、战场故障修复率及战场器材消耗数量；战场补给能力用 U_4 表示，反映坦克所需的器材、油料和弹药等保障物资能否达到要求，通常用器材、油料和弹药的补给时间表示。

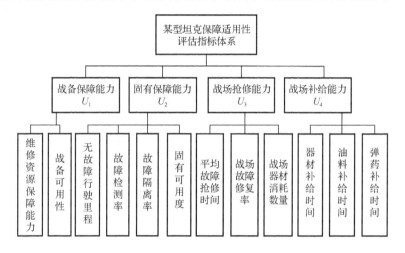

图 12-8　保障适用性评估指标体系

（2）确定评估指标权重。应用指标权重确定方法可以选择不同的权重确定方法。本例中采用专家主观赋权法为各层指标建立权重因子，并用定性语言表述；使用正向云发生器生成指标因素的权重云图，获取评估指标因素的权重因子集 $W = \{W_1, W_2, W_3, W_4\}$。

（3）确定评估指标评语等级。评估指标评语集就是定性评估指标的取值，一般定性评估的评语取值分为 5 级：很好、较好、一般、差、很差，评语是用定性语言值对保障适用性所做的描述。云模型能够将定性概念的模糊性和随机性进行有机结合，实现定性语言值和定量指标数值之间的相互转换。通常采用正态云表征语言值，可以用数字特征 (E_X, E_n, H_e) 表示。通过在作战试验过程中征求专家和装备使用人员的意见，采用 5 级评语构成的评语集，即 {很好、较好、一般、差、很差}，确定评语集 $V = \{V_1, V_2, V_3, V_4, V_5\}$，并将 5 级评语值量化为标准值（表 12-11），应用式（12-7）将评语集转化为相应的云模型，如图 12-9 所示。

表 12-11　评语值量化为标准值

很好（V_1）	较好（V_2）	一般（V_3）	差（V_4）	很差（V_5）
[0.9,1.0]	[0.8,0.9]	[0.6,0.8]	[0.4,0.6]	[0,0.4]
(0.95,0.017,0.005)	(0.85,0.017,0.005)	(0.70,0.033,0.005)	(0.50,0.033,0.005)	(0.20,0.067,0.005)

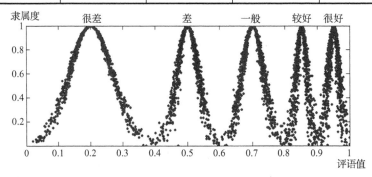

图 12-9　评语云模型

（4）建立评估云模型。在确定评语云模型后，就可以先统计作战试验领域专家或者装备使用人员对某型坦克作战试验中保障适用性的战备保障能力、固有保障能力、战场抢修能力和战场补给能力的评语，再依据数据结果确定各指标的权重及评价结果，代入式（12-7）得出某型坦克作战试验中保障适用性的云模型数字特征，见表 12-12。进而生成保障适用性指标评估云模型，如图 12-10 所示。

表 12-12　保障适用性的云模型数字特征

保障适用性 二级指标	战备保障能力 U_1	固有保障能力 U_2	战场抢修能力 U_3	战场补给能力 U_4
云模型数字特征	(0.26,0.020,0.014)	(0.16,0.033,0.024)	(0.38,0.060,0.013)	(0.20,0.057,0.023)

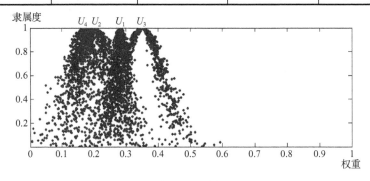

图 12-10　保障适用性指标评估云模型

（5）得出评估结论。对保障适用性指标评估云模型进行归一化处理，其结果如图 12-11 所示。根据图 12-11，按照作战试验实施过程中采集的数据及专家打分数值得出某型坦克保障适用性的评估结论见表 12-13。

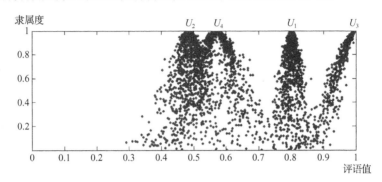

图 12-11　保障适用性指标评估结果

表 12-13　保障适用性的评估结论

保障适用性二级指标	战备保障能力 U_1	固有保障能力 U_2	战场抢修能力 U_3	战场补给能力 U_4
评估结论	一般	差	较好	一般偏差

应用云模型对装甲装备作战适用性进行评估，是将作战适用性指标体系中的定量和定性指标通过隶属云对指标的模糊性和随机性进行统一描述，实现定性和定量相结合的转化分析。通过云模型评估保障适用性，可以较好地体现保障适用性二级指标体系中各指标的能力水平及其主要存在的问题，而不是笼统地给出一个综合评估评价结论。这样可以使整个评估结果更具有客观性和说服力，有利于集中体现被试装备在作战试验中暴露的问题，并有针对性地归零和设计改进，以达到通过作战试验检验被试装备作战适用性的目的，为装甲装备的作战适用性专项评估提供决策依据。

示例 2：

（1）评估指标体系。与"三性"对应的指标表示见表 12-14。

表 12-14　指标表示

一 级 指 标	二 级 指 标	三 级 指 标
作战适用性 U	作战使用适用性 U_1	作战使用安全性 U_{11}
		作战使用人机结合性 U_{12}

续表

一 级 指 标	二 级 指 标	三 级 指 标
作战适用性 U	作战环境适用性 U_2	战场自然环境适用性 U_{21}
		复杂电磁环境适用性 U_{22}
		战场威胁环境适用性 U_{23}
	作战保障适用性 U_3	维修保障适用性 U_{31}
		使用保障适用性 U_{32}

（2）试验想定。试验任务描述如下：

试验进攻方为机械化步兵某师，欲突破敌防御，向其纵深发起攻击。

试验任务的完成需要成梯队部署，集中主要兵力兵器在 X 高地至 Y 高地南 750m 地段突破敌防御，沿 G 高地向 H 高地方向实施主要攻击，并以部分兵力沿 O 高地、T 高地向 R 高地方向实施攻击，采取信息火力毁瘫、钳形攻击、纵深机降、先割后歼的战术手段歼灭当面之敌，占领敌方阵地。

敌机械化步兵某旅组织对进攻部队的防御，企图阻止进攻部队向其纵深发展进攻。试验的指挥信息系统包括指挥所、观察所、有线通信网和无线通信网等。试验的组织指挥是由各类参谋人员利用系统完成各类业务的处理，帮助指挥员完成系统不能完成的推理、判断等工作，协助指挥员完成作战组织指挥。下级指挥机构或武器平台控制器执行指挥员下达的命令，并反馈执行情况。

（3）试验指标数据采集。为采集数据，根据试验背景进行 6 次作战试验仿真，各次试验情况有试验人员记录，适用性指标由试验人员根据各次试验情况进行评估。

评语集越多，评估结果越精确，这里的评语集采用 11 个评语进行评判。

运用 AHP 方法得到各级指标权重：

$$\omega = (0.4, 0.35, 0.25)$$
$$\omega_1 = (0.45, 0.55)$$
$$\omega_2 = (0.25, 0.375, 0.375)$$
$$\omega_3 = (0.61, 0.39)$$

各次试验记录的作战适用性指标状态值见表 12-15。

表 12-15　各次试验记录的作战适用性指标状态值

三 级 指 标	试验 1	试验 2	试验 3	试验 4	试验 5	试验 6	理想状态
作战使用安全性 U_{11}	一般	较好	较好	很好	一般	一般	极好
作战使用人机结合性 U_{12}	较好	较好	差	一般	一般	好	极好
战场自然环境适用性 U_{21}	非常好	非常好	非常好	很好	很好	非常好	极好
复杂电磁环境适用性 U_{22}	一般	一般	差	差	好	差	极好
战场威胁环境适用性 U_{23}	好	一般	一般	好	差	一般	极好
维修保障适用性 U_{31}	很好	很好	非常好	好	一般	较好	极好
使用保障适用性 U_{32}	非常好	很好	很好	较好	较好	非常好	极好

（4）基于云模型的评估。把定性指标的语言表示转化为对应的数值，得到 U_1 的决策矩阵 B_1，用其转置矩阵表示为

$$\boldsymbol{B}_1^{\mathrm{T}} = \begin{bmatrix} 0.5 & 0.7 & 0.7 & 0.8 & 0.5 & 0.5 \\ 0.7 & 0.7 & 0.4 & 0.5 & 0.5 & 0.6 \end{bmatrix} \qquad (12\text{-}8)$$

U_2 的决策矩阵 B_2 用其转置矩阵表示为

$$\boldsymbol{B}_2^{\mathrm{T}} = \begin{bmatrix} 0.9 & 0.9 & 0.9 & 0.8 & 0.8 & 0.9 \\ 0.5 & 0.5 & 0.4 & 0.4 & 0.6 & 0.4 \\ 0.6 & 0.5 & 0.5 & 0.6 & 0.4 & 0.5 \end{bmatrix} \qquad (12\text{-}9)$$

U_3 的决策矩阵 B_3 用其转置矩阵表示为

$$\boldsymbol{B}_3^{\mathrm{T}} = \begin{bmatrix} 0.8 & 0.8 & 0.9 & 0.6 & 0.5 & 0.7 \\ 0.9 & 0.8 & 0.8 & 0.7 & 0.7 & 0.9 \end{bmatrix} \qquad (12\text{-}10)$$

根据决策矩阵可以分别求得各指标云模型的期望值和熵，见表 12-16。

表 12-16　各指标云模型的期望值和熵

指　　标	U_1		U_2			U_3	
	U_{11}	U_{12}	U_{21}	U_{22}	U_{23}	U_{31}	U_{32}
期望值	0.6167	0.5667	0.8667	0.4667	0.5167	0.7167	0.8
熵	0.05	0.05	0.0167	0.0333	0.0333	0.0667	0.0333

根据式（12-7）可以把表 12-16 中的指标用一个云模型来表示。

对于 U_1，综合云重心位置向量 $\boldsymbol{a} = [0.6167 \quad 0.5667]$，云重心高度向量 $\boldsymbol{b} = \omega_1 = [0.45 \quad 0.55]$，则综合云重心向量 $\boldsymbol{T} = [0.2775 \quad 0.3117]$。

理想状态下加权综合云的重心向量为

$$\boldsymbol{T}_{U_1}^0 = [1 \times 0.45 \quad 1 \times 0.55] = [0.45 \quad 0.55] \qquad (12\text{-}11)$$

对上式的重心向量进行归一化，可得

$$\boldsymbol{T}_{U_1}^G = [\boldsymbol{T}_1^G \quad \boldsymbol{T}_2^G] = [-0.3833 \quad -0.4333] \qquad (12\text{-}12)$$

则加权偏离度 θ_1 为

$$\theta_1 = \sum_{i=1}^n \omega_{U_1} \boldsymbol{T}_{U_1}^G = -0.4108 \qquad (12\text{-}13)$$

即距理想状态下的加权偏离度为 0.4108。

对 U_1 用精确数值表示其评判值为

$$1-0.4108=0.5892$$

对于 U_2，综合云重心位置向量 $\boldsymbol{a} = [0.8667 \quad 0.4667 \quad 0.5167]$，云重心高度向量 $\boldsymbol{b} = \omega_2 = [0.25 \quad 0.375 \quad 0.375]$，则综合云重心向量 $\boldsymbol{T} = [0.2167 \quad 0.175 \quad 0.1938]$。

理想状态下加权综合云的重心向量为

$$\boldsymbol{T}_{U_2}^0 = [1 \times 0.25 \quad 1 \times 0.375 \quad 1 \times 0.375] = [0.25 \quad 0.375 \quad 0.375] \qquad (12\text{-}14)$$

根据式（12-7）对式（12-14）的重心向量进行归一化，得

$$\boldsymbol{T}_{U_2}^G = [\boldsymbol{T}_1^G \quad \boldsymbol{T}_2^G \quad \boldsymbol{T}_3^G] = [-0.1332 \quad -0.5333 \quad -0.4832] \qquad (12\text{-}15)$$

则加权偏离度为

$$\theta_2 = \sum_{i=1}^n \omega_{U_2} \boldsymbol{T}_{U_2}^G = -0.4145 \qquad (12\text{-}16)$$

即距理想状态下的加权偏离度为 0.4145。

对 U_2 用精确数值表示其评判值为

$$1-0.4145=0.5855$$

对于 U_3，综合云重心位置向量 $\boldsymbol{a} = [0.7167 \quad 0.8]$，云重心高度向量 $\boldsymbol{b} = \omega_3 = [0.61 \quad 0.39]$

则综合云重心向量 $\boldsymbol{T} = [0.4372 \quad 0.312]$

理想状态下加权综合云的重心向量为

$$\boldsymbol{T}_{U_3}^0 = [1 \times 0.61 \quad 1 \times 0.39] = [0.61 \quad 0.39] \qquad (12\text{-}17)$$

根据式（12-7）对式（12-17）的重心向量进行归一化，得

$$T_{U_3}^{G} = [T_1^{G} \quad T_2^{G}] = [-0.2833 \quad -0.2]$$

则加权偏离度为

$$\theta_3 = \sum_{i=1}^{n} \omega_{U_3} T_{U_3}^{G} = -0.2508 \qquad (12\text{-}18)$$

即距理想状态下的加权偏离度为 0.2508。

对 U_3 用精确数值表示其评判值为

$$1-0.2508=0.7492$$

通过对二级指标的分析，可以求出作战适用性的精确数值。

U_1、U_2、U_3 的权重向量为 $\omega = [0.4 \quad 0.35 \quad 0.25]$，其评判的精确数值组成的向量表示为 $V = [0.5892 \quad 0.5855 \quad 0.7492]$，则作战适用性的精确数值为

$$A = \omega V = 0.6279$$

此数值介于 0.6 和 0.7 之间，属于"好"和"较好"之间，更偏向于"好"。

由表 12-17 可以看出，各个问题模式的风险顺序数 R_{PN} 不同，根据专家意见，若 $R_{PN} < 70$，则认为对应的问题模式风险较小，无须采取改进措施。为了提高装备体系的作战适用性，对于 $R_{PN} \geq 70$ 的问题模式，可以根据 FMEA 的风险顺序数按由大到小的顺序对装备体系制定改进措施，见表 12-18。

表 12-17　作战适用性试验 FMEA 表格

问 题 模 式	原 因 分 析	严重度	发生概率等级	难检度	风险顺序数
应急能力差	参谋人员、指挥员水平不高，指挥控制不得力（M_{11}）	6	5	5	150
	战术机动性差（M_{12}）	6	7	4	168
战场环境适用性差	电子设备电磁环境适用性差（M_{21}）	4	6	3	72
	步兵战车战场打击环境适用性差，故障率高（M_{22}）	9	7	4	252
	坦克自然环境适用性差（M_{23}）	7	6	6	252
试验数据记录不完全	试验指标数据记录方法有问题（M_{31}）	4	6	2	48
	定性指标偏多（M_{32}）	3	8	2	48
作战使用适用性不高	作战使用安全性差（M_{41}）	9	3	4	108
	装备使用人员操作水平不高，作战使用人机结合性不高（M_{42}）	6	7	5	210
保障适用性差	作战保障、后勤保障模式落后（M_{51}）	6	6	6	216

表 12-18　改进措施制定

问题模式	风险顺序数	改进措施制定
M_{00}	252	改进步兵战车设计，提高抗毁能力
M_{23}	252	引入适应试验地区自然环境的坦克
M_{51}	216	为利于灵活组合、快速部署，后勤保障装备采取"箱组式"模块化配备，保障装备采用"平台+模块"的基本技术路线
M_{42}	210	加强平时训练，提高装备使用人员熟悉程度
M_{12}	168	加强平时训练，提高指挥控制效率
M_{11}	150	建立相对独立的装备体系试验管理职能部门，开发和利用各种体系试验资源和技术优势，加强装备体系试验靶场建设规划、人才建设规划
M_{41}	108	1．引入安全保密分系统。主要由信道防护系列、边界防护系列、终端防护系列和安全保密管理设备组成，为全网全系统提供多重安全保护 2．试验过程严格遵循安全性原则，精心谋划，统筹安排，严密组织作战试验，做到正确指挥和操作准确协同，防患于未然，确保试验装备、人员的安全
M_{21}	72	研制新型电子设备，提高电磁环境适用性

需要说明的是，制定改进措施在很大程度上依据的是基于 QFD 的试验影响因素分析结果。

12.4　基于实测结果的装备作战适用性评估

以装备作战适用性中的可用性、可靠性、维修性、保障性及测试性为例说明定量评估方法。基于试验数据和评估模型，每个适用性指标都能得到一个确定值，与阈值比较可得到该指标的试验结论；若需要得到装备的作战适用性，则可采用加权和方法，对所有指标值进行综合。

12.4.1　可用性

可用性通常将使用可用度或可达可用度作为评价指标，其计算公式如下：

$$使用可用度 = 1 - \frac{期间不能工作时间总和}{期间总时间} \times 100\% \qquad （12-19）$$

式中，期间总时间的计算方法为被试装备数×试验期间的总天数×24，单位为 h；不能工作时间指每次故障发生到修复及每次进入预防性维修到修竣的时间，单位为 h。

可达可用度的计算公式与使用可用度的类似，只是在计算时仅考虑纯粹用于预防性维修和修复性维修的时间，并不考虑延误时间。

12.4.2　可靠性

可靠性的主要评价指标有平均故障间隔时间（MTBF）和平均严重故障间隔时间（MTBCF）等。

平均故障间隔时间指两次故障间工作时间的平均值，其计算公式如下：

$$平均故障间隔时间 = \frac{期间总工作小时数}{故障总数} \qquad （12-20）$$

平均严重故障间隔时间指两次严重故障间工作时间的平均值，其计算公式如下：

$$平均严重故障间隔时间 = \frac{期间总工作小时数}{故障总数} \qquad （12-21）$$

计算上述指标时，应剔除由于使用原因造成的故障（只考虑关联故障），通过计算结果与研制总要求规定的指标对比，评价装备的质量稳定性。严重故障是指导致坦克不能完成规定任务，且在现场所允许的最大修复时间内不能修复的故障。在研制总要求中通常会规定故障判断准则。

12.4.3　维修性

维修性通常用平均修复时间（MTTR）、主要部件更换时间，以及维修可达性、方便性等指标来评价。

平均修复时间指装备故障后修复时间的平均值，其计算公式如下：

$$平均修复时间 = \frac{期间修复性维修总时间}{期间故障总数} \qquad （12-22）$$

主要部件更换时间指主要部件更换时间的平均值，通常结合故障排除或修复性维修活动统计时间计算平均值（精确到 0.1h），必要时可通过演示性拆装来获取数据。

12.4.4　保障性

保障性常用战斗准备时间等指标来评价。

以装甲装备为例，单车战斗准备时间指装甲装备单车在战备储存状态转为战斗状态的过程中，完成规定使用保障活动所用时间的平均值（精确到 0.1h），一般通过演示或结合战斗射击前的准备工作记录有关时间进行计算。

12.4.5 测试性

测试性常用故障检测率、虚警率等指标来评价。

故障检测率是表征装备能够正确检测所发生故障的评价指标，其计算公式如下：

$$故障检测率 = \frac{期间正确检测的故障数}{期间总故障数} \times 100\% \qquad （12-23）$$

虚警率是表征装备错误告警发生故障的评价指标，其计算公式如下：

$$虚警率 = \frac{期间错误告警的故障数}{期间告警的总故障数} \times 100\% \qquad （12-24）$$

12.5 装备体系可用性和可靠性定量评估

本节重点介绍装备体系可用性和可靠性评估模型。

12.5.1 装备体系可用性评估模型

体系在开始执行任务时状态的量度，即体系的可用性向量由网络中各节点的状态构成，并与网络连通性及各节点的可靠性、维修性和管理水平等因素相关。体系的可用性用矩阵表示为

$$A = (a_{ij})_{m \times n}$$

$$\sum_{j=1}^{n} a_i = 1$$

式中，a_{ij} 为开始执行任务时节点 (a_i) 处于 j 状态的概率。需要注意的是，体系各节点的状态有效性并不能表示体系的状态有效性，体系的有效性是各节点的有效性与网络结构的统一，即节点间协作的有效性。

（1）武器装备系统可用性度量。假设某武器系统由 m 个相互连接的部件组成，且每个部件在任务开始时刻只有正常和故障两个状态，系统可能的状态数为 $n = 2^m$，则系统的有效性向量表示为 $A = (a_1, a_2, \cdots, a_i, \cdots, a_n)$，其中，$a_i$ 表示任务开始时系统处于状态 i 的可用度，且有

$$\sum_{i=1}^{n} a_i = 1$$

系统第 k 部件处于状态 i 的可用度为

$$A(a_{ik}) = \frac{T_{\text{BF}k}}{T_{\text{BF}k} + M_{\text{CT}k} + M_{\text{MLD}k}}$$

式中，$T_{\mathrm{BF}k}$ 表示平均故障间隔时间；$M_{\mathrm{CT}k}$ 表示平均修复时间；$M_{\mathrm{MLD}k}$ 表示平均保障延误时间。

系统在状态 i 时有 p 个部件处于工作状态，$m-p$ 个部件处于非工作状态，则系统的可用度为

$$A(a_i) = \prod_{k=1}^{p} A(a_{ik}) \prod_{k=p+1}^{m} [1 - A(a_{ik})]$$

当 m 个部件都处于工作状态时，则系统的可用度为

$$A(a_i) = \prod_{k=1}^{m} A(a_{ik})$$

（2）任务链的可用性度量。假设网络连通度满足要求，任务链由多个武器装备系统或单元组成，链路中若存在同类武器装备组成的并联支路，则该并联支路只能作为整体使用。链路的可用性取决于链路上不同种类的节点及其数量。定义某链路上 i 类武器装备各有 k_i 个正常工作才能协同完成规定子任务为该链路的有效状态，规定能正常工作的各类武器装备数量超过 m_i 时，链路的可用度为 1，则可用效用函数刻画任务链的可用度：

$$A(l_j) = \begin{cases} 0, 0 \leqslant u_i < k_i \\ \prod \dfrac{u_i - k_i}{m_i - k_i}, k_i \leqslant u_i < m_i \\ 1, u_i \geqslant m_i \end{cases} \qquad (12\text{-}25)$$

式中，$A(l_j)$ 为链路在状态 j 时的可用度；u_i 为状态 j 时各类武器装备能正常工作的实际数量。需要说明的是，在上述约束条件中，若某类能正常工作的装备数量超过 m_i，则可认为该类装备的可用度为 1。

（3）体系的可用性度量。任务链在体系中的基本类型可分为独立型和相关型两种。对于某任务而言，若由独立型的任务链执行相应的子任务，则该任务的体系有效性可规定为有效任务链的条数与完成该任务所需有效任务链之间的一种函数关系。设该任务的执行至少需要 m 条有效任务链，若有效任务链的条数大于 n，则该任务执行的有效性为 1，可用度表示如下：

$$A(S_j) = \begin{cases} 0, 0 \leqslant u < m \\ \dfrac{u - m}{n - m}, m \leqslant u < n \\ 1, u \geqslant n \end{cases} \qquad (12\text{-}26)$$

式中，$A(S_j)$ 为独立型任务链所组成的体系的可用度；u 为有效任务链的条数。

相关型任务链组成的体系的可用度由各任务链可用度乘积表示。因为只

有所有相关型任务链都处于有效状态时，体系才能正常工作。其可用度函数为 $A(S_j) = \prod A(l_{ij})$，其中，$A(l_{ij})$ 表示状态 j 时链路 l_i 的可用度。

12.5.2 装备体系可靠性评估模型

可靠性通常用可信性度量。体系的可信性不仅与各节点的可靠性、维修性相关，而且与网络结构的可靠性和抗毁性有关。体系的可信性和武器装备的可信性在根本上就不同，体系的可信性不仅注重武器装备在执行任务过程中的系统状态随时间的变化，而且对体系划分的各任务链中武器通道的完整性有要求。武器通道完整表示该通道处于有效状态，体系的可信性度量就是由这些完整的武器通道的有效性刻画的。可信性直接取决于装备系统的可靠性、网络的可靠性和使用过程中的修复性，也与人员素质、指挥因素有关。可信性矩阵表示为

$$D = (d_{ij})_{n \times n}$$

$$\sum_j d_{ij} = 1$$

式中，d_{ij} 表示任务开始执行时体系处于状态 i，而在任务执行过程中系统处于状态 j 的概率。

（1）武器装备系统可信性度量。在武器装备的可信度分析中，应用马尔可夫链描述武器装备状态的变化和相应的转移概率。其可信度矩阵表示为

$$D = (d_{ij})_{n \times n} = \begin{bmatrix} d_{11} & d_{12} & \cdots & d_{1n} \\ \cdots & \cdots & d_{ij} & \vdots \\ d_{n1} & d_{n2} & \cdots & d_{nn} \end{bmatrix}$$

式中，d_{ij} 为装备从状态 i 向状态 j 的转移概率。

若装备的状态只有正常和故障两种情况，其可信性只考虑可靠性和维修性两方面的影响，则在任务期间不可修复的武器装备系统的可信度矩阵为

$$D_1 = \begin{bmatrix} R_m & 1 - R_m \\ 0 & 1 \end{bmatrix}$$

可修复的武器装备系统的可信度矩阵为

$$D_2 = \begin{bmatrix} R_m + (1 - R_m)M_m & (1 - R_m)(1 - M_m) \\ M_m & 1 - M_m \end{bmatrix}$$

式中，R_m 为任务可靠性参数；M_m 为任务维修性参数，且假定任务维修性参数为定值。

（2）任务链的可信性度量。一体化联合作战中，系统可靠度的提升主要

体现在信息网络支持下系统各单元对作战资源的共享，武器装备系统可以实现跨平台的系统重构。当系统中某类分系统的某一子系统发生故障时，其余子系统仍可与该类分系统的其他子系统继续组成完整的任务链及武器通道，直至某类分系统完全缺失，武器装备系统的作战能力才会丧失。这种一体化的网络结构可以视为先并后串的混合结构。

任务链一般由多条武器通道构成，其可靠度与各武器装备系统的可靠度和构成武器通道的网络链路的可靠度有关，单个武器通道的可靠度 $R_i = R_w \cdot R_1$。其中，R_w 为组成武器通道的武器平台的综合可靠度；R_i 为网络链路的可靠度。

构成某一任务链的可能的武器通道数为 m，各武器通道的状态有正常与故障两种，而完成任务至少需要 n 条完整的武器通道，则任务链的有效武器通道数最多为 C_m^n，任务链的状态数最大值为 $2^{C_m^n}$，由这些武器通道组成的任务链的可信性矩阵可表示为

$$\boldsymbol{D} = \begin{bmatrix} d_{11} & d_{12} & \cdots & d_{1q} \\ \cdots & \cdots & \vdots & \cdots \\ d_{p1} & d_{p2} & \cdots & d_{pq} \end{bmatrix}$$

式中，d_{ij} 的计算方法如下：设 i 状态下有 m_i 条有效武器通道，j 状态下有 m_j 条有效武器通道，为保证该任务链的有效性，须使 $m_j, m_i \geqslant n$，n 为完成任务所需的最小任务链数。若在状态 i 向状态 j 的转移过程中，m_i 中有 t 条有效武器通道失效，而 $(m - m_i)$ 条发生故障的武器通道经修复有 s 条转化为有效状态，设武器通道 k 的可靠度为 R_k，修复率为 M_k（武器通道链路的修复率不同），则有

$$d_{ij} = \prod_{k=1}^{m_i - t} R(1 - R_k) M_k \prod_{k=1}^{t} (1 - R_k)(1 - M_k) \prod_{k=1}^{s} M_k \prod_{k=1}^{m - m_i - s} (1 - M_k)$$

（3）体系的可信性度量。体系由多条任务链构成，其可信性与有效任务链的可信度相关。任务链的状态可分为正常和故障两种，体系的状态也可分为正常和故障两种。任务链之间的基本关系为串联或并联关系，在此基础上形成了串并联混合等结构形式，这些结构的有机组合构成体系的总体结构。规定体系在作战中不会出现故障的条件是构成体系的 n 个任务链中，不发生故障的个数不少于 r，此时可利用 r/n 系统（表决系统）的可靠性模型代替体系的可信性模型，体系的可信性模型为（假设作战过程中任务链不可修复）

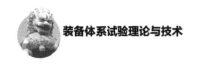
$$R_s(t) = \sum_{i=r}^{n} C_n^i R^i(t)[1-R(t)]^{n-i}$$

式中，$R_s(t)$ 为 t 时刻体系的可信度；$R(t)$ 为任务链的可信度。这里对任务链特殊性未做区分。

12.5.3　装备体系可用性和可靠性评估示例

1）基本想定

假定两个编制相同、装备相同的建制连担任某重要目标的防空任务。以每连有防空武器系统一套为例，该系统由车载传感子系统、车载指控子系统和车载打击子系统构成。现有两套作战方案，即方案一：各连只对指定方向空域安全负责，独立作战；方案二：两个连对双方的空域安全共同负责，协同作战。假定两建制连共同负责指定空域的安全，规定任一完整有效任务链（武器通道）都可完成规定任务，评估目标是对比以平台为中心和以网络为中心的两种不同作战模式下的系统效能，分析两种作战模式下效能差异形成的原因。为简化模型，进一步假设如下：

（1）同类子系统的可靠度指标是相同的，且不考虑网络链路等附属装备可靠度的影响。为简化计算，假设作战期间各子系统的可靠度不随时间变化且不可修复。

（2）不考虑作战背景和具体作战过程，以两套防空武器系统的整体作战效能评估为研究对象，虚构各子系统的战技性能指标，见表 12-19。

表 12-19　可用度、可靠度指标值

	传感子系统性能指数	打击子系统性能指数
可用度	$a_s = 0.80$	$a_w = 0.85$
可靠度	$R_s = 0.75$	$R_w = 0.86$

（3）假定传感子系统和打击子系统均只有正常与故障两种状态，且作战中指控子系统一直处于完好状态，即认为其可用度和可靠度的值为 1。

2）两种作战模式下的系统分析

在以平台为中心的作战模式下，两套防空武器系统独立作战，以先发现目标者先开火为战术原则，各平台分别由其传感子系统、指控子系统和打击子系统组成一条完整的任务链，两平台指控中心保持联络，但不能共享信息和交叉指控，如图 12-12 所示。

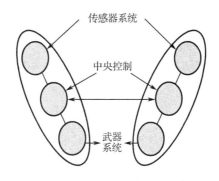

图 12-12　以平台为中心的独立作战模式示意图

在以网络为中心的综合集成条件下，两套防空武器系统协同作战且都拥有使用全部作战方案的权利。作战小组的有效状态由组成系统的 3 类子系统构成的有效任务链决定。在有效信息网络支持下，各子系统可跨平台组织武器通道进行协同作战。考虑到两个指控子系统功能完全相同且可相互代替，因此以一个指挥控制中心节点代表指控子系统且认为该中心节点在作战中始终处于正常状态，如图 12-13 所示。

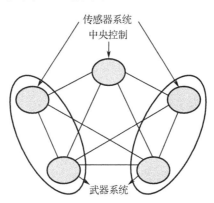

图 12-13　以网络为中心的协同作战模式示意图

3）两种作战模式下的系统可用性分析

（1）以平台为中心的独立作战模式系统可用性。在该模式下，只有任一平台的所有子系统都处于有效状态，平台才具有作战能力。从任务链的有效状态出发，该模式下作战小组的有效状态分为两种，可用性向量 $A_p = (a_1, a_2)$ 具体状态及相应可用度计算如下：

① 两套防空武器系统都能正常工作，该状态下系统的可用度为

$$a_1 = a_s^2 a_w^2 = 0.80^2 \times 0.85^2 = 0.4624$$

② 一套系统出现故障而另一套能正常工作，该状态下系统的可用度为

$$a_2 = C_2^1 a_s a_w (1 - a_s a_w)$$
$$= 2 \times 0.80 \times 0.85 \times (1 - 0.80 \times 0.85) = 0.4352$$

则初始时刻以平台为中心的独立作战模式系统的可用性向量为

$$A_p = (0.4624, 0.4352)$$

（2）以网络为中心的协同作战模式系统可用性。在该模式下，各子系统可跨平台组成有效武器通道，只要形成一个有效武器通道，即可认为作战小组具有完成任务的能力。根据假设条件，除指挥控制中心节点为正常一种状态外，两套武器系统的传感子系统和打击子系统均有正常和故障两种状态。在开始执行任务时，系统的有效状态应有 4 种，有效性向量记为 $A_N = (a_1, a_2, a_3, a_4)$，通过计算各状态及相应可用度，可以得到以网络为中心的协同作战模式系统的可用性向量：

$$A_N = (0.4624, 0.1632, 0.2312, 0.8704)$$

4）两种作战模式下的系统可信性分析

（1）以平台为中心的独立作战模式系统可信性。在该模式下，系统在运行中某时刻的有效状态变化包括 3 种情况，可通过马尔可夫链进行描述，如图 12-14 所示。

图 12-14　以平台为中心的独立作战模式系统的状态转移

图中 r_{ij} 表示系统由有效状态 i 转移为有效状态 j 的可信度，可由概率转移公式求得：

$$r_{11} = R_s^2 R_w^2 = 0.75^2 \times 0.86^2 = 0.4160$$
$$r_{12} = C_2^1 R_s R_w (1 - R_s R_w)$$
$$= 2 \times 0.75 \times 0.86 \times (1 - 0.75 \times 0.86)$$
$$= 0.4579$$
$$r_{33} = R_s R_w = 0.75 \times 0.86 = 0.6450$$

则以平台为中心的独立作战模式系统的可信性矩阵为

$$D_p = \begin{bmatrix} 0.4160 & 0.4579 \\ 0 & 0.6450 \end{bmatrix}$$

（2）以网络为中心的协同作战模式系统可信性。在该模式下，系统的有效状态变化情况有 9 种，可通过马尔可夫链进行描述，如图 12-15 所示。

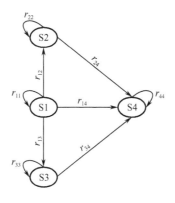

图 12-15　以网络为中心的协同作战模式系统的状态转移

图中 r_{ij} 表示系统由有效状态 i 转移为有效状态 j 的可信度，其可由概率转移公式求得，并由此得到以网络为中心的协同作战模式系统的可信性矩阵为

$$\boldsymbol{D}_\text{N} = \begin{bmatrix} 0.4160 & 0.1355 & 0.2773 & 0.4579 \\ 0 & 0.4838 & 0 & 0.3225 \\ 0 & 0 & 0.5547 & 0.1806 \\ 0 & 0 & 0 & 0.6450 \end{bmatrix}$$

5）评估结果分析

（1）在本例中，平台结构的系统只有两种有效状态，而网络结构的综合集成系统则有 4 种有效状态，且相应状态的有效性不低于以平台为中心的系统。网络结构的综合集成系统的有效状态多于平台结构的系统，恰好表明体系网络结构使原有的作战单元组成额外的潜在武器系统，这些潜在系统的效能则是带来系统效能增值的物理因素。

（2）网络使系统具有更多完整有效的武器通道，运行中作战单元或参与作战或退出作战，这种情况的出现使某一状态向所有可能有效状态的转移概率之和不等于 1，其原因是作战单元不是固定的，而是具有一定的随机性。另外，网络结构使单元的组合变得更复杂，并且网络结构为各作战单元提供了更多的协作机会，以及由此而带来的效能增加程度。

（3）网络的另外一个优势是信息的作用，信息优势转化为决策优势进而实现行动优势是一个经验性的共识，但是针对信息对行动增益的具体度量目前仍是一个难题，只有经验总结和理论上的推导。对于信息的决定性作用，可通过仿真手段先获得一些有益的参数，然后加以验证，从而获得比较可靠的定量模型。

参考文献

[1] 何成铭. 武器装备部队试验试用设计与优化方法研究[D]. 北京：装甲兵工程学院，2013.

[2] 罗小明，何榕，朱延雷. 装备作战试验设计与评估基本理论研究[J]. 装甲兵工程学院学报，2014，28（6）：1-7.

[3] 王凯. 武器装备作战试验[M]. 北京：国防工业出版社，2012.

[4] 宋敬华. 武器装备体系试验基本理论与分析评估方法研究[D]. 北京：装甲兵工程学院，2015.

[5] 王金良. 关于武器装备作战试验的总体思考[J]. 空军军事技术，2016，（3）：103-105.

[6] 杨晓段，李元左，尹向敏，等. 陆军武器装备综合集成体系的系统效能评估模型[J]. 指挥控制与仿真，2009，31（6）：1-5.

[7] 吴溪. 装备作战试验设计理论与方法研究[D]. 北京：航天工程大学，2018.

[8] 赵继广. 电子装备作战试验理论与实践[M]. 北京：国防工业出版社，2018.

第 13 章

装备体系适用性之体系融合度评估

基于网络信息系统的体系作战已成为未来战争的基本形态，单件装备之间、单件装备与系统之间，以及系统与系统之间的铰链耦合性越来越强，单件装备能否融入并适应作战体系直接关系到我军整体作战能力的发挥。为有效解决这一难题，我军首次提出了体系融合度的概念——体系融合度是单件装备与装备体系中其他装备接口兼容和任务协同，发挥整体作用的程度。本章阐述装备体系融合度评估问题，具体包括评估指标体系和评估示例。

13.1　装备体系融合度评估指标体系

目前，专家学者对体系贡献率的研究较多，而对于体系融合度的研究则处于起步阶段。下面介绍两种指标体系。

13.1.1　指标体系 1

体系融合度指装备融入整个装备体系的能力，主要包括装备与特定装备体系内其他装备之间的互联通、互操作及协同作战等能力。以某旅装备体系融合度评估为例，其体系融合度指旅本级装备与特定装备体系内其他装备之间的互联通、互操作及协同作战等能力。某旅装备体系融合度评估指标体系见表 13-1。

表 13-1　某旅装备体系融合度评估指标体系

一 级 指 标	二 级 指 标	三 级 指 标
体系融合度	体系接入度	与上级组网能力
		与陆航组网能力

一 级 指 标	二 级 指 标	三 级 指 标
体系融合度	体系接入度	与空军组网能力
		与战支组网能力
	信息融合度	与上级信息兼容性
		与陆航信息兼容性
		与空军信息兼容性
		与战支信息兼容性

1）体系接入度

体系接入度指旅本级指挥信息系统接入特定指挥信息系统体系的能力。

（1）与上级组网能力。即旅本级指挥信息系统接入上级指挥信息系统体系的能力，主要通过组网信道满足度、通信速率满足度及通信数据类型满足度进行评价。

（2）与陆航组网能力。即旅本级指挥信息系统接入陆航指挥信息系统体系的能力，其评估模型同与上级组网能力。

（3）与空军组网能力。即旅本级指挥信息系统接入空军指挥信息系统体系的能力，其评估模型同与上级组网能力。

（4）与战支组网能力。即旅本级指挥信息系统接入战支指挥信息系统体系的能力，其评估模型同与上级组网能力。

2）信息融合度

信息融合度指旅本级指挥信息系统与特定指挥信息系统之间信息融合的能力。

（1）与上级信息兼容性。即旅指挥信息系统与上级指挥信息系统信息兼容的能力，可分为操作系统兼容性、软件平台兼容性、数据接口兼容性及数据格式兼容度等。

（2）与陆航信息兼容性。即旅指挥信息系统与陆航指挥信息系统信息兼容的能力，其评估模型同与上级信息兼容性。

（3）与空军信息兼容性。即旅指挥信息系统与空军指挥信息系统信息兼容的能力，其评估模型同与上级信息兼容性。

（4）与战支信息兼容性。即旅指挥信息系统与战支指挥信息系统信息兼容的能力，其评估模型同与上级信息兼容性。

13.1.2　指标体系 2

体系融合度指被试装备是否满足作战体系内装备的"三化"要求（"通用化""系列化""组合化"要求），以及装备在装备体系中开展协同作战时，装备的作战能力在战场上是否与装备体系的协同效能及作战能力协调匹配等内容。某装备体系适用性评估指标及指标说明见表 13-2。

表 13-2　某装备体系适用性评估指标及指标说明

一级指标	二级指标	指标说明
体系融合度	"三化"要求	装备的"通用化""系列化""组合化"是否满足装备体系发展要求
	体系作战协同匹配性	装备在体系作战时的信息协同能力、火力协同能力、防护协同能力和保障协同能力等作战能力是否具备与其他装备体系功能匹配和互补的能力

1）"三化"要求

"三化"具体指"通用化"、"系列化"和"组合化"。

（1）通用化。即装备最大限度地使用同一单元的一种标准化形式，也就是在装备研制过程中选定或研制具有互换性特征的通用单元。

（2）系列化。即根据同类装备的发展规律和使用需求，对其形式和结构进行合理规划并统一。

（3）组合化。它表示在对不同装备进行功能分析和分解的基础上，划分通用模块或标准模块，并根据各自的功能从中选取相应模块进行组合，构成满足不同需求装备的一种标准化形式。

装备的"三化"要求是：根据装备体系要求，尽可能选取符合"三化"要求的系统或模块，以期在战场作战中装备出现损毁情况时，可以快速通过更换符合"三化"要求的系统或模块进行战场抢修，并迅速投入战斗，从而提高战场修复率。因此"三化"要求是延长装备有效寿命的重要措施，也是装备能否融入作战体系的重要评估指标。

2）体系作战协同匹配性

体系作战协同匹配性主要是从能力角度对装备在信息协同、火力协同、防护协同及保障协同等方面与装备体系中其他装备的匹配和互补情况的度量。

（1）信息协同匹配性。即被试装备与装备体系内的其他装备通过协作配

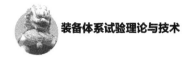
合获取情报信息，并根据获取的情报指挥和控制自身及其他装备实现有效作战配合的能力。

（2）火力协同匹配性。即被试装备与装备体系内的其他装备在火力空间、火力时序等方面相互补充，实现对敌目标精确打击的相互配合性。

（3）防护协同匹配性。即在敌火力打击下，被试装备与装备体系内其他装备通过全时间、全空间相互配合，实现有效防护的能力。

（4）保障协同匹配性。即被试装备与装备体系内各保障装备遂行保障任务所形成的保障效能的融合程度。

13.2　装备体系融合度评估的要素分析法

装备体系融合度分析的基本目的是厘清研究对象的有序化结构，为一系列评估工作提供系统结构方面的分析结果。主要研究内容包括系统构成要素分析、系统各要素之间关系特性分析和系统要素两两关系分析。一般步骤为选择系统要素→确定要素间的关系→建立结构模型。

13.2.1　装备体系融合度分析步骤

装备体系融合度分析通常分为 4 步。

1）系统要素选择

通常在着手建立结构模型之前，组织成立一个由相关人员和专家参加的研究小组，根据装备体系融合度分析的目标对研究对象的组成要素进行分析，确定系统的要素集。一个装备体系的组成要素可能有很多，如果都列入研究范围会增加研究的复杂性，提高建立结构模型的难度。一般都是通过研究小组进行讨论和协商，选择对建立结构模型起主要作用且能够反映系统结构特征的要素组成要素集，对于一些无关紧要的要素应当予以忽略。

2）系统要素关系特性分析

系统要素关系特性分析主要指集合性分析、相关性分析和层次性分析。

（1）集合性分析。系统功能分析是将对装备型号系统性能的要求分解为各单项工作任务和活动的相对独立的分析过程，并能描述具体的能力要求。为满足这些要求，需要研究型号系统应当具有的相应组成部分，即系统构成的要素集。对型号系统集合性分析的任务是通过功能分析对应找到构成系统的要素集。

（2）相关性分析。对型号系统构成要素集的确定可以表明已经选定了各种所需的系统结构组成要素，但对于它们之间以何种形式聚合才能满足有关的功能要求，还需了解它们之间的相互关系。这些关系可能表现为系统要素之间所能保持的在空间结构排列顺序、相互位置、组织形式及操作程序等方面的关系，于是这些关系就组成了型号系统构成要素间的相关关系集。由于系统构成要素的相关关系只可能发生在具体的要素之间，因此任何复杂的相关关系在要素不发生规定性变化的条件下，都可变换成两两要素之间的相互关系，而二元关系是相关关系的基础，其他更复杂的关系是在二元关系的基础上进行发展的。在二元关系的分析中，首先应根据功能的需要明确系统要素间必须存在和不存在的两类关系，同时消除不确定的二元关系，即当 $r_{ij}=1$ 时，要素间存在二元关系；当 $r_{ij}=0$ 时，要素间不存在二元关系；其次，找出系统内部要素之间、外部要素之间，以及内部要素与外部要素之间的关系，并对系统内部要素进行最优调整，对系统与外部环境间的关系进行协调。

（3）层次性分析。它是论证人员按照各要素联系的方式认识、研究复杂装备系统的一种手段和方法。例如，某一层的系统包含下一层的多个子系统；上一层的系统可以包含更下一层的子系统；上一层的系统可以是更上一层系统的子系统。层次性分析主要解决系统分层、阶层组成和规模合理性问题。这里提到的合理性包含两方面，其中一方面是能量、信息传递链的组成和传递路线的长短，其由系统的层数决定——层次越多，传递环节越多，传递路线越长，传递效率越低，损耗就越大，因此，从提高系统效率的角度看，系统层次不能过多，其幅度也不宜过宽；而从装备科研和生产的角度看，实现一种功能的结构如果过于复杂，则不利于工程控制和技术实现。另一方面是功能单元的合理组合及归属问题，功能单元组合后应能起到相互补益的作用。功能单元的设置、相互之间的配合，以及功能单元归属于哪种功能集合和哪一层次，对实现系统目标具有很大影响。对型号系统的层次性进行分析，是为了解决系统的层次、各种要素所处的层次位置和层次之间的关系，以及层次内部要素的数量等问题。层次性分析有助于认识型号系统的结构及其特点，型号系统的功能是其组成要素相互联系和作用的结果。由于型号系统功能要求的多样性和复杂性，任何单一或简单的功能都不能达到目的，需要组成功能单元和形成功能集合，这样，功能单元就会形成某种阶层结构形式。

3）系统要素间相互关系分析

要素间的相互关系可以表述两两要素之间的作用和被作用关系、原因和

结果关系及影响和被影响关系等。分析并表示要素间相互关系的方法主要包括有向图法、相关关系图法和矩阵法。

（1）有向图法。有向图法利用图论中图的概念建立研究对象的系统结构。一般在几何上将图定义为空间一些点和连接这些点的边的集合，而在图论中则将图定义为一个偶对：

$$G = (S, E)$$
$$S = \{s_i | i = 1, 2, 3, \cdots, n\}$$
$$E = \{e_i | i = 1, 2, 3, \cdots, n\}$$

式中，S 表示点的集合；E 表示边的集合。

以下是建立系统结构模型所需的图论方面的有关概念：

① 有向连接图。它是一幅由若干点和有向边连接而成的图。

② 回路。当有向连接图中两点之间的边多于一条时，该两点的边就构成了回路。

③ 环。若一个点 s_k 的有向边 e_j 的首尾直接与该点相接，则 e_j 构成自环。

④ 树。有向连接图中只有一个源点（只有有向边输出而无输入的点）或只有一个汇点（只有有向边输入而无输出的点）的情况称为树。树中两相邻点间只有一条通路与之相连，不允许存在回路或环。

⑤ 关联和邻接。如果点 s 是边 e 的一个端点，则称边 e 和点 s 相关联。对于点 u 和点 s，若 $(u, s) \in E$，则称点 u 和点 s 是邻接的。

（2）相关关系图法。研究小组根据系统功能分析提出的要求，对系统结构先有一大体或模糊的认识，即对系统构思；然后从回答 s_i 和 s_j 是否有相互影响关系开始分析，如果有，则判断 s_i 是否影响 s_j、s_i 是否制约 s_j，以及 s_i 是否控制 s_j 等，或是相反，通常可以从以下 4 种结果中选择一种来回答，即

$s_i \times s_j$，表示 s_i 和 s_j 与 s_j 和 s_i 互有关系；

$s_i \bigcirc s_j$，表示 s_i 和 s_j 与 s_j 和 s_i 均无关系；

$s_i \vee s_j$，表示 s_i 和 s_j 有关，s_j 和 s_i 无关；

$s_i \wedge s_j$，表示 s_i 和 s_j 无关，s_j 和 s_i 有关。

上述问题明确后，再将这 4 种判断结果与构思的结构模型进行比较并调整，建立系统要素的相关关系图。

（3）矩阵法。该种分析方法是用邻接矩阵（A）表示系统要素间的相互关系，再通过矩阵的布尔运算建立可达矩阵，用可达矩阵（R）表示系统要素间经过长度为 1 的通路实现相互到达的情况。

邻接矩阵用矩阵元素描述图中各点之间的相互关系，它与有向图和相关关系图具有——对应的关系，即从邻接矩阵可以画出唯一的有向图或相关关系图；反之，根据有向图或相关关系图可以建立唯一的邻接矩阵。

对于图 $G = \{S, E\}$，构造一矩阵 $A = [a_{ij}]_{n \times m}, n = m$，若 $n = |S|$，且

$$a_{ij} = \begin{cases} 1, & (s_i, s_j) \in E \\ 0, & \text{其他} \end{cases}$$，则称矩阵 A 是图 G 的邻接矩阵。给出图 G 的邻接矩阵

相当于给出图 G 的全部信息，图的性质可以通过矩阵 A 的运算获得。

若用邻接矩阵直接表示有向图所包含的系统结构信息，则矩阵 A 的元素

a_{ij} 可以定义为 $a_{ij} = \begin{cases} 1, & s_i \to s_j \\ 0, & \text{其他} \end{cases}$，邻接矩阵与有向图呈——对应的关系，由有

向图可以唯一写出其邻接矩阵。

邻接矩阵表示系统各要素间的直接关系，或系统要素间的相互影响关系。若该矩阵第 i 行第 j 列的元素为 1，则说明从点 s_i 到点 s_j 有一长度为 1 的通路，或表示要素 s_i 对要素 s_j 有影响。实际上，邻接矩阵描述的是各点间长度为 1 的通路相互可以到达的情况。邻接矩阵是布尔矩阵，其运算服从布尔运算法则，对邻接矩阵进行某种运算可以得到有关系统结构的更多信息。

4）结构模型建立

根据已经选择的系统要素及已经明确的要素间相互关系，用图形模型表示型号系统要素的层次性、集合性及关联性等特性，为论证人员了解系统、做出决策分析提供方便。

解释结构模型（ISM）分析法是由美国的 J.华费尔特教授于 I937 年作为分析复杂社会经济系统有关问题的一种方法而开发的。其特点是把复杂系统分解为若干子系统（要素），利用人的实践经验和知识，以及计算机的帮助，最终形成一个关于系统的多级递阶的结构模型，并据此分析各系统构成要素间的相互联系程度。实施 ISM 的工作步骤如下：

（1）组织一个实施 ISM 的工作小组，一般以十人左右为宜。小组成员应是有关方面的专家，并对问题保持关注，最好有能够及时做出决策的决策人参加。

（2）设定问题。对所研究的问题进行设定，并取得一致意见，用文字形式予以规定。

（3）选择构成系统的要素。凭借专家的经验，在若干轮讨论之后最终求得一个较为合理的系统要素方案，然后制定要素明细表。

（4）根据要素明细表构思，建立邻接矩阵。

（5）对可达矩阵进行分解，建立结构模型。

（6）建立解释结构模型。

13.2.2 装备体系融合度三维评估模型

融合性的评估是关于融合性程度即融合度的测度问题。由于融合性是一种由事物之间或事物内部要素之间在以吸引为特征的作用下"向着同一目的运动"的作用方式、过程和结果，因而可知，在以吸引为特征作用下"向着同一个目的运动"构成了融合性最根本的内容。这样，就可以将"同一目的"的实现程度或融合性基本功能的实现程度作为融合性程度的一种测度，即从3 个维度——事物要素关联度、事物要素目标一致度和事物要素均衡发展度对融合性进行评价。基于以上思考，可以建立图 13-1 所示的融合度三维评估模型。

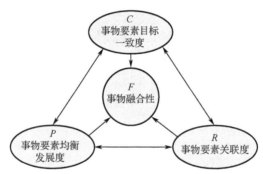

图 13-1　融合性三维评估模型

设融合性 F（Fusion）为 C、P、R 的函数，记作 $F=f(C,P,R)$。其中，C（Consistency）表示事物要素目标一致度，反映事物要素功能价值是否符合事物整体价值需要及符合的程度，它主要与要素的匹配性（具有与事物功能及其变化相适应的要素构成与组织方式等）有关；P（Proportionality）表示事物要素均衡发展度，它是反映要素平衡发展程度的变量，主要与要素的适应性（具有与系统变化发展要求相适应的成长水平等）有关；R（Relevancy）表示事物要素关联度，主要与要素的协调性（符合系统功能及其变化需要的要素之间、要素与系统之间的和谐一致性以及要素在系统与环境关联中的配合与作用程度）有关。

进行装备体系融合度评估的主要方法是针对装备的主要性能进行相关

性分析评估。主要性能是能够体现型号系统主要技术状态的性能指标，如装甲车辆的火力、防护、机动、通信及使用维护等性能。关键性能是型号系统完成规定任务必须具有的关键技术状态，或对其他性能有决定影响作用的性能。例如为有效打击敌方一种防护能力很强的新型主战坦克，需要发展一种穿破甲能力很强的装备型号。而这种型号系统的关键性能之一就是火力性能，包括火炮穿破甲的厚度、命中概率等。融合性指既要实现关键性能，又要保证其他性能的建设促进或不影响主要性能。

13.2.3　装备系统性能融合性分析方法

装备总体性能的优劣是由其各项性能具体体现的，这意味着其性能的好坏并不是由某项性能来代表的，而是一种最优性能组合的结果。因此，在研制过程中，不能一味追求某项性能达到最优，而要综合权衡，以达到综合性能最优为设计目标。装备的效能、保障性、机动性、可靠性与维修性生存能力等，以及机动性中的速度、加速度与越野能力等各性能参数之间，都存在相互影响、相互制约和矛盾的关系，要想合理确定系统总体性能参数体系及相应的技术要求，必须进行系统性能的融合性分析。

融合性分析一般从总体性能出发，在真实反映总体性能要求的前提下进行认真的简化并假设按照下层服从上层的原则，以达到总体最优为目的，分层次地分析影响总体性能及分系统性能的相关因素。最高层次的总体性能指标为目标函数，各中间层次为目标函数的各级变量，最低层次则是各项性能指标。它们既是各级变量的约束条件，也是装备结构参数、状态参数和自然环境条件的函数。

（1）系统性能优化分析方法。大型装备是一个复杂的大系统，其性能要求往往不止一个，而是多个。这类系统的性能优化问题属于多目标决策问题，其特点如下：

① 有多少个性能指标，是求向量最优化问题；

② 有不同意义下的解，即绝对最优解、有效解、弱有效解、劣解，它们构成了多目标规划的"解集"，并在目标空间存有"像集"；

③ 多目标决策的任务是先求非劣解集，再从中选择满意解。

因绝对最优解一般不存在，故对于这类问题的处理方法一般包括：

① 将多目标转化为单目标的方法，包括约束法线性权和法、乘除法、理想点法及目标规划法等；

② 目标分层序法；

③ 直接求非劣解法。

虽然多目标决策分析方法是进行各性能相关性分析的有效方法之一，但在实际工作中，有些性能之间的关系很难定量地用数学关系来描述。例如，提高装备的机动性，可以提高其生存能力；提高其可靠性，可以减少维修次数；提高其防护能力，可以提高安全性，但可能会降低机动性。类似这样的相互影响关系，在装备系统分析中是常见的。

（2）主要性能融合程度分析方法。进行性能融合性分析的目的是：确定所分析系统各性能项目之间的融合程度，以便在研制过程中有重点、有目的地确定要求并制定方案，通过合理利用和分配资源，达到整个系统的最优组合。

明确系统各主要性能项目之间的融合程度，实际是为各性能的战术技术指标论证和研制工作打好基础，其相关程度反映以下两方面的内容：一是性能之间的相互提高，即新性能的提高将促使其他性能的提高；二是性能之间的相互制约，即相互矛盾，如提高作业能力、防护性能等，可能会降低机动性。尽管用定量的方法描述性能之间的融合度仍有相当大的难度，但是论证人员一直在努力解决这个问题。

13.3　装备体系融合度评估的层次分析方法

建立装备体系融合度评估指标体系，利用层次分析等方法计算指标权重，通过分析下层指标与上层指标的关系，决定采用综合模型（加权和、乘积等）。

13.3.1　方法描述

对树状结构的装备体系融合度评估指标体系，采用由底层指标值向上综合的方法，可得到装备的体系融合度。除少量特殊底层指标评估模型外，一般采用加权和法。

特殊底层指标评估模型示例：信息兼容性。信息兼容性表示指挥信息系统与上级指挥信息系统信息兼容的能力，其评估模型如下：

$$P_{8121} = Y_{xt} \times Y_{pt} \times Y_{jk} \times D_{gs} \times 100$$

$$Y = \begin{cases} 0, & \text{兼容} \\ 1, & \text{不兼容} \end{cases} \quad (13\text{-}1)$$

式中，P_{8121} 为旅与上级信息兼容性评估值；Y_{xt} 为操作系统兼容性；Y_{pt} 为软件平台兼容性；Y_{jk} 为数据接口兼容性；D_{gs} 为数据格式兼容度。

13.3.2　应用示例

基于 13.1.1 中的评估指标体系，进行某旅装备体系融合度评估。

（1）体系接入度评估。基于 10 分制问卷调查法获取评估数据，采用加权和法得到评估结果，见表 13-3。

表 13-3　体系接入度评估结果

评估基础数据项目	评 估 值	权 重 系 数	评 估 结 果
旅与上级组网能力	56.68	0.35	19.84
旅与陆航组网能力	42.89	0.25	10.72
旅与空军组网能力	29.89	0.19	5.68
旅与战支组网能力	33.40	0.21	7.01
体系接入度评估结果（P_{811}）			43.25

（2）信息融合度评估。这里仅介绍旅与上级信息兼容性评估。条件设置：各席位硬件和指挥控制系统运行环境安装部署到位；各席位对应操作人员就位；作战地域地图数据、参战装备数据装载到位；旅指挥所开设完毕，各建制营（连）准备完毕，全旅指挥信息系统工作正常；上级、陆航、空军和战支各个（配试）指挥所开设完毕，指挥信息系统工作正常。

依据表 13-4 中的评估基础数据项，按照式（13-1）进行旅与上级组网能力的评估计算，即

$$P_{8121} = Y_{xt} \times Y_{pt} \times Y_{jk} \times D_{gs} \times 100 = 71$$

表 13-4　旅与上级信息兼容性评估基础数据

评估基础数据项目	检 验 结 果
操作系统兼容性（Y_{xt}）	1
软件平台兼容性（Y_{pt}）	1
数据接口兼容性（Y_{jk}）	1
数据格式兼容度（D_{gs}）	0.71

基于 10 分制问卷调查法获取评估数据，通过专家打分确定指标的权重系数，采用加权和法得到信息融合度评估结果，见表 13-5。

表 13-5　信息融合度评估结果

评估基础数据项目	评　估　值	权　重　系　数	评　估　结　果
旅与上级信息兼容性	71	0.28	19.00
旅与陆航信息兼容性	62	0.22	13.64
旅与空军信息兼容性	31	0.26	8.06
旅与战支信息兼容性	73	0.24	17.52
信息融合度评估结果（P_{812}）			59.1

（3）体系融合度评估。根据体系融合度评估模型，按照层次分析方法，通过专家打分确定指标的权重系数，计算体系融合度评估结果：

$$P_{81} = \sum_{i=1}^{2} \omega_{81i} \times P_{81i}$$

最终得到体系融合度评估结果见表 13-6。

表 13-6　体系融合度评估结果

评估基础数据项目	评　估　值	权　重　系　数	评　估　结　果
体系接入度	43.25	0.5	21.63
信息融合度	59.1	0.5	29.55
体系融合度（P_{81}）			51.18

参考文献

吴溪. 装备作战试验设计理论与方法研究[D]. 北京：航天工程大学，2018.

第14章

装备体系适用性之体系贡献率评估

对于任何装备的发展，首先要回答的其是对整个作战体系的贡献，即要阐述子系统对系统、局部对整体的贡献程度。信息化条件下装备体系的整体性效果是在复杂网络的支撑下，各种作战要素、作战单元、作战系统通过相互联结、相互作用而形成的整体作战能力，也是装备相互配合形成的体系作战能力，不是单个装备、单个作战单元、单项作战系统能力的简单叠加。本章系统阐述装备体系试验评估的重要内容——装备体系贡献率评估。

14.1 概述

装备体系贡献率是根据装备（或作战系统）承担的使命任务，将被试装备（或系统）置于近似真实的作战背景下，考虑装备使用的真实作战系统、作战环境和作战对手，检验评估使用该装备后对己方作战体系的作战效能或任务完成效果提升的贡献程度，或致敌方作战体系的作战效能或任务完成效果下降的贡献程度。本节主要从评估指标体系、评估方法、评估过程及关键问题等方面进行阐述。

14.1.1 评估指标体系

装备体系贡献率评估指标及指标说明见表 14-1。

表 14-1 装备体系贡献率评估指标及指标说明

一 级 指 标	二 级 指 标	指 标 说 明
体系贡献率	作战任务贡献率	装备对于完成整个作战体系任务的贡献率，包括任务完成效益贡献率、任务完成时间贡献率及任务完成代价贡献率

续表

一级指标	二级指标	指标说明
体系贡献率	作战能力贡献率	装备对己方作战体系能力提升的贡献率
	体系结构贡献率	装备对己方作战体系功能结构、编成结构、信息结构和效率结构能力提升的贡献率
	体系演化贡献率	装备对作战体系动态演化在结构、状态、特性、功能及行为等方面的贡献率

从任务、能力、结构及演化 4 个维度探讨装备体系贡献率的内涵和分类，构建装备体系贡献率分析的总体框架，如图 14-1 所示。

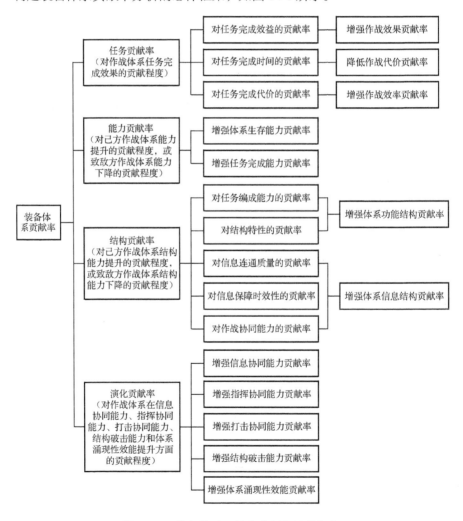

图 14-1　装备体系贡献率分析的总体框架

任务贡献率评估的主要目的是考核被试装备（或系统）对作战体系任务完成效果的贡程度。能力贡献率和结构贡献率是被试装备（或系统）对作战体系任务完成能力的贡献程度的两项具体内容或表现形式。

演化贡献率评估是从动态、适变、发展的角度，考核被试装备（或系统）对作战体系在信息协同能力、指挥协同能力、打击协同能力、结构破击能力和涌现性效能等方面的贡献程度。

作为一种新的评估工作，装备体系贡献率评估既要遵循评估的一般过程和方法，又有其独特的内涵和特殊性。

14.1.2　评估方法

装备体系贡献率评估是定性评估和定量评估的综合，应采取定性与定量相结合的综合集成方法，主要有主观评定法、统计分析法、数学解析法和仿真模拟法，如图 14-2 所示。其中，前 3 种方法（拟线性近似方法）主要用于基于需求和效能驱动的体系贡献率评估；仿真模拟法（复杂体系建模方法）主要用于基于对抗过程驱动的体系贡献率评估。

将影响图分析方法和探索性分析方法相结合，是评估装备体系贡献率的有效方法。

考虑到体系作战效能试验的规模巨大、程序复杂、周期长、花销大，通过实装体系作战效能试验获取相关数据不太现实，因此考虑采用体系对抗仿真的手段（或进行一体化平行试验）来获取"实验"数据作为"试验"数据的预测值。

14.1.3　评估过程

装备体系贡献率评估的基本过程如图 14-3 所示，主要包括确定评估目的与对象、设计作战背景、建立评估指标体系与评估模型、实施评估及评估结果表现等阶段（或环节）。

（1）确定评估目的与对象。根据预先确定的被试装备（或系统）的使命任务，明确体系贡献率评估所需解决问题的总任务和总准则。

（2）设计作战背景。依据评估目的及潜在对手的体系对抗构想，设计构建近似真实的作战背景，拟制作战试验想定。

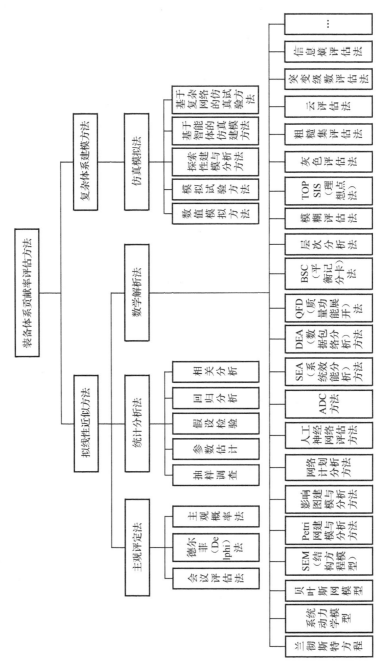

图 14-2 装备体系贡献率评估的主要方法

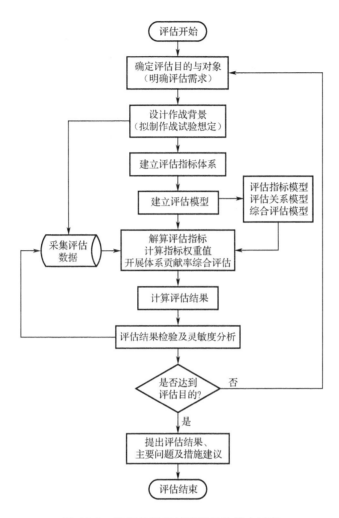

图 14-3　装备体系贡献率评估的基本过程

（3）建立评估指标体系。根据作战背景及评估目的需求，结合评估对象的特点及作战体系作战能力、作战效能或任务完成效果的描述，从任务、能力、结构及演化 4 个维度分析影响体系贡献率的相关因素及它们之间的关系，建立体系贡献率评估指标体系。

（4）建立评估模型。根据评估对象、作战试验体系及作战试验活动的具体要求，选择相应评估方法，建立评估指标模型、评估关系模型及综合评估模型。

（5）实施评估。依据评估指标解算需求，在近似真实的作战背景及体系对抗条件下，分析评估所需数据元，利用试验、训练、演习、使用及仿真模

拟等活动产生并采集评估所需的数据，解算评估指标，计算指标权重值，开展体系贡献率综合评估。

（6）评估结果表现。对评估结果进行分析及总结，发现并客观捯出被试装备（或系统）在体系对抗中存在的主要问题或薄弱环节，研究并提出措施建议，以供决策者参考。

可采用"探索性分析+"的方法，对装备体系贡献率进行评估。图 14-4 所示为基于"探索性分析+"的装备体系贡献率评估流程。

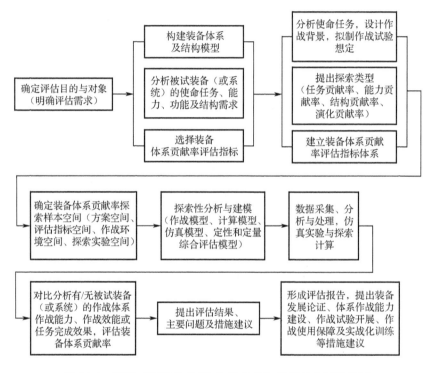

图 14-4 基于"探索性分析+"的装备体系贡献率评估流程

由图 14-4 可知，基于"探索性分析+"的装备体系贡献率评估流程大致可分为以下 3 个步骤：

（1）进行方案规划和试验设计，确定探索性分析的基本条件。

（2）探索性建模与仿真试验。其主要工作是分析被试装备（或系统）对作战体系作战能力、作战效能或任务完成效果的影响机制，确定装备体系贡献率探索样本空间，构建相关作战模型、计算模型、仿真模型及定性和定量综合评估模型，采集评估所需的数据，进行仿真试验与探索计算，获得在任务、能力、结构及演化不同维度内的装备体系贡献率评估结果。

（3）形成评估结论。编写评估报告，给出装备体系贡献率评估结果，分析存在的主要问题，并提出相应的措施建议。

14.1.4　关键问题

评估应从评估项目选择、评估数据采集、评估条件确定和评估方法探索4方面来把握关键问题。

1）评估项目选择

装备采办可分为论证、方案设计、工程研制、试验、定型、生产、使用与保障及退役处理等阶段，不同阶段具有不同的任务和目标。因此，评估内容必须与采办阶段相对应，根据采办阶段的任务和目标要求，合理设计体系贡献率评估项目。例如，在论证阶段，被试装备（或系统）的使命任务尚未确定，其体系贡献率评估主要考虑以下两方面：

① 如果被试装备（或系统），如新概念武器，具有现有装备（或系统）所不具备的能力，而这种能力没有可以比较参照的对象，则从填补能力空白的角度出发，贡献率应侧重考量其在作战体系中的地位作用和对现有作战体系作战能力的填补空白作用，评估新能力所产生的作战效能及其对作战体系作战能力的总体提升作用。

② 如果被试装备（或系统）是对原有能力的提升，如新型预警机，则主要采用对比分析法，从投入产出的角度来评估被试装备（或系统）的体系贡献率。

又如，在试验或使用与保障阶段，被试装备（或系统）的使命任务已基本确定，通过体系贡献率评估将有助于装备作战背景、战法、作战体系及装备改进等方面的深入研究。因此，体系贡献率评估项目的选择应以装备的使命任务和研制的目标要求为根本出发点。

2）评估数据采集

装备体系贡献率评估数据采集的范围广、要求高、难度大。因为装备体系贡献率评估要求在近似真实的作战背景及体系对抗条件下进行，所以评估数据采集的范围非常广，涉及对抗各方的体系及体系对抗过程，同时还要尽量保证评估数据的真实可靠，工作难度非常大。由于历史原因，可直接用于体系贡献率评估的数据非常有限，因此要及早着手、多头并进，获取有效评估支撑数据，如外场试验数据、内场试验数据、平行试验数据、鉴定试验数

据、实兵实装演练数据、试验资料档案数据、装备研制及试验数据和外军数据等。除了常规的情报收集、资料整理、实地调研及仿真模拟等手段，还可能针对某些场景或数据需求设计开展专门的实验或试验，如作战试验等。

3）评估条件确定

作战体系能力主要分为信息系统支持能力、指挥控制能力、战场机动能力、综合防护能力、火力打击能力和综合保障能力。这6种能力相互联系、相互作用，缺一不可。对于被试装备（或系统）而言，一方面，由于装备作战能力的约束，不可能对这6种能力的提升均有贡献，因此需要根据其作战能力和任务目标进行分析，确定作战体系作战能力、作战效能或任务完成效果的受益方，即被试装备（或系统）的体系贡献率具体反映在直接任务作战体系或联合作战体系的哪些方面，然后明确其具体的表征项，力求能够更好地揭示被试装备（或系统）对作战体系作战能力、作战效能或任务完成效果的影响作用或涌现效应；另一方面，受评估数据和评估环境、评估对象数量和部署及作战背景和战法运用等限制，不同评估条件下的体系贡献率评估结果不同，因此体系贡献率评估是有限条件下的评估，必须明确评估条件，说明评估结果获得的前提，突出作战背景及体系对抗的真实性。

4）评估方法探索

装备作战体系对象的层次和种类多、结构和关系复杂，被试装备（或系统）不仅受其战术技术指标及作战使用性能的影响，还与其作战任务、战场要求、作战编成和部署及综合保障条件等有关。因此，体系贡献率评估方法研究不仅要考虑综合评估算法设计，还要综合设计多种作战情况构想，通过不同作战任务下作战体系作战能力、作战效能或任务完成效果的变化综合评估体系贡献率。这是一个军事与技术、定性与定量、现状与发展相结合的问题，需要达到军事合理、技术科学、操作可行的要求。这就对评估方法提出了新的要求，需要通过实地调研，紧贴作战试验的组织实施活动，深入分析被试装备（或系统）的使命任务及研制目标要求，合理评价现有评估方法，探索能够有效评估体系贡献率的技术和方法。

14.2 任务贡献率试验评估

任务（Task）是为完成军事行动，基于条令、战术、技术与工程及标准操作程序而开展的各项活动。战场打不赢，一切等于零。能否完成所赋予的使命任务是评估装备体系贡献率的基础或第一要务。被试装备（或系统）应完成的使命任务包括其作战样式、作战约束及具体任务。本节主要探讨装备体系任务贡献率评估指标，并分析其应用示例。

14.2.1　评估指标

装备体系任务贡献率评估指标分为增强作战效果、增强作战效率和降低作战代价 3 种贡献率评估指标。

1）增强作战效果贡献率评估指标

增强作战效果贡献率，可用毁伤敌方各类目标或装备的概率、数量、百分比及有效任务次数、兵力倍增系数和兵力交换比改善量等指标衡量。下面重点分析兵力倍增系数和兵力交换比改善量指标。

（1）兵力倍增系数。设 M_0、M_1 分别为无、有被试装备（或系统）支持时的己方作战体系兵力数量，则增强作战效果贡献率评估指标的相对量化值为

$$r_{GR} = \frac{M_1}{M_0} \qquad (14\text{-}1)$$

式中，r_{GR} 为己方作战体系兵力倍增系数。

作战体系兵力数量 M 可按下式进行计算：

$$M = p \times m \times f$$

式中，p 为人力系数，$0 < p \leqslant 1$，$p = \sum_{i=1}^{5} p_i \times q_i$，其中，$p_1$ 为精神品质指数（包括思想品德、心理素质和战斗精神 3 项指标），p_2 为科学文化指数（包括文化基础知识、专业知识和军事高科技知识 3 项指标），p_3 为军事技能指数（包括装备操控技能、作战行动技能和身体体能 3 项指标），p_4 为信息素质（包括信息需求确定能力、信息处理认知能力、信息融合利用能力和信息组织运用能力 4 项指标），p_5 为指挥管理能力指数（包括作战指挥能力、领导管理能力和创新能力 3 项指标），$q_i (i = 1, 2, 3, 4, 5)$ 为相应指数的权重；m 为物力系数，

$$0 < m \leqslant 1, \quad m = m_1^{k_1} \times m_2^{k_2} \times \left(\frac{m_3 \times k_3 + m_4 \times k_4 + m_5 \times k_5}{k_3 + k_4 + k_5} \right)^{k_3 + k_4 + k_5}, \quad m_j (j = 1, 2, 3, 4, 5)$$

分别为侦察探测能力指数、指挥控制能力指数、机动能力指数、防护能力指数、保障能力指数，$k_j (j = 1, 2, 3, 4, 5)$ 为相应能力指数的权重；f 为杀伤力（火力打击能力），$f = b \times v$，其中，b 为杀伤冲量，表示每秒发射弹药（弹头）

的质量（单位为 kg），v 为杀伤速度（单位为 kg/s），表示弹药（弹头）飞行的速度（如不考虑人力或物力因素的影响，可设定 $p=1$ 或 $m=1$）。

（2）兵力交换比改善量。设 ΔM_0、ΔM_1 分别为无、有被试装备（或系统）支持时的己方作战体系兵力损耗数量，ΔN_0、ΔN_1 分别为无、有被试装备（或系统）支持时的敌方作战体系兵力损耗数量，增强作战效果贡献率评估指标的相对量化值可设定为

$$r_{\text{FER}} = \frac{\Delta N_0}{\Delta N_1} / \frac{\Delta M_0}{\Delta M_1} \qquad (14\text{-}2)$$

式中，r_{FER} 为作战体系兵力交换比改善量。

2）增强作战效率贡献率评估指标

增强作战效率贡献率，可用推进（机动）时间、作战持续时间、作战窗口时长、作战协同时间、作战响应时间、指挥控制周期（OODA 环时长）及有效任务时长等指标衡量。

选取作战体系任务完成时间的一个基准水平（平均值或底线值），将基准水平下的作战时间 T_a 作为参考基准，并与被试装备（或系统）支持下的作战时间 T_b 进行对比。从效能提升度的角度，增强作战效率贡献率评估指标的相对量化值为 $r_T' = \frac{T_a - T_b}{T_a}$；从需求满足度的角度，增强作战效率贡献率评估指标的相对量化值可设定为

$$r_T'' = \frac{T_b}{T_a} \qquad (14\text{-}3)$$

3）降低作战代价贡献率评估指标

降低作战代价贡献率，可用己方各类弹药消耗数量，目标或装备战损概率、数量、百分比，有效任务次数减少量或减少率，以及敌我兵力损耗交换比等指标衡量。

从提升作战体系使命任务效能和涌现性效能的角度，无、有被试装备（或系统）支持下降低作战代价贡献率评估指标的相对量化值可分别设定为

$$r_{\text{LER0}} = \frac{\Delta N_0}{\Delta M_0} \qquad (14\text{-}4)$$

$$r_{\text{LER1}} = \frac{\Delta N_1}{\Delta M_1} \qquad (14\text{-}5)$$

式中，r_{LER0}、r_{LER1} 为作战体系兵力损耗交换比。

由式（14-2）、式（14-4）和式（14-5）可知，r_{FER}、r_{LER0} 与 r_{LER1} 之间的

关系为

$$r_{\text{FER}} = \frac{r_{\text{LER0}}}{r_{\text{LER1}}} \qquad (14\text{-}6)$$

14.2.2　评估模型

1）基于毁伤效果的体系贡献率评估

基于毁伤效果的体系贡献率指装备及其系统有利于部队体系作战效能发挥的有效程度，通过装备及其系统直接的毁伤作用效果占整体作战效果的比重来表示，反映各类装备及其系统对作战效能的重要性作用。主战装备与被攻击方的人员、装备或目标构成硬毁伤关系，通常采用毁伤关系矩阵的形式表现，通过对被攻击方人员、装备或目标的毁伤数量进行统计，对攻击方的装备进行排序比较或比例比较。

分析各类装备对作战效果的贡献程度，能够辅助判断各类装备的重要性作用，为装备编配方案调整和作战运用提供支持。这种作战效果"贡献"主要体现在主战装备及其系统直接对敌方人员、装备或目标产生硬杀伤。对于这种"贡献"可以直接利用各类装备产生的毁伤效果进行统计分析。另外，通过调整装备编配方案的探索性仿真结果对比还能得到装备及其系统对作战效果的整体倍增贡献作用。

需要注意的是，贡献率的评估应是兼顾对抗双方的，既要评估己方装备及其系统的贡献率，也要评估敌方装备及其系统的贡献率。其中，己方贡献率较高的装备及其系统将是重点发展或在作战运用中重点关注的对象，而敌方贡献率较高的装备及其系统则是己方重点打击对象。站在己方立场角度看，敌方装备及其系统的贡献率评估也可以称为威胁性分析。

主战装备及其系统指轻武器、压制、反坦克、防空、装甲及陆航等具有直接火力毁伤效果的主要参战装备。假设有 N 个主战装备或作战子系统对对方人员、装备或目标造成毁伤，则某装备或作战系统 $X_i(i=1,2,\cdots,N)$ 的贡献率可以表示为

$$\Lambda_{X_i}^{\&} = \frac{H^{\tilde{\&}}|\,X_i}{H^{\tilde{\&}}} \times 100\% \qquad (14\text{-}7)$$

其中，$\Lambda_{X_i}^{\&}$ 为装备或作战系统 X_i 的贡献率；$H^{\&}$ 为被攻击方的毁伤效果状态，用人员、装备或目标的毁伤数量表示；$H^{\tilde{\&}}|\,X_i$ 为攻击方装备或作战系统 X_i 造成的被攻击方毁伤效果；$\&$ 为攻击方标识；$\tilde{\&}$ 为被攻击方标识。

这些装备对对方的人员、装备或目标构成了硬毁伤关系，通常采用毁伤关系矩阵的形式表现。矩阵的横向表示被攻击方毁伤的人员类别、装备类别或型号及目标类别或型号，纵向表示攻击方的装备类别或型号，使用的弹药类别或型号等。这样可以构造出装备对人员毁伤、装备对装备毁伤、装备对目标毁伤、弹药对人员毁伤、弹药对装备毁伤和弹药对目标毁伤共计 6 类 20 种毁伤关系矩阵。装备对装备的毁伤关系矩阵见表 14-2。

表 14-2　装备对装备的毁伤关系矩阵

		毁伤装备类别 1				毁伤装备类别 2	···	按攻击装备总计
		装备 1	装备 2	···	小计	···	···	
攻击装备类别 1	装备 1	···	···	···	···	···	···	···
	···	···	···	···	···	···	···	···
	小计	···	···	···	···	···	···	···
攻击装备类别 2	···	···	···	···	···	···	···	···
···	···	···	···	···	···	···	···	···
按毁伤装备总计		···	···	···	···	···	···	···

基于这样的毁伤关系矩阵，可以根据对方人员、装备或目标的毁伤数量，对攻击方的装备及其系统进行排序比较或比例比较。排序比较采用柱状图将攻击方装备或弹药按照其毁伤对方的效果进行排序，而比例比较则利用饼状图将攻击方装备或弹药按照其毁伤对方的比例进行分析，比例比较给出的百分率可以理解为造成被攻击方毁伤的贡献率。

根据毁伤关系矩阵描述粒度的不同，贡献率也有一定的相对性，必须明确是攻击方哪种类别或型号对被攻击方哪种类型或型号毁伤的贡献率。当按照攻击方造成对方的总毁伤量计算时，反映攻击方装备的整体贡献率；当按照攻击方某些或某类（这些装备构成一个作战分系统）造成对方的总毁伤量计算时，反映某作战分系统的贡献率；当按照攻击方造成对方某些或某类的毁伤量计算时，反映攻击方装备对特定作战系统毁伤的贡献率。在数字化部队整体状态效能评估中，总体贡献率和分类贡献率缺一不可。一般来说，评估者总是将重点关注的同类装备放在一起进行分析，如某型火炮对轻武器毁伤的贡献率和对装甲武器毁伤的贡献率往往分别研究，这也体现了评估者对毁伤人员、装备或目标本身价值的主观认识。

2）基于作战效能试验的体系贡献率评估

体系贡献率可定义为

$$\text{装备A的体系贡献率} = \frac{\text{体系作战效能}_{\text{包括装备A}} - \text{体系作战效能}_{\text{不包括装备A}}}{\text{体系作战效能}_{\text{不包括装备A}}}$$

按体系贡献率的定义，可以认为体系贡献率试验是建立在体系作战效能试验基础上的。一方面，可以按照定义开展体系贡献率试验的研究；另一方面，可以通过研究发现体系贡献率的其他定义及试验方法。

体系贡献率的定义可以用以下数学模型表示：

$$\text{SCR}_A = \frac{\text{OE}_{S+\{A\}} - \text{OE}_S}{\text{OE}_S} \times 100\% \qquad (14\text{-}8)$$

式（14-8）的含义是对于装备体系 S（$S \cap \{A\} = \Phi$，即 S 不含装备 A），装备 A 的体系贡献率 SCR_A 等于包括装备 A 的体系作战效能 $\text{OE}_{S+\{A\}}$ 和不包括装备 A 的体系作战效能 OE_S 之差与不包括装备 A 的体系作战效能 OE_S 的比值。

由此可知，体系贡献率的计算依赖于体系作战效能的计算模型，从而将体系贡献率试验问题转化为作战效能试验问题。通过对被试装备 A 在体系 S 中的加减改，进行体系作战效能试验，得到相关参数值，进而求得装备 A 的体系贡献率 SCR_A。

假设之前做过装备体系 S+{A}（$S \cap \{A\} = \Phi$）的作战效能试验，则可以通过进行装备体系 S 的作战效能试验来计算装备 A 的体系贡献率 SCR_A；假设之前做过装备体系 S（$S \cap \{A\} = \Phi$）的作战效能试验，则可以通过进行装备体系 S+{A} 的作战效能试验来计算装备 A 的体系贡献率 SCR_A；假设之前既没有做过装备体系 S 的作战效能试验也没有做过装备体系 S+{A} 的作战效能试验，则需要分别进行装备体系的作战试验来计算装备 A 的体系贡献率 SCR_A。

14.2.3　应用示例

示例 1：

根据本章最后列出的参考文献[22]，假设红方武器系统 M 拟于 $T_1 \sim T_2$ 时间范围内，在作战地域 F 开展作战试验任务，想定打击蓝方的某重要军事目标。为了增强武器系统 M 作战行动的安全性，将系统 A 部署在作战地域 F 附近，并赋予其为红方武器系统 M 作战行动实施防航天光学侦察支援的任

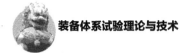

务。这里选择蓝方有威胁光学成像侦察卫星的过境可侦察次数和可侦察时长的减少率作为系统 A 的任务贡献率评估指标。具体评估指标如下：

（1）系统 A 使蓝方有威胁过境可侦察次数的减少率 N_{ws}，表征为作战任务过程中，系统 A 可有效防御的蓝方有威胁过境可侦察窗口次数 N_{w2} 占全部蓝方有威胁过境可侦察窗口次数 N_{w1} 的比例，即

$$N_{ws} = \frac{N_{w2}}{N_{w1}} \times 100\% \qquad (14-9)$$

（2）系统 A 使蓝方有威胁过境可侦察时长的减少率 T_{ws}，表征为作战任务过程中，系统 A 可有效防御的蓝方有威胁过境可侦察窗口时长 T_{w2} 占全部蓝方有威胁过境可侦察窗口次数 T_{w1} 的比例，即

$$T_{ws} = \frac{T_{w2}}{T_{w1}} \times 100\% \qquad (14-10)$$

按照在近似真实的作战背景下，考虑真实作战系统、作战环境和作战对手进行任务贡献率评估的要求，实施评估数据采集与指标计算的过程和方法，如图 14-5 所示，主要包括评估条件分析和评估指标计算两部分。其中，

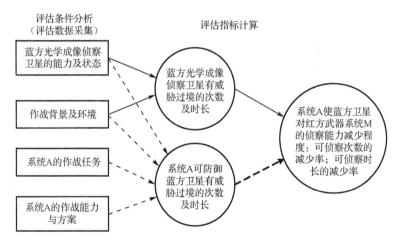

图 14-5　评估数据采集与指标计算的过程和方法

评估条件分析的主要内容有蓝方光学成像侦察卫星的能力及状态、作战背景及环境、系统 A 的作战任务及作战能力与方案；评估指标计算的主要内容有蓝方光学成像侦察卫星有威胁过境的次数及时长、系统 A 可防御蓝方卫星有威胁过境的次数及时长，以及系统 A 使蓝方卫星对红方武器系统 M 的侦察能力减少程度。

假设经过目标整编和初步分析，得知能够对作战地域 F 的武器系统 M

作战行动构成高分辨率侦察威胁的蓝方光学成像侦察卫星的数量（N）总计为 17 颗。根据文献[9]及蓝方卫星轨道预报数据等评估条件，计算在武器系统 M 作战行动时空范围内，蓝方有威胁过境的可侦察窗口次数 $N_{w1} = 93$，可侦察窗口时长 $T_{w1} = 29\,267$s。由于系统 A 的作用，蓝方有威胁过境的可侦察次数 $N_{w2} = 37$，可侦察时长为 $T_{w2} = 13\,793$s。系统 A 使蓝方有威胁过境可侦察次数的减少率为 $G_A^1 = \dfrac{37}{93} \times 100\% \approx 39.78\%$，系统 A 使蓝方有威胁过境可侦察时长的减少率为 $G_A^2 = \dfrac{13\,793}{29\,267} \times 100\% \approx 47.13\%$。因此，从防御蓝方侦察卫星有威胁过境次数的角度看，系统 A 的任务（相对）贡献率约为 60.22%；从防御蓝方侦察卫星有威胁过境时长的角度看，系统 A 的任务（相对）贡献率约为 52.87%。

示例 2：在不包含某型雷达时，红方要地防空体系对蓝方巡航导弹的平均拦截率为 62%；在包含某型雷达时，红方要地防空体系对蓝方巡航导弹的平均拦截率为 81%。根据式（14-8）计算某型雷达的体系贡献率，即

$$
\begin{aligned}
\text{SCR}_{\text{Rarar}} &= \frac{\text{OE}_{\text{S+\{Radar\}}} - \text{OE}_{\text{S}}}{\text{OE}_{\text{S}}} \times 100\% \\
&= \frac{81\% - 62\%}{62\%} \times 100\% \\
&= 30.65\%
\end{aligned}
$$

由此可知，某型雷达对红方要地防空体系的贡献率为 30.65%。

14.3 能力贡献率试验评估

能力（Capability）是做事的本领或具有的潜力。能力通过作战进行反映，称为作战能力，即在特定标准和条件下，通过能够执行一组任务的方法和手段的集成，达成期望效果的本领。作战体系能力主要可分为战场机动能力、综合防护能力、信息系统支持能力、指挥控制能力、火力打击能力和综合保障能力。借鉴美军作战试验与鉴定工作的范畴，本节将作战体系能力划分为生存能力、任务完成能力和综合保障能力三大类，如图 14-6 所示。下面主要探讨装备体系能力贡献率试验的评估指标与试验内容，并分析其应用示例。

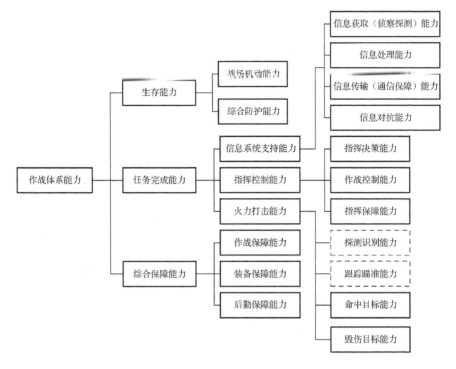

图 14-6　作战体系能力构成

14.3.1　评估指标与试验内容

1）增强体系生存能力贡献率评估指标与试验内容

（1）战场机动能力试验。机动是为达成一定目的而有组织地转移兵力或火力的作战行动。战场机动能力指为保证作战行动的顺利实施，将作战部队和装备立体、快速、安全地输送到指定作战区域的能力。按规模，其可分为战略机动能力、战役机动能力和战术机动能力；按空间，可分为陆上机动能力、海上机动能力、空中机动能力和太空机动能力；按内容，可分为兵力机动能力和火力机动能力。机动性指标反映了被试装备（或系统）为保证完成作战行动任务迅速进出战场，能够克服各种自然和人为障碍、迅速转移阵地，以及快速进行行军和行军战斗转换的能力，其关键问题是考核被试装备（或系统）在近实战环境条件下能否在规定的时间到达作战区域。装备不同，机动能力的主要影响指标也不同，具体包括通过能力指标和速度效能指标。具体地讲，战场机动能力主要由路径选择能力、装备静动转换完成时间、灵活性、机动速度、机动安全性、机动距离和通行能力等指标聚合而成，如图 14-7 所示。

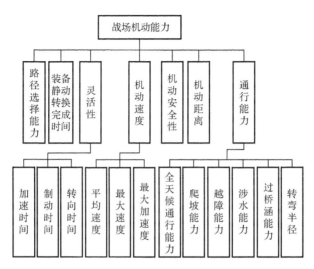

图 14-7　战场机动能力评估指标体系

战场机动能力试验包括机动能力基础试验和机动能力综合试验两个层次。其中，第一层次是对机动系统的越障机动、快速机动及灵活机动等能力所进行的验证、检验和考核；第二层次是机动系统在考核第一层次各种能力基础上的综合试验，主要是针对各种对抗环境或火力压制下的机动综合试验，用于考核评估战场电磁环境、联合火力环境下被试装备（或系统）的反应能力、机动速度、机动安全性、机动距离、通行能力及灵活性。战场机动能力试验内容（项目）如图 14-8 所示。

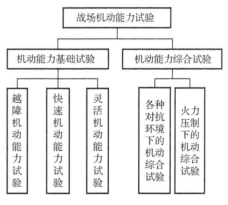

图 14-8　战场机动能力试验内容（项目）

（2）综合防护能力试验。防护是为避免或减轻对手打击和自然环境危害因素、灾害性事故等造成的损伤和破坏而采取的防备和保护措施及行动。综合防护能力则是抵御对手对己方作战体系实施打击与破坏的能力。综合防护能力的高低取决于人员素质、装备的技术防护性能、作战中所利用的防护工程、地形情况及采取的战术战法等因素。综合防护能力主要由防侦察监视能力、防打击能力及核生化防护能力等指标聚合而成，其评估指标体系如图 14-9 所示。

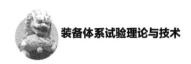

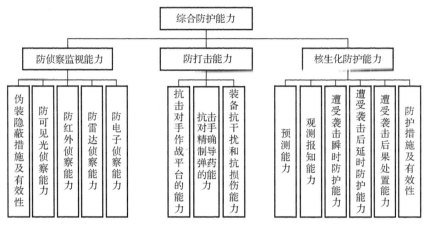

图 14-9　综合防护能力评估指标体系

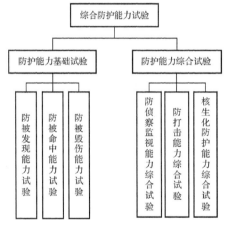

图 14-10　综合防护能力试验内容（项目）

综合防护能力试验包括防护能力基础试验和防护能力综合试验两个层次。其中，第一层次是对防护系统防被发现、防被命中及防被毁伤等能力所进行的验证、检验和考核；第二层次主要是针对防侦察监视能力、防打击能力及核生化防护能力所进行的综合试验，用于考核评估被试装备（或系统）的全维防护能力。综合防护能力试验内容（项目）如图 14-10 所示。

2）增强任务完成能力贡献率评估指标与试验内容

（1）信息系统支持能力试验。信息系统支持能力是被试装备（或系统）在近实战环境条件下获取、处理、传输和利用信息情报的能力，也是保障各种作战能力实现功能耦合和作战体系整体联动的能力，其对体系作战能力的生成、提升具有重要影响。信息系统支持能力主要由信息获取（侦察探测）、信息处理、信息传输（通信保障）和信息对抗 4 方面能力聚合而成，其评估指标体系如图 14-11 所示。

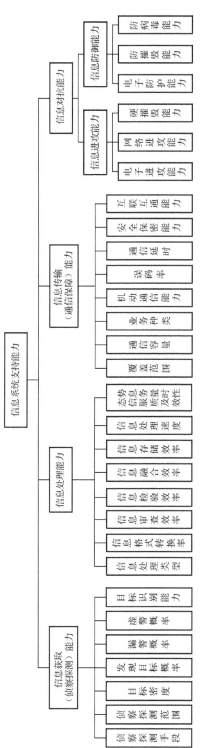

图 14-11　信息系统支持能力评估指标体系

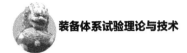

信息系统支持能力试验包括信息系统支持能力基础试验和信息系统支持能力综合试验两个层次。其中，第一层次是对信息获取、处理、传输和对抗能力所进行的验证、检验和考核；第二层次主要考核评估被试装备（或系统）的信息协同能力。信息系统支持能力试验内容（项目）如图 14-12 所示。

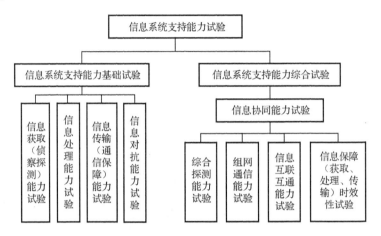

图 14-12　信息系统支持能力试验内容（项目）

（2）指挥控制能力试验。指挥控制是指挥员及其指挥机关对部队作战或其他行动进行掌握和制约的活动。指挥控制能力则是指挥员及其指挥机关对其作战行动任务进行运筹和控制协调的能力。指挥控制能力试验主要考核指挥决策能力、作战控制能力和指挥保障能力，其评估指标体系如图 14-13 所示。

指挥控制能力试验包括指挥控制能力基础试验和指挥控制能力综合试验两个层次。其中，第一层次是对指挥决策能力、作战控制能力和指挥保障能力所进行的验证、检验和考核；第二层次主要考核评估被试装备（或系统）的指挥协同能力。指挥控制能力试验内容（项目）如图 14-14 所示。

（3）火力打击能力试验。火力打击能力是综合运用各种火力，有效杀伤对手有生力量、破坏军事设施、摧毁武器装备，使其丧失战斗力的能力，主要由对陆火力打击能力、对海火力打击能力、对空火力打击能力及对太空（临近空间）火力打击能力组成。影响火力打击能力的因素主要有目标发现能力、目标捕捉能力及目标命中与毁伤能力。火力打击能力由直瞄射击能力和间瞄射击能力聚合而成，其评估指标体系如图 14-15 所示。

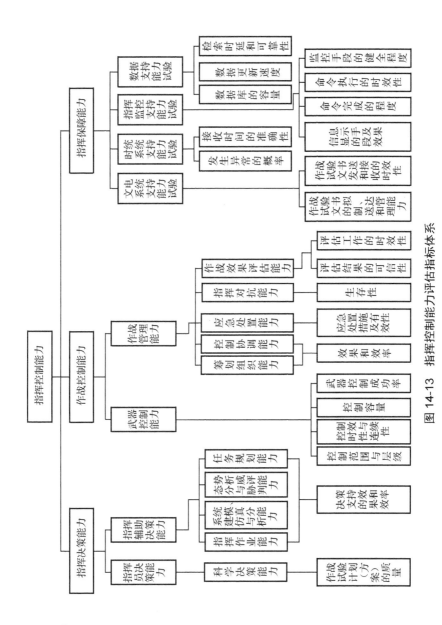

图 14-13　指挥控制能力评估指标体系

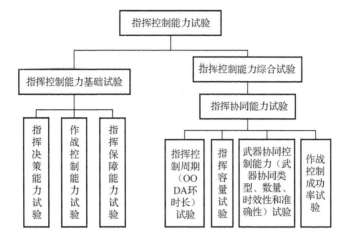

图 14-14　指挥控制能力试验内容（项目）

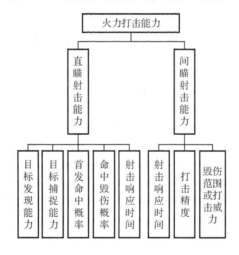

图 14-15　火力打击能力评估指标体系

　　火力打击能力试验包括火力打击能力基础试验和火力打击能力综合试验两个层次。其中，第一层次是对火力打击系统探测识别、跟踪瞄准、命中目标及毁伤目标等能力所进行的验证、检验和考核；第二层次主要是针对远程打击能力、跨越打击能力和全域打击能力所进行的综合试验，考核评估被试装备（或系统）的打击协同能力和结构破击能力。火力打击能力试验内容（项目）如图 14-16 所示。

　　需要说明的是，第一层次试验中的探测识别和跟踪瞄准能力试验可归结为信息系统支持能力试验中的信息获取（侦察探测）和信息处理能力试验内容（项目），将其列出主要是为了针对"探测识别-跟踪瞄准-命中目标-毁伤目标"打击链的完整性。

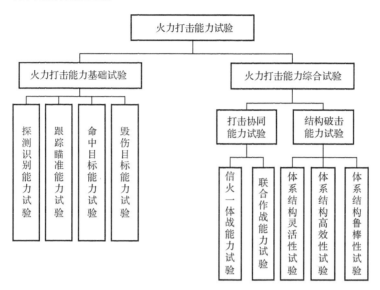

图 14-16 火力打击能力试验内容（项目）

14.3.2 应用示例

以常规地地弹道导弹打击机场目标为背景，评估天基信息支援装备（系统）的体系贡献率。常规弹道导弹打击机场是典型的导弹远程精确打击作战样式，其最终目的是达到毁伤敌方机场、压制敌方飞机起飞的效果。

打击过程简述如下：

（1）通过侦察卫星获得预定攻击目标的最新信息，并通过接收与处理卫星信息辅助生成攻击目标的最新情报，为导弹打击前目标点的确定提供直接依据。

（2）通过卫星战场环境探测系统知晓有关导弹飞航区与目标区的关键气象参数，导弹武器平台完成发射前的阵地定向定位。

（3）在导弹发射前将所获取的信息情报进行综合，生成导弹装订参数，在接到打击命令后发射导弹，并在导弹飞行中段实施卫星辅助制导，最后在飞行结束时使母弹解爆，实施对敌方机场的打击。

（4）通过侦察卫星获得目标毁伤情况的信息，进行作战效果评估，并视需要决定是否进入新一轮打击。

天基信息支援装备（系统）的支援作用主要体现在以下方面：

（1）侦察卫星提供敌方机场目标在打击前的最新信息及打击后的作战效果评估信息。对于机场这类固定大型目标而言，日常都有信息的积累，战时需要对其信息进行及时更新。

（2）气象卫星辅助进行导弹弹道修正，主要是飞航区与目标区中影响导弹飞行的大气密度、风场等参数。

（3）导航定位卫星提供发射阵地位置精度及导弹飞行中的制导服务。

考虑到天基信息支援装备（系统）的支援作用，选择卫星侦察资源能力、卫星侦察信息处理与作战保障能力、卫星战场环境信息保障能力、卫星导航定位保障能力和卫星信息增强精确打击能力 5 项指标作为评估指标，如图 14-17 所示。

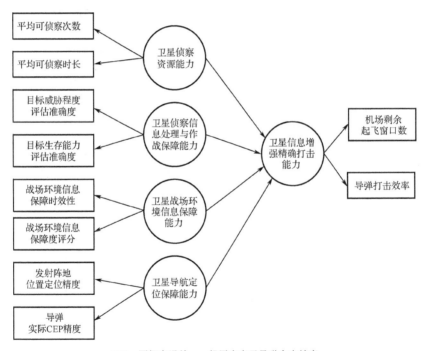

CEP—圆概率误差，一般用来表示导弹命中精度

图 14-17　天基信息支援常规弹道导弹打击机场评估指标影响关系图

根据文献[15]（P.209）的评估结果，按由高到低的顺序，卫星导航定位保障能力、卫星侦察信息处理与作战保障能力、卫星侦察资源能力、卫星战场环境信息保障能力对增强导弹武器远程精确打击能力的贡献率依次为

49.1%、27.5%、21.5%和8.9%，即卫星导航定位保障能力对增强导弹武器远程精确打击能力的贡献率最大，有接近50%的贡献率，其次是卫星侦察信息处理与作战保障能力的贡献率，稍大于25%，而卫星战场环境信息保障能力的贡献率最低，不到10%。另外，通过仿真试验可知，低案天基信息支援对增强精确打击的程度为0.678（相对于没有卫星信息资源支持的情况），高案天基信息支援对增强精确打击的程度为0.922（相对于有较高水平的卫星信息资源支持的情况）。因此，高案天基信息支援装备（系统）对增强导弹武器远程精确打击能力的相对贡献率为 $G_B = \dfrac{0.922 - 0.678}{0.678} \times 100\% \approx 36\%$。

14.4 结构贡献率试验评估

结构（Structure）是系统内各组成要素之间相互联系、相互作用的方式。结构既是系统存在的方式，也是系统的基本属性，还是系统具有整体性、连通性、层次性和功能性的基础与前提。装备体系结构是构成装备体系的各类系统及相互关系，它决定了装备体系的形态、属性和功能，也是装备体系连通战场信息、保持各组分系统有序运作及发挥整体效能的内在依据。按照基于SCAS（Sensor-Controller-Actuator-Supporter）的柔性建模方法，装备体系的组分系统可分为侦察探测系统（Sensor，即传感器类，包括预警、侦察、情报和战场监视系统）、指挥控制系统（Controller，即控制器类，包括作战指挥、通信和战场管理系统）、火力打击系统（Actuator，即执行器类，包括火力打击平台或主战武器系统），以及综合保障系统（Supporter，即支持器类，包括作战保障、装备保障和后勤保障系统）。因此，装备体系结构可定义为用于实现侦察探测、指挥控制、火力打击和综合保障等功能的各类武器系统，以及这些武器系统之间的数量关系、空间关系、时间关系、信息连通关系和作战协同关系等。这里将装备体系结构划分为功能结构和信息结构两大类。其中，功能结构主要描述装备体系的任务编成能力及其灵活性、高效性、鲁棒性；信息结构主要描述装备体系的信息连通质量、信息保障时效性及作战协同能力。本节主要探讨装备体系结构贡献率试验的评估指标与试验内容，并分析其应用示例。

14.4.1 评估指标与试验内容

1）增强体系功能结构贡献率评估指标与试验内容

装备体系功能结构贡献率评估指标体系如图14-18所示。

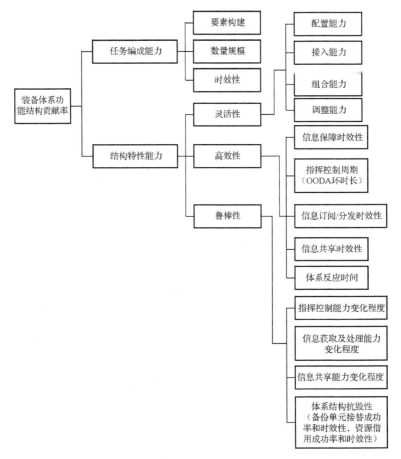

图 14-18 装备体系功能结构贡献率评估指标体系

（1）任务编成能力。任务编成指为完成一定的军事任务，将构成装备体系的各类系统组合所形成的有机整体。任务编成能力主要考核编成要素是否齐全、规模是否适中，以及完成任务编成所需的时长是否在军事任务要求范围内。

（2）结构特性能力。灵活性、高效性和鲁棒性是装备体系结构应具备的基本特性。

① 灵活性（Flexibility）是对装备体系结构适应内外部环境变化能力的度量。内部环境包括体系运行状态、资源负载情况等因素；外部环境包括作战任务、指挥体制、组织机构、作战编成、战场态势及军事信息基础设施等因素。灵活性主要用配置、接入、组合、调整的成功率和时效性等指标来衡量。

② 高效性（Efficiency）是对装备体系结构运行效率的综合度量，主要

用信息保障时效性、指挥控制周期（OODA 环时长）、信息订阅/分发时效性、信息共享时效性及体系反应时间等指标来衡量。

③ 鲁棒性（Robustness）是装备体系各组分系统及相互关系不确定情况（失效或降效）下仍保持原有效能的能力，主要用指挥控制能力变化程度、信息获取及处理能力变化程度、信息共享能力变化程度和体系结构抗毁性等指标来衡量。

2）增强体系信息结构贡献率评估指标与试验内容

装备体系信息结构贡献率评估指标体系如图 14-19 所示。

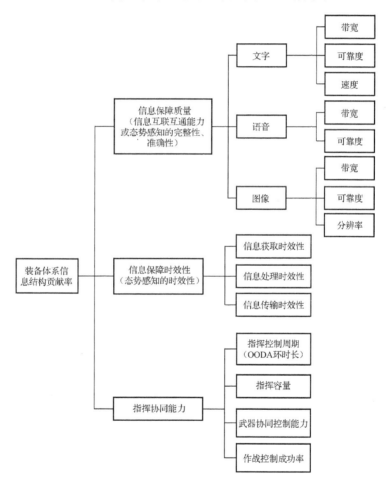

图 14-19　装备体系信息结构贡献率评估指标体系

（1）信息保障质量。信息保障质量主要从文字、语音和图像 3 方面对信息互联互通能力进行度量。其中，文字保障质量主要由带宽、可靠度和速度指标决定；语音保障质量主要由带宽和可靠度指标决定；图像保障质量主要由带宽、可靠度和分辨率指标决定。信息保障质量主要采用定性评分法进行度量，即将信息保障质量按"很高、较高、中等、较低、很低"5个等级分别赋值（0.85，1）、（0.60，0.85）、（0.40，0.60）、（0.15，0.40）、（0，0.15）。

（2）信息保障时效性。时效性表征装备体系中各装备/系统之间信息、物质、能量交流的速度。时效性越强，各装备/系统之间的交互越顺畅，装备体系作战效能（能力）就越高。信息保障时效性用于评估信息获取/处理/分发单元、决策控制单元及响应执行单元等信宿单元能否及时获取相关保障信息，定义为信息获取（侦察探测）单元、信息处理单元和通信保障单元等信源发送信息到信宿单元（指挥控制系统、火力打击系统、综合保障系统）接收该信息的平均时间间隔。

（3）指挥协同能力。指挥协同能力主要评估装备体系在指挥决策、作战控制等方面的能力或效果，一般可用指挥控制周期（OODA 环时长）、指挥容量[指挥控制系统能够同时指挥控制的武器系统（平台）或作战部队（作战单元）的最大数量]、武器协同控制能力（包括武器协同类型、数量、时效性和精确性），以及作战控制成功率[指挥控制系统对武器系统（平台）或作战部队（作战单元）控制成功的次数与总控制数之比]等指标来衡量。

14.4.2　应用示例

假设某装备体系由侦察卫星、侦察无人机、指挥控制系统、作战无人机、战斗机、巡航/战术导弹及远程火箭炮编队7个节点组成，其装备体系的组成见表14-3。

表 14-3　某装备体系的组成

装备体系	节点1	节点2	节点3	节点4	节点5	节点6	节点7
S_A	"锁眼"侦察卫星	"全球鹰"监视无人机	E-3 预警/空中指挥机	"捕食者"无人机	F-35战斗机	"快鹰"巡航弹	MLS 火箭炮编队
S_B	××侦察卫星	××长航时无人机	××预警机	××无人攻击机	××歼击轰炸机	××战术弹道导弹	××远程火箭炮编队
S_C	无	"全球鹰"监视无人机	E-2T预警机	"捕食者"无人机	F-16战斗机	"雄风-2E"巡航导弹	MLS 火箭炮编队

根据文献[16]（P.108）的计算结果，装备体系 S_A、S_B、S_C 的连通性评分值依次为 87.1、61.9、43.8。

由于装备体系 S_C 无天基信息支援装备（系统），其战时信息获取能力和信息传输的实时性均受到较大削弱，连通性评分值明显低于装备体系 S_A 和 S_B，这充分说明了在信息化局部战争中天基信息支援装备（系统）对作战体系作战能力、作战效能或任务完成效果具有较大的贡献率。不考虑其他因素的级联影响，对比装备体系 S_A 和 S_C，天基信息支援装备（系统）对增强信息连通质量的相对贡献率为 $G_{AC}^1 = \dfrac{87.1 - 43.8}{43.8} \times 100\% \approx 98.8\%$，几乎增加了一倍。另外，装备体系 S_A 和 S_B 的拓扑结构相同，S_A 的节点数和边数较 S_B 有了较大增长，表现为平均路径长度（Average Path Length）减少、聚集系数（Clustering Coefficient）和度分布（Degree Distribution）增加，结构"扁平化"越发明显。这既反映了 S_A 较 S_B 节点间的作战协同能力有了较大提高，又反映了 S_A 较 S_B 在结构抗毁性和重构能力方面也有所提升，S_A 在信息连通质量方面优于 S_B。因此，对比装备体系 S_A 和 S_B，信息连通质量对增强体系信息结构效能的相对贡献率为 $G_{AB}^1 = \dfrac{87.1 - 61.9}{61.9} \times 100\% \approx 40.7\%$。

14.5　演化贡献率试验评估

作战体系是一个按照相应机理运动发展的整体系统，也是"活"的系统——体系的结构、状态、特性、功能及行为等随时间的推移而发生变化，这种变化称为演化（Evolution）。演化是作战体系由一种结构或形态向另一种结构或形态的转变。也就是说，体系的结构、状态、特性、功能及行为等都处在或快或慢的演化之中，作战体系具有灵活、适变、动态等特性。因此，装备体系贡献率也不是静态的，而是通过体系对抗过程动态展现。在体系贡献率影响因素和机制的分析及评估指标的选择上，应特别注意动态性和静态性的结合，以反映作战对手、战术战法和体系对抗的影响作用或涌现效应。

14.5.1　评估指标

对体系效能的评估可从体系使命任务效能评估（Measure of SOS Task Effectiveness，MOTE）和体系涌现性效能评估（Measure of SOS Emergence Effectiveness，MOEE）两方面进行。MOTE 旨在对体系实现最终目标的程度进行度量，评估体系完成使命任务的整体情况，其评估指标主要包括战果、任务完成度（率）、战损（比）、推进（机动）时间和作战持续时间等。体系涌现性效能指体系在演化过程中产生整体涌现性效果的程度，这种整体涌现性效果体现在体系的结构、状态、特性、功能及行为等方面。因此，MOEE是对体系整体涌现性的度量，特别强调体系演化过程中在结构、状态、特性、功能及行为等方面所涌现的整体特性，其评估指标主要包括体系的抗毁性、脆性（级联失效）、重心、适应性（敏捷性）、作战同步及体系对抗 OODA 环效能等。MOEE 是从机理层面对体系效能所做的深度分析，反映体系对抗机理和能力生成机制，也是对体系完成使命任务情况的深层次原因的探讨。因此可以认为，MOEE 是"因"，MOTE 是"果"，MOEE 在事实上决定了体系完成使命任务的最终效果。装备体系演化贡献率评估指标体系如图 14-20 所示，其中包含体系涌现性效能的评估指标。

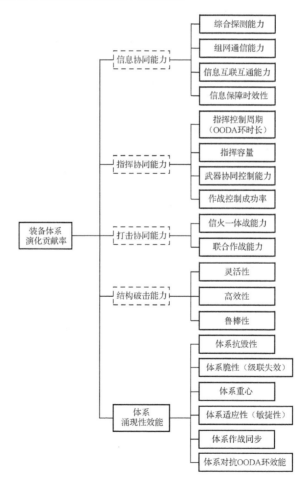

图 14-20　装备体系演化贡献率评估指标体系

14.5.2　应用示例

以常规地地弹道导弹打击机场目标为背景，评估天基信息支援装备（系统）的体系贡献率。根据文献[15]（P.206）的评估结果，所有无导航对抗情况下增强精确打击能力的平均值为 0.783。随着体系对抗进程加入导航对抗因素，通过仿真试验可知，所有存在导航对抗情况的增强精确打击能力的平均值为 0.668。因此，导航对抗对增强精确打击能力的演化（相对）贡献率为 $G_{\mathrm{D}} = \dfrac{0.783 - 0.668}{0.668} \times 100\% \approx 17.22\%$。又如文献[32]中的算例，分析评估了体系对抗中有/无组网雷达支持对防空反导装备体系信息协同能力、指挥控制能力、生存能力和打击协同能力的贡献率，这在一定程度上反映了结构、状态、特性、功能及行为等因素对作战体系能力的演化情况。

14.6　装备体系贡献率综合评估示例

下面以打击大型移动目标作战任务为例，进行新型武器系统体系贡献率评估示例分析，重点评估新型武器系统对红方作战体系打击力的贡献率。

作战想定：红方精确打击作战体系中的精确打击武器为新型作战武器系统（A 武器）和原有精确打击武器系统（B 武器），两类武器系统性能指标确定，部署的总数量一定，按体系贡献率评估需求设计 2 种配置方案；作战体系中的其他系统，如侦察监视系统、指挥信息系统等保持不变；红方作战任务为对敌大型移动目标实施精确打击，蓝方反导防御体系中的主要反导系统为宙斯盾反导防御系统。

14.6.1　精确打击作战体系打击力影响因素分析

新型武器系统对精确打击作战体系打击力的贡献率主要通过蓝方目标毁伤率变化来衡量，具体表征为对蓝方目标的毁伤数量和效果。在对抗条件下，该指标的影响因素较为复杂，既受红方精确打击作战体系作战能力的影响，也受蓝方反导防御体系作战能力的影响。而作战体系作战能力又受作战体系中的武器装备数量、作战范围、响应时间和打击精度等影响。

通过对红蓝双方作战体系和武器系统作战过程进行分析，得到影响红方精确打击作战体系打击力的影响因素共 27 项，构造新型武器系统对精确打击作战体系打击力贡献率的影响参量，见表 14-4。

表 14-4　新型武器系统对精确打击作战体系打击力贡献率的影响参量

参　量	含　义	参　量	含　义
q_1	红方作战体系打击力	q_{15}	B 武器打击能力
q_2	蓝方目标毁伤率	q_{16}	B 武器打击范围
q_3	蓝方目标毁伤数量	q_{17}	B 武器作战响应时间
q_4	A 武器击中目标数量和效果	q_{18}	B 武器打击精度
q_5	B 武器击中目标数量和效果	q_{19}	B 武器毁伤能力
q_6	单件 A 武器作战能力	q_{20}	A 武器突防能力
q_7	A 武器数量	q_{21}	B 武器突防能力
q_8	单件 B 武器作战能力	q_{22}	蓝方反导防御系统作战能力
q_9	B 武器数量	q_{23}	蓝方侦察预警系统能力
q_{10}	A 武器打击能力	q_{24}	蓝方拦截武器能力
q_{11}	A 武器打击范围	q_{25}	蓝方目标探测能力
q_{12}	A 武器作战响应时间	q_{26}	蓝方目标跟踪与识别能力
q_{13}	A 武器打击精度	q_{27}	蓝方拦截武器概率
q_{14}	A 武器毁伤能力		

14.6.2　体系贡献率评估方案及结果分析

根据体系贡献率评估要求，需要通过改变红方精确打击武器系统的配置来评估新型武器系统纳入精确打击作战体系前后作战体系打击力的变化。本节设计 2 种精确打击武器系统配置方案作为仿真输入变量，用于驱动仿真系统，获得仿真数据，以支持体系贡献率评估。红方精确打击武器系统的配置方案见表 14-5。

表 14-5　红方精确打击武器系统的配置方案

方　案	武器系统配置
方案 1	只使用 B 武器（N 个）
方案 2	使用 $N/2$ 个 A 武器和 $N/2$ 个 B 武器

14.6.3　仿真与评估分析

通过体系对抗仿真，可以得到新型武器系统在不同方案下的体系打击力相关仿真结果，见表 14-6。

表 14-6　新型武器系统体系对抗仿真结果

评估项目	仿真结果		说　明
	方案 1	方案 2	
打击范围	S	$1.335S$	S 为 B 武器打击范围，假设各武器作战范围没有交集，体系作战范围为武器作战范围的并集
作战响应时间	T	$T/2$	T 为 B 武器最小作战响应时间，体系作战响应时间为作战体系的最快响应时间
打击精度	C	$0.6C$	C 为 B 武器脱靶量均值，体系打击精度为各武器打击精度的均值
突防能力	R	$1.8572R$	R 为 B 武器突防概率，体系突防能力由仿真系统推演获得
击中目标次数	H	$2.25H$	H 为 B 武器击中目标次数，体系击中目标次数由仿真系统推演获得
击毁目标数量	D	$4.1D$	D 为 B 武器击毁目标数量，体系击毁目标数量由仿真系统推演获得

　　仿真结果表明，针对相同的作战对象，对抗相同的反导防御体系，不同方案的红方作战体系所反映的对目标的打击能力和突防能力明显不同，最终导致精确打击作战体系的打击力也不同，这说明新型武器系统在精确打击作战中对打击力具有较高的体系贡献率。以打击能力中的击毁目标数量为例，由仿真结果可以计算得出其绝对贡献率为 $4.1D$，表示等量新型武器系统替代原有武器系统使体系打击力增加的程度；相对贡献率约为 75.61%，表示新型武器系统在精确打击作战体系中对体系打击力贡献所占的比例。

参考文献

[1] 秦寿康. 综合评价原理与应用[M]. 北京：电子工业出版社，2003.

[2] 郭齐胜，郅志刚，杨瑞平，等. 装备效能评估概论[M]. 北京：国防工业出版社，2005.

[3] 牛新光. 武器装备建设的国防系统分析[M]. 北京：国防工业出版社，2007.

[4] 胡晓惠，蓝国兴，申之明，等. 武器装备效能分析方法[M]. 北京：国防工业出版社，2008.

[5] 任连生. 基于信息系统的体系作战能力概论（修订版）[M]. 北京：军事科学出版社，2010.

[6] 杨峰. 武器装备作战效能仿真与评估[M]. 北京：电子工业出版社，2010.

[7] 王满玉，蔺美青，高玉良. 基于算子的武器装备作战效能评估柔性建模方法与应用[M]. 北京：国防工业出版社，2012.

[8] 罗小明，何榕，朱延雷. 基于 SCA 和改进 ADC 的装备作战效能试验方案研究[J]. 装备学院学报，2015，26（3）：105-109.

[9] 罗小明，朱延雷，何榕. 基于 SEM 的武器装备作战体系贡献度评估方法[J]. 装备学院学报，2015，26（5）：1-6.

[10] 郭齐胜，罗小明，潘高田. 武器装备试验理论与检验方法[M]. 北京：国防工业出版社，2013.

[11] 阳东升，张维明，张英朝，等. 体系工程原理与技术[M]. 北京：国防工业出版社，2013.

[12] 刘兴，蓝羽石. 网络中心化联合作战体系作战能力及其计算[M]. 北京：国防工业出版社，2013.

[13] 马亚龙，邵秋峰，孙明，等. 评估理论和方法及其军事应用[M]. 北京：国防工业出版社，2013.

[14] 罗鹏程，周经伦，金光. 武器装备体系作战效能与作战能力评估分析方法[M]. 北京：国防工业出版社，2014.

[15] 美国国防部. 试验与鉴定管理指南[M]. 6 版. 北京：中国国防科技信息中心，2013.

[16] 徐吉辉，谢文俊. 综合评价理论、方法与军事应用[M]. 北京：国防工业出版社，2014.

[17] 毕长剑，董冬梅，张双建，等. 作战模拟训练效能评估[M]. 北京：国防工业出版社，2014.

[18] 蓝羽石，毛少杰，王珩. 指挥信息系统结构理论与优化方法[M]. 北京：国防工业出版社，2015.

[19] 司守奎，孙玺菁. 复杂网络算法与应用[M]. 北京：国防工业出版社，2015：22-28.

[20] 曹裕华. 装备作战试验理论与方法[M]. 北京：国防工业出版社，2016.

[21] 蒋亚民. 作战实验向网络化体系对抗领域演进[J]. 军事运筹与系统工程，2014，28（1）：5-8.

[22] 季明，马力. 面向体系效能评估的仿真实验因素与指标选择研究[J]. 军事运筹与系统工程，2014，28（3）：61-65.

[23] 曹强，荆涛. 武器装备体系结构演化博弈框架[J]. 军事运筹与系统工程，2015，29（1）：50-55.

[24] 罗小明，朱延雷，何榕. 基于复杂适应系统的装备作战试验体系贡献率评估[J]. 装甲兵工程学院学报，2015，29（2）：1-6.

[25] 郭齐胜，田明虎，穆歌，等. 装备作战概念及其设计方法[J]. 装甲兵工程学院学报，2015，29（2）：7-10.

[26] 鱼静. 基于信息系统的指挥控制能力需求要素分析及应用[J]. 指挥控制与仿真，2015，37（2）：18-22，26.

[27] 管清波，于小红. 新型武器装备体系贡献度评估问题探析[J]. 装备学院学报，2015，26（3）：1-5.

[28] 李志猛，徐培德，冉承新，等. 武器系统效能评估理论及应用[M]. 北京：国防工业出版社，2013.

[29] 罗小明，朱延雷，何榕. 装备指挥控制系统效能试验内容设计[J]. 指挥控制与仿真，2015，37（3）：94-100.

[30] 李怡勇，李智，管清波等. 武器装备体系贡献度评估刍议与示例[J]. 装备学院学报，2015，26（4）：5-10.

[31] 远林. 反卫星武器解密[J]. 中国新闻周刊，2007，2（5）：60-63.

[32] 朱延雷，罗小明. 基于复杂网络的指挥控制系统体系贡献率结构分析模型研究[J]. 陆军军官学院学报，2015，35（5）：53-55.

[33] 王楠，杨娟，何榕. 基于粗糙集的武器装备体系贡献度评估方法[J]. 指挥控制与仿真，2016，38（1）：104-107.

[34] 马力，张明智. 网络化体系效能评估建模研究[J]. 军事运筹与系统工程，2016，30（1）：12-17.

[35] 罗小明，杨娟，何榕. 基于任务-能力-结构-演化的武器装备体系贡献度评估与示例分析[J]. 装备学院学报，2016，27（3）：7-13.

[36] 罗小明，何榕，朱延雷. 武器装备体系结构贡献度评估[J]. 装甲兵工程学院学报，2016，30（4）：1-6,23.

[37] 罗小明，杨娟，朱延雷. 新型武器装备作战试验评估体系构建[J]. 军械工程学院学报，2016，28（4）：1-7.

[38] 王飞，司光亚. 武器装备体系能力贡献度的解析与度量方法[J]. 军

事运筹与系统工程，2016，30（3）：11-15.

[39] 杨镜宇，胡晓峰. 基于体系仿真试验床的新质作战能力评估[J]. 军事运筹与系统工程，2016，30（3）：5-9.

[40] 管清波，王磊，邱敏. 新型武器系统体系贡献度分析与评估[J]. 装备学院学报，2016，27（6）：1-5.

[41] 陈小卫，谢茂林，张军奇. 新型装备对作战体系的贡献机理[J]. 装备学院学报，2016，27（6）：26-30.

[42] 宋敬华. 武器装备体系试验基本理论与分析评估方法研究[D]. 北京：装甲兵工程学院，2015.

第15章

装备在役适用性评估

在役考核实施结束后，技术总体单位根据承试单位报送的数据（在役考核过程中获取的采集数据、日常数据和历史数据），按照在役考核大纲要求，结合承试部队在役考核实施情况总结报告中的装备问题初步分析与评估结论，开展装备在役适用性综合分析评估。综合分析评估一般采用定性与定量相结合的方式进行，既充分考虑部队人员与相关专家对装备使用、管理、维修及保障等方面的定性评价，又通过数据和模型定量计算主要考核指标；通过与同类装备的"横向比较"及与历史数据的"纵向比较"，结合专家知识经验，给出分析评估结论；必要时，可以采用计算机仿真的方法，弥补实装考核的不足，给出某些分析评估结论。本章介绍装备在役适用性评估指标体系、评估模型与评估示例。

15.1 装备在役适用性评估指标体系

装备在役考核指标体系构建的目的，在于厘清装备在役考核的考核内容。建立科学合理的指标体系，应系统思考性能试验、作战试验及在役考核等阶段的任务"分工"，统筹划定装备在役考核需要"回答"的重点问题，进而确定装备在役考核的主要评估指标及相应指标体系。根据已确定的在役考核内容，形成装备在役考核评估指标体系，见表 15-1。

表 15-1　装备在役考核评估指标体系

一 级 指 标	二 级 指 标	三 级 指 标	指 标 类 型
部队适用性	使用可用性	使用可用度	定量
		平均完好率	定量

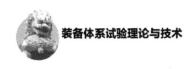

续表

一级指标	二级指标	三级指标	指标类型
部队适用性	任务可靠性	平均故障间隔时间	定量
		平均严重故障间隔时间	定量
	维修适应性	平均故障修复时间	定量
		基层级修复率	定量
		维修质量满意度	定性
	保障适应性	使用保障适用性	定性
		保障资源适用性	定性
质量稳定性	质量水平差异性	通用质量特性差异率	定量
		专用质量特性差异率	定量
	质量水平变化率	通用质量特性变化率	定量
		专用质量特性变化率	定量
	故障发生率	装备故障发生率	定量
	严重危害问题发生率	装备严重危害问题发生率	定量
装备经济性	平均维持费	年均维持费	定量
	平均动用费	时均动用费	定量
装备适编性	数量适编性	装备数量满足度	定性
	人员适编性	人员数量适应性	定性
		专业岗位适应性	定性
		技术等级适应性	定性
	任务适编性	作战方向适应性	定性
		作战地域适应性	定性
装备适配性	机动同步性	自行机动同步性	定性
		运输机动同步性	定性
	火力协同性	火力范围协同性	定性
		打击目标协同性	定性
		毁伤能力协同性	定性
	信息通联性	与上级信息通联性	定性
		与友邻信息通联性	定性
		与下级信息通联性	定性
	战保协调性	作战与抢救抢修协调性	定性
		作战与弹药输送协调性	定性
		作战与油料供应协调性	定性
		作战与信息安全协调性	定性
	资源保障通用性	油料保障通用性	定性
		抢救抢修通用性	定性

15.2　装备在役适用性底层指标评估模型

15.2.1　部队适用性

（1）使用可用性。使用可用性重点评估装备随时投入使用或作战的能力。一般采用使用可用度（Availability）和平均完好率（Mean Serviceability Rate，MSR）作为评估指标。

① 使用可用度（A_0）。它是与能工作时间和不能工作时间有关的一种可用性参数，表示装备在使用一段时间内使用时间与总时间的比值，其计算公式如下：

$$A_0 = \frac{T_W}{T_A} = \frac{T_W}{(T_W + T_F)} \tag{15-1}$$

式中，T_W 为装备在役考核期间能工作的时间；T_A 为装备在役考核期间的总时间；T_F 为装备在役考核期间不能工作的时间。

② 平均完好率（MSR）。它指装备能够随时遂行作战任务的完好数与装备的实有数之比。它以日完好率统计的基础进行加权平均，计算公式如下：

$$MSR = \frac{1}{N}\sum_{i=1}^{N} MSR_i \tag{15-2}$$

式中，N 为在役考核阶段的天数；MSR_i 为第 i 日部队装备的日完好率，即装备当日完好数与实有数之比。

（2）任务可靠性。该指标重点评估装备在执行任务期间发生故障的频繁程度，从而找到经常发生故障的部件或部位，并分析其对执行任务的影响程度等。一般采用平均故障间隔时间（Mean Time Between Failures，MTBF）和平均严重故障间隔时间（Mean Time Between Casual Failures，MTBCF）作为评估指标。

① 平均故障间隔时间（MTBF）。它是装备在执行任务期间能够正常工作而不发生故障的平均时间，其计算公式如下：

$$MTBF = \frac{T_W}{N_F} \tag{15-3}$$

式中，T_W 为在役考核阶段的工作总时间；N_F 为在役考核阶段发生任务故障的次数。

② 平均严重故障间隔时间（MTBCF）。它是装备在执行任务期间能够正常工作而不发生严重故障的平均时间，其计算公式如下：

$$MTBCF = \frac{T_W}{N_C} \qquad (15\text{-}4)$$

式中，T_W 为在役考核阶段的工作总时间；N_C 为在役考核阶段发生致命性故障的次数。

（3）维修适应性。该指标重点评估在部队装备维修保障体系已经建立的情况下，部队维修人员顺利恢复装备技术状态的能力。一般采用平均故障修复时间（Mean Time to Repair，MTTR）、基层级修复率（Organizational Level Repair Rate，OLRR）及维修质量满意度（Maintenance Staff Satisfaction，MSS）作为评估指标。其计算公式分别如下：

$$MTTR = \frac{T_R}{N_R} \qquad (15\text{-}5)$$

$$OLRR = \frac{N_R}{N_{OR}} \qquad (15\text{-}6)$$

式中，T_R 为在役考核阶段故障维修总时间；N_R 为在役考核阶段故障修复次数；N_{OR} 为在役考核阶段基层级故障修复次数。

维修质量满意度（MSS）是定性指标，通常以调查问卷的方式对部队维修人员进行维修可达性、零部件的标准化和互换性、防差错措施与识别标记、维修安全性及维修难易程度等有关方面的调查。

（4）保障适应性。该指标重点评估装备在部队实际保障体系下的自身保障特性和能够得到的保障资源满足作战使用要求的程度。一般采用使用保障适用性（Applicability of Using Support，AOUS）和保障资源适用性（Applicability of Support Resources，AOSR）作为评估指标。

使用保障适用性（AOUS）表示装备在部队现有保障体系下完成加水、加油、挂弹、充电、充气，以及日常训练的动用前检查、动用后保养等使用保障活动的适用程度。

保障资源适用性（AOSR）表示装备配套保障资源满足部队作战使用实际要求的程度，重点从备品备件的配套率与有效率、保障设备与设施的满足度、技术资料的可用性、训练器材的配套率与满足度、运输工具的类别与便于获取的程度和计算机保障资源便于获取的程度等方面进行定性分析评估。

15.2.2　质量稳定性

装备质量稳定性指装备在使用一段时间后，装备性能和状态的保持能力或衰减退化程度，主要包括装备故障发生率水平和装备严重危害问题发生率水平，其评估按照各下级指标评估值的加权平均值进行计算。

（1）装备故障发生率水平。该指标指装备在使用过程中发生的软件和硬件故障频繁程度，采用调查问卷的方法进行评估，按照"10 至 1"的标准对各项指标进行评价，10 代表发生故障频度最低，1 代表发生故障频度最高。其评估模型如下：

$$P_{gz} = \frac{1}{2} \times \left(\frac{\sum_{i=1}^{n} v_{soft\_i}}{n} + \frac{\sum_{i=1}^{m} v_{hard\_i}}{m} \right) \times 10$$

$$v_{soft\_i} \in [1,10]$$
（15-7）
$$v_{hard\_i} \in [1,10]$$

式中，P_{gz} 为故障发生率水平评估值；n 为软件故障发生率水平评价次数；m 为硬件故障发生率水平评价次数；v_{soft_i} 为第 i 次调查的软件故障的频繁程度评价值；v_{hard_i} 为第 i 次调查的硬件故障的频繁程度评价值。

（2）装备严重危害问题发生率水平。该指标指装备在使用过程中发生严重危害问题的软件和硬件故障的频繁程度，采用调查问卷的方法进行评估，按照"10 至 1"的标准对各项指标进行评价，10 代表发生故障频度最低，1 代表发生故障频度最高。以侦察装备严重危害问题发生率水平为例，其评估模型如下：

$$P_{zgz} = \frac{1}{2} \times \left(\frac{\sum_{i=1}^{n} v_{zsoft\_i}}{n} + \frac{\sum_{i=1}^{m} v_{zhard\_i}}{m} \right) \times 10$$

$$v_{zsoft\_i} \in [1,10]$$
（15-8）
$$v_{zhard\_i} \in [1,10]$$

式中，P_{zgz} 为装备严重危害问题发生率水平评估值；n 为软件严重危害问题发生率水平；m 为硬件严重危害问题发生率水平评价次数；v_{zsoft_i} 为第 i 次调查的严重危害问题软件故障的频繁程度评价值；v_{zhard_i} 为第 i 次调查的严重危害问题硬件故障的频繁程度评价值。

此外，装备质量稳定性还有一种度量方式，包括质量水平差异性和质量水平变化率。

（3）质量水平差异性。该指标重点评估大规模生产装备的质量特性是否与列装定型前保持一致，或者不同生产批次之间的质量水平是否保持一致。

一般采用通用质量特性差异率（Generic Quality Characteristic Difference Rate，GQCDR）和专用质量特性差异率（Special Quality Characteristic Difference Rate，SQCDR）进行评估。其计算公式分别如下：

$$GQCDR = \frac{\sqrt{(G_A - G_B)^2}}{G_A} \tag{15-9}$$

$$SQCDR = \frac{\sqrt{(S_A - S_B)^2}}{S_A} \tag{15-10}$$

式中，G_A 为装备某典型通用质量特性（如平均故障间隔时间）在作战试验阶段的测量值；G_B 为该典型通用质量特性在装备服役阶段的测量值；S_A 为装备某典型专用质量特性（如射程）在作战试验阶段的测量值；S_B 为该典型专用质量特性在装备服役阶段的测量值。

（4）质量水平变化率。该指标重点评估装备在服役期间质量水平的变化情况。一般采用通用质量特性变化率（Generic Quality Characteristic Change Rate，GQCCR）和专用质量特性变化率（Special Quality Characteristic Change Rate，SQCCR）作为评估指标。其计算公式分别如下：

$$GQCCR = \frac{\sqrt{(G_{T1} - G_{T2})^2}}{G_{T1}} \tag{15-11}$$

$$SQCCR = \frac{\sqrt{(S_{T1} - S_{T2})^2}}{S_{T1}} \tag{15-12}$$

式中，G_{T1}、G_{T2} 为装备服役后时间点 T_1 与 T_2 的通用质量特性测量值；S_{T1}、S_{T2} 为装备服役后时间点 T_1 与 T_2 的专用质量特性测量值，且 $T_1 < T_2$。

15.2.3　装备经济性

（1）平均维持费。该指标重点评估装备在服役期间，在正常开展训练活动的情况下，平均产生的使用、保养、维修及各种保障费用，它适用于使用时间（如年均摩托小时或工作小时）相对固定的装备。一般可用年均维持费（Annual Support Cost，ASC）作为评估指标，其计算公式如下：

$$ASC = \frac{C_U + C_M + C_R}{N_Y} \tag{15-13}$$

式中，C_U 为油料等使用保障费用；C_M 为各种保养、故障维修和计划维修费用；C_R 为各种保障资源消耗的费用；N_Y 为在役考核期间的自然时间，单位是 y。

（2）平均动用费。该指标重点评估装备在服役期间产生的所有费用（包括油料费、器材费、设备折旧费、设施折旧费、技术资料费、人员培训费及维修工时费等）均摊到有效工作时间后的情况，适用于动用时间或工作量不固定的装备。一般可用时均动用费（Average Hour Cost，AHC）作为评估指标，其计算公式如下：

$$AHC = \frac{C_U + C_M + C_R}{N_H} \tag{15-14}$$

式中，C_U、C_M、C_R 的含义同式（15-13）；N_H 为在役考核期间的有效工作时间，单位是 h。

15.2.4　装备适编性

装备适编性指装备数量合理性、人员编制合理性及装备与任务的适应性，对它的评估按照各下级指标评估值的加权平均值进行计算。

（1）数量适编性（装备数量合理性）。该指标用于评估部队编配的装备数量能否满足战备、作战及训练等任务需要，特别是在考虑战备与训练装备轮换的情况下，装备的数量是否有效保持装备整体战斗力的问题。一般可用装备数量满足度（Equipment Number Adaptability Degree，ENAD）作为评估指标。装备数量满足度（ENAD）指装备在列装部队的数量支撑其完成既定作战任务的程度。一般可以结合部队现有战备、训练和作战任务量进行分析，发现装备在完成任务中是否存在缺口或闲置的现象。装备数量满足度（ENAD）可以通过专家评判的方式进行定性分析评估。

数量适编性采用调查问卷的方法进行评估，按照"10 至 1"的标准对下级单位各项指标进行评价，10 为最好，1 为最差。根据调查数据，基于算数平均值法进行评估。

（2）人员适编性（人员编制合理性）。该指标用于评估部队实际编配装备使用、装备保障及装备管理人员与装备工作实际需要符合的程度。一般可用人员数量适应性（Adaptability to People Quantity，ATPQ）、专业岗位适应性（Adaptability to Professional Position，ATPP）和技术等级适应性（Adaptability to Technical Level，ATTL）作为评估指标。其中，人员数量适应性（ATPQ）用于检验部队装备相关人员的数量是否满足要求；专业岗位适应性（ATPP）用于检验部队装备相关人员在关键岗位、可替代岗位上是否满足专业对口、比例适当的要求；技术等级适应性（ATTL）用于检验部队

装备相关人员的专业技术能力是否满足装备操作、维修等技能要求。这 3 项指标均可以通过对部队装备相关人员的调查分析进行定性分析评估。

人员适编性采用调查问卷的方法进行评估，按照"10 至 1"的标准对各项指标进行评价，10 为最好，1 为最差。根据调查数据，基于加权和法进行评估。

（3）任务适编性（装备与任务适应性）。该指标重点考核成建制的列装装备能否与部队需要完成的使命任务相适应，进而发现装备在作战体系中作用不大、贡献率不高、环境适应性较低的问题。一般可用作战方向适应性（Operational Direction Adaptability，ODA）和作战地域适应性（Operational Zone Adaptability，OZA）作为评估指标。

作战方向适应性（ODA）指装备在列装部队的作战方向上执行作战任务时，能够发挥装备作战能力的程度。一般结合部队综合演训，重点从作战准备、开进展开、火力打击和综合防护等环节，检验装备是否存在限制作战效能发挥的短板弱项。作战地域适应性（OZA）指装备在列装部队的作战地域长期服役时，能够适应其所在地域环境的程度。一般可以结合部队的日常训练及野外驻训，重点检验装备适应所在地域的地形、地貌、天气、气候、海拔、日照及电磁等环境适应能力。作战方向适应性（ODA）和作战地域适应性（OZA）可以利用部队指挥机构相关人员进行定性分析评估。

任务适编性采用调查问卷的方法进行评估，按照"10 至 1"的标准对各项指标进行评价，10 为最好，1 为最差。根据调查数据，基于加权和法进行评估。

15.2.5　装备适配性

装备适配性指装备与其他装备之间的协调适应性，主要包括机动同步性、火力协同性、信息通联性、战保协调性和资源保障通用性，其评估按照各下级指标评估值的加权平均值进行计算。

（1）机动同步性。机动同步性重点评估装备与体系内其他装备同步开进时，其机动速度与体系内其他装备协同一致的程度。一般可用自行机动同步性（Self-mobility Synchrony，SMS）和运输机动同步性（Transport-mobility Synchrony，TMS）作为评估指标。其中，自行机动同步性（SMS）指装备利用自身机动能力与作战体系内其他装备开展同步机动的协调程度；运输机动同步性（TMS）指装备在利用公路、铁路、水路及航运等运输工具的情况下，其与作战体系内其他装备开展同步机动部署的协调程度。这两项指标均可以利用部队人员进行定性分析评估。

（2）火力协同性。火力协同性重点评估装备与体系内其他装备协同作战时，其火力打击能力与体系内其他装备默契配合的程度。一般可用火力范围协同性（Fire scope Synergy，FSS）、打击目标协同性（Fire Target Synergy，FTS）和毁伤能力协同性（Damage Capability Synergy，DCS）作为评估指标。其中，火力范围协同性（FSS）指装备的火力打击范围能够与其他装备有机衔接，并有效配合完成一定距离范围内目标的毁伤任务；打击目标协同性（FTS）指装备符合部队作战方向战斗纵深内任务目标种类合理分配的程度；毁伤能力协同性（DCS）指装备毁伤能力对其他装备进行有效补充的能力。这 3 项指标均可通过对部队操作使用人员的调查进行定性分析评估。

（3）信息通联性。信息通联性重点评估装备与体系内其他装备存在指控通联关系时，其能够进行及时有效通联的程度。一般可用与上级信息通联性（Communications to Superior，CTS）、与友邻信息通联性（Communications to partner，CTP）和与下级信息通联性（Communications to Junior，CTJ）作为评估指标。这 3 项指标用于评估被考核装备与其他主战装备、指挥控制装备、保障装备之间的通信设置是否合理、能否有效完成信息通联。可通过对信息使用人员（侦察、指挥、控制、通信等）的调查进行定性分析评估，也可通过统计进行分析评估。

（4）战保协调性。战保协调性重点评估装备或装备体系在执行任务过程中，其作战行动与抢救抢修、弹药输送、油料供应及信息安全等保障要素相互协调的程度。一般可用作战与抢救抢修协调性（Emergency Repair Coordination，ERC）、作战与弹药输送协调性（Ammunition Transport Coordination，ATC）、作战与油料供应协调性（Oil Supply Coordination，OSC）和作战与信息安全协调性（Information Security Coordination，ISC）作为评估指标。可通过作战人员调查和专家评相结合的方式进行定性分析评估。

（5）资源保障通用性，资源保障通用性指装备与其他装备之间的资源保障的通用程度，主要包括油料保障通用性和抢救抢修通用性，主要通过调查问卷的方法进行评估。

15.3　装备在役适用性评估示例

对树状结构的装备在役适用性评估指标体系，采用由底层指标值向上综合的方法，可得到装备的在役适用性。除少量底层指标评估模型特殊外，一般采用加权和法。下面简要介绍某合成旅装备在役适用性评估示例。

15.3.1　质量稳定性评估

以某侦察情报装备为例，进行质量稳定性评估。同理可计算其他装备的质量稳定性。通过对所有装备质量稳定性进行加权和，可得到装备体系质量稳定性。

（1）故障发生率水平。通过问卷调查得到相关数据，见表 15-2。

表 15-2　侦察情报装备故障发生率水平评估采集数据

评估基础数据项目	检 验 结 果									
调查评分	10	9	8	7	6	5	4	3	2	1	分
软件故障发生率水平评价值（$v_{soft\_zc\_i}$）	5	9	14	12	7	6	1	2	2	2	次
硬件故障发生率水平评价值（$v_{hard\_zc\_i}$）	9	10	17	12	8	5	1	1	1	0	次
调查问卷的数量（n）	124										次

依据表 15-2 所示的评估基础数据，按照式（15-7）进行侦察情报装备故障发生率水平评估计算，即

$$P_{gz\_zc} = \frac{1}{2} \times \left(\frac{\sum_{i=1}^{n} v_{soft\_zc\_i}}{n} + \frac{\sum_{i=1}^{m} v_{hard\_zc\_i}}{m} \right) \times 10 = 72.24$$

（2）严重危害问题发生率水平。通过问卷调查得到相关数据，见表 15-3。

表 15-3　侦察情报装备严重危害问题发生率水平评估采集数据

评估基础数据项目	检 验 结 果									
调查评分	10	9	8	7	6	5	4	3	2	1	分
软件故障严重危害问题发生率水平评价值（$v_{zsoft\_zc\_i}$）	7	7	15	11	8	7	2	2	1	1	次
硬件故障严重危害问题发生率水平评价值（$v_{zhard\_zc\_i}$）	8	11	13	13	5	5	3	0	1	3	次
调查问卷的数量（n）	123										次

依据表 15-3 所示的评估基础数据，按照式（15-8）进行侦察情报装备严重危害问题发生率水平评估计算，即

$$P_{\text{zgz\_zc}} = \frac{1}{2} \times \left(\frac{\sum_{i=1}^{n} v_{\text{zsoft\_zc\_}i}}{n} + \frac{\sum_{i=1}^{m} v_{\text{zhard\_zc\_}i}}{m} \right) \times 10 = 71.21$$

（3）质量稳定性评估。根据侦察情报装备质量稳定性模型，按照层次分析方法，采取专家打分方式确定下级指标的权重系数，采用加权和法计算得到侦察情报装备质量稳定性评估结果：

$$P_{911} = \omega_{\text{gz\_zc}} \times P_{\text{gz\_zc}} + \omega_{\text{zgz\_zc}} \times P_{\text{zgz\_zc}} = 71.46$$

侦察情报装备质量稳定性评估的下级指标评估值、权重系数和评估结果见表 15-4。

表 15-4　侦察情报装备质量稳定性评估结果

评估基础数据项目	评 估 值	权 重 系 数	评 估 结 果
故障发生率水平（$P_{\text{gz\_zc}}$）	72.24	0.24	17.34
严重危害问题发生率水平（$P_{\text{zgz\_zc}}$）	71.21	0.76	54.12
侦察情报装备质量稳定性评估结果（P_{911}）			71.46

15.3.2　装备适编性评估

以合成营装备为例，进行适编性计算。同理可计算其他建制单位的装备适编性。通过对所有建制单位装备适编性进行加权和，可得到装备体系适编性。

（1）装备数量合理性。通过问卷调查得到相关数据，见表 15-5。

表 15-5　合成营装备数量合理性评估采集数据

评估基础数据项目	检 验 结 果									
调查评分	10	9	8	7	6	5	4	3	2	1	分
装甲步兵连装备数量合理性评价次数	24	19	6	2	1	1	0	0	0	1	次
装甲步兵连装备数量合理性评价平均值（$\overline{v_{\text{bbl\_zsl}}}$）	8.981									
装甲突击车连装备数量合理性评价次数	9	14	6	0	1	1	0	0	0	0	次
装甲突击车连装备数量合理性评价平均值（$\overline{v_{\text{tjl\_zsl}}}$）	8.871									

评估基础数据项目	检 验 结 果										
调查评分	10	9	8	7	6	5	4	3	2	1	分
火力连装备数量合理性评价次数	9	14	6	0	1	1	0	0	0	0	次
火力连装备数量合理性评价平均值 ($\overline{v_{hll\_zsl}}$)	8.871										
支援保障连装备数量合理性评价次数	8	5	10	2	2	0	0	1	0	0	次
支援保障连装备数量合理性评价平均值 ($\overline{v_{zbl\_zsl}}$)	8.357										

依据表 15-5 所示的评估基础数据，进行合成营装备数量合理性评估计算，即

$$P_{sl\_hc} = 10 \times \frac{1}{4} \times (\overline{v_{bbl\_sl}} + \overline{v_{tjl\_sl}} + \overline{v_{hll\_sl}} + \overline{v_{zbl\_sl}}) = 87.70$$

（2）人员编制合理性。通过问卷调查得到相关数据，见表 15-6。

表 15-6　合成营人员编制合理性评估采集数据

评估基础数据项目	检 验 结 果										
调查评分	10	9	8	7	6	5	4	3	2	1	分
装甲步兵连人员编制合理性评价次数	19	23	8	1	0	0	0	0	0	1	次
装甲步兵连人员编制合理性评价平均值 ($\overline{v_{bbl\_bz}}$)	9.019										
装甲突击车连人员编制合理性评价次数	14	9	5	2	1	0	0	0	0	0	次
装甲突击车连人员编制合理性评价平均值 ($\overline{v_{tjl\_bz}}$)	9.065										
火力连人员编制合理性评价次数	9	13	6	1	2	0	0	0	0	0	次
火力连人员编制合理性评价平均值 ($\overline{v_{hll\_bz}}$)	8.839										
支援保障连人员编制合理性评价次数	8	5	10	1	2	1	1	0	0	0	次
支援保障连人员编制合理性评价平均值 ($\overline{v_{zbl\_bz}}$)	8.321										

依据表 15-6 所示的评估基础数据，进行合成营人员编制合理性评估计算，即

$$P_{bz\_hc} = 10 \times \frac{1}{4} \times (\overline{v_{bbl\_bz}} + \overline{v_{tjl\_bz}} + \overline{v_{hll\_bz}} + \overline{v_{zbl\_bz}}) = 88.11$$

（3）装备与任务适应性。通过问卷调查得到相关数据，见表 15-7。

表 15-7 合成营装备与任务适应性评估采集数据

评估基础数据项目	检 验 结 果									
调查评分	10	9	8	7	6	5	4	3	2	1	分
装甲步兵连装备与任务适应性评估次数	18	16	8	4	3	0	0	1	0	1	次
装甲步兵连装备与任务适应性评估平均值 ($\overline{v_{bbl\_rw}}$)	8.588										
装甲突击车连装备与任务适应性评估次数	10	12	3	2	2	2	0	0	0	0	次
装甲突击车连装备与任务适应性评估平均值 ($\overline{v_{tjl\_rw}}$)	8.645										
火力连装备与任务适应性评估次数	8	13	8	1	1	0	0	0	0	0	次
火力连装备与任务适应性评估平均值 ($\overline{v_{hll\_rw}}$)	8.839										
支援保障连装备与任务适应性评估次数	7	7	9	2	2	1	0	0	0	0	次
支援保障连装备与任务适应性评估平均值 ($\overline{v_{zbl\_rw}}$)	8.429										

依据表 15-7 所示的评估基础数据,进行合成营装备与任务适应性评估计算,即

$$P_{sl\_hc} = 10 \times \frac{1}{4} \times (\overline{v_{bbl\_sl}} + \overline{v_{tjl\_sl}} + \overline{v_{hll\_sl}} + \overline{v_{zbl\_sl}}) = 86.25$$

(4)装备适编性评估。根据装备适编性模型,按照层次分析方法,采取专家打分方式确定下级指标的权重系数,并采用加权和方法计算合成营装备适编性评估结果。合成营装备适编性评估结果见表 15-8。

$$P_{sbx} = \omega_{zsl\_hc} \times P_{zsl\_hc} + \omega_{bz\_hc} \times P_{bz\_hc} + \omega_{rw\_hc} \times P_{rw\_hc} = 87.42$$

表 15-8 合成营装备适编性评估结果

评估基础数据项目	评 估 值	权 重 系 数	评 估 结 果
装备数量合理性 (P_{zsl_hc})	87.70	0.35	30.7
人员编制合理性 (P_{bz_hc})	88.11	0.35	30.84
装备与任务适应性 (P_{rw_hc})	86.25	0.3	25.88
合成营装备适编性评估结果 (P_{sbx})			87.42

15.3.3 装备适配性评估

以合成营装备为例,进行适配性评估。同理可计算其他装备的适配性,并对所有装备适配性进行加权和,从而得到装备体系适配性。

通过问卷调查得到相关数,见表 15-9。

表 15-9 合成营装备适配性评估采集数据

评估基础数据项目	检 验 结 果										
调查评分	10	9	8	7	6	5	4	3	2	1	分
火力协同性评估次数	10	10	17	9	4	0	0	0	0	0	次
火力协同性评估平均值（v_{hl}）	8.26										
信息通联性评估次数	7	6	21	7	5	2	2	0	0	0	次
信息通联性评估平均值（v_{tl}）	7.78										
机动同步性评估次数	14	15	15	3	1	1	2	1	0	1	次
机动同步性评估平均值（v_{jd}）	8.283										
战保协调性评估次数	10	8	13	11	2	3	2	0	0	0	次
战保协调性评估平均值（v_{zb}）	7.918										
资源保障通用性评估次数	19	12	11	3	0	1	2	1	0	1	次
资源保障通用性评估平均值（v_{zy}）	8.48										

合成营装备适配性评估根据装备适配性模型，按照层次分析方法，采取专家打分方式确定下级指标的权重系数，并按照加权和法计算合成营装备适配性评估结果。合成营装备适配性评估评估结果见表 15-10。

$$P_{spx} = (\omega_{hl} \times v_{hl} + \omega_{tl} \times v_{tl} + \omega_{jd} \times v_{jd} + \omega_{zb} \times v_{zb} + \omega_{zy} \times v_{zy}) \times 10 = 81.16$$

表 15-10 合成营装备适配性评估结果

评估基础数据项目	评 估 值	权 重 系 数	评 估 结 果
火力协同性（v_{hl}）	8.26	0.22	1.817
信息通联性（v_{tl}）	7.78	0.25	1.945
机动同步性（v_{jd}）	8.283	0.2	1.657
战保协调性（v_{zb}）	7.918	0.18	1.425
资源保障通用性（v_{zy}）	8.48	0.15	1.272
合成营装备适配性评估结果（P_{spx}）			81.16

参考文献

[1] 孟庆均，郭齐胜，曹玉坤，等. 装备在役考核评估指标体系[J]. 装甲兵工程学院学报，2018，32（1）：76-80

[2] 王凯. 合成第××旅一体化联合检验评估报告[R]. 北京：陆军装甲兵学院，2019.

应用篇

第16章

装备体系试验示例

装备体系试验理论与技术研究服务于装备体系试验应用实践。成建制、成体系组织开展的试验活动，主要包括作战试验和在役考核两种类型，两者目的不同。但其评估指标体系、想定、科目、环境和仿真试验系统等设计理论与方法，以及作战效能、作战适用性、体系适用性和在役适用性等评估理论与方法，都遵循装备体系试验理论与技术。在近几年的试验鉴定实践中，陆续进行了多型单装和体系级的作战试验，完成多种现役装备在役考核及成建制成体系装备一体化联合。本章简要介绍装备作战试验与在役考核应用示例。

16.1 装备作战试验示例

某数字化合成营是以坦克和装甲步兵为主编成的诸兵种合成的基本作战单元，编有坦克分队、装甲步兵分队、火力分队和相关保障分队，作战中可得到上级防空分队、防化分队等力量的加强。其主要装备包括装甲指挥车、步兵战车、坦克、自行火炮、装甲侦察车、综合扫雷车、装甲抢救车及其他相关保障车辆等，具备侦察情报、指控通信、机动突击、火力打击、多维防护和综合保障能力，具有模块化、数字化、多能化的特点，主要在上级编成内遂行地面突击和地面抗击任务，也可根据需要单独遂行作战任务。

16.1.1 指标设计

16.1.1.1 指标体系构建

着眼数字化合成营作战使命任务要求，按照"一能三性"构建指标体系，基本作战能力分解效能指标，构建由侦察情报、指控通信、机动突击、火力打击、多维防护和综合保障能力（能力指标）与作战适用性、体系适用性和在役适用性（适用性指标）为一级指标的装备体系作战试验指标体系。

1）能力指标体系

（1）侦察情报能力指标。侦察情报能力指标体系见表 16-1。

表 16-1　侦察情报能力指标体系

一 级 指 标	二 级 指 标	三 级 指 标	四 级 指 标
侦察情报能力指标	情报获取能力	空中情报获取能力	空中侦察范围
			目标获取能力
		地面情报获取能力	地面侦察范围
			目标获取能力
	情报传输能力	超短波网传输能力	语音传输能力
			文本数据传输能力
		短波网传输能力	语音传输能力
			文本数据传输能力
		宽带网传输能力	语音传输能力
			文本数据传输能力
			图像传输能力
		北斗传输能力	短报文传输能力
	情报处理能力	目标情报处理能力	处理单目标能力
			处理批量目标能力
		情报融合能力	目标判定能力
			目标逐级聚合能力
		情报产品生成能力	敌情目标部署图生成能力
			敌情态势图生成能力
			战术目标清单生成能力
			敌情分析报告生成能力
	情报共享分发能力	战场态势更新能力	敌情态势更新能力
		情报分发能力	按需分发能力
			情报通播能力
		情报推送能力	单目标推送能力
			多目标推送能力

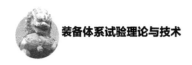

（2）指控通信能力指标。指控通信能力指标体系见表 16-2。

表 16-2　指控通信能力指标体系

一级指标	二级指标	三级指标	四级指标
指控通信能力	动中通联能力	卫星通信能力	组网能力
			数据传输能力
			话音传输能力
		超短波电台通信能力	组网能力
			数据传输能力
			语音传输能力
		短波电台通信能力	组网能力
			语音传输能力
		高速数据电台通信能力	组网能力
			数据传输能力
		北斗系统通信能力	短消息传输能力
	作战筹划能力	情况研判能力	敌情研判能力
			我情研判能力
			战场环境研判能力
			态势更新能力
		决策计划能力	辅助决策能力
			辅助计划拟制能力
	兵种协同能力	与其他营协同能力	与炮兵分队协同能力
			与防空分队协同能力
			与保障分队协同能力
		营内协同能力	突击分队与工程保障分队协同能力
			突击分队与后勤保障分队协同能力
			突击分队与装备保障分队协同能力
			炮兵与突击分队协同能力
			步坦协同能力

（3）机动突击能力指标。机动突击能力指标体系见表 16-3。

表 16-3　机动突击能力指标体系

一 级 指 标	二 级 指 标	三 级 指 标	四 级 指 标
机动突击能力	机动能力	紧急出动能力	完成转级能力
			快速出动能力
		战术机动能力	越野机动能力
			障碍通行能力
	突击能力	冲击突破能力	冲击能力
			突破能力
		目标打击能力	坦克连打击能力
			装甲步兵连打击能力

（4）火力打击能力指标。火力打击能力指标体系见表16-4。

表 16-4　火力打击能力指标体系

一 级 指 标	二 级 指 标	三 级 指 标	四 级 指 标
火力打击能力	自主引导打击能力	侦察兵引导炮兵能力	目标指示能力
			信息传输能力
		步兵分队引导炮兵能力	目标指示能力
			信息传输能力
	火力压制能力	侦察校射能力	侦察车获取目标能力
			侦校雷达校射能力
			侦校雷达获取目标能力
			无人机获取目标能力
		全基数打击能力（单装）	射击准备能力
			射击实施能力
			毁伤能力
		建制分队打击能力	射击准备能力
			射击实施能力
			毁伤能力
	火力毁伤效果评估	火力毁伤效果采集能力	侦察车采集毁伤信息能力
			侦校雷达采集毁伤信息能力
			无人机采集毁伤信息能力
			其他毁伤信息获取能力

续表

一 级 指 标	二 级 指 标	三 级 指 标	四 级 指 标
火力打击能力	火力毁伤效果评估	火力毁伤效果数据传输能力	侦察车传输毁伤效果数据能力
			侦校雷达传输毁伤效果数据能力
			无人机传输毁伤效果数据能力
			其他毁伤效果数据传输能力
		火力毁伤效果评估分析能力	毁伤信息录入能力
			毁伤信息整编能力
			毁伤评估结果生成能力

（5）多维防护能力指标。多维防护能力指标体系见表16-5。

表16-5　多维防护能力指标体系

一 级 指 标	二 级 指 标	三 级 指 标	四 级 指 标
多维防护能力	防信息攻击能力	防电子攻击能力	防超短波干扰能力
			防短波干扰能力
		防网络攻击能力	防网络入侵能力
			防病毒攻击能力
	防全谱侦察能力	防光学侦察能力	防可见光侦察能力
			防高光谱侦察能力
		防热红外侦察能力	热红外隐真防护能力
			热红外示假防护能力
		防雷达侦察能力	防雷达侦察隐真防护能力
			防雷达侦察示假防护能力
		防无线电侦察能力	防无线电频率发现能力
			防无线电定位能力
	装备"三防"能力	化学危害防护能力	毒剂警报能力
			防护响应能力
			化学危害集体防护能力
		核危害防护能力	核辐射警报能力
			防护响应能力
			核危害集体防护能力

（6）综合保障能力指标。综合保障能力指标体系见表16-6。

表 16-6　综合保障能力指标体系

一 级 指 标	二 级 指 标	三 级 指 标	四 级 指 标
综合保障能力	工程保障能力	破障能力	时限满足能力
			效果满足能力
		扫雷能力	时限满足能力
			效果满足能力
	后勤保障能力	饮食保障能力	热食制作能力
			热食前送能力
		卫勤保障能力	伤员后送能力
			伤员紧急救治能力
	装备保障能力	抢救能力	拖救能力
		抢修能力	应急抢修
		后送能力	牵引能力

2）适用性指标体系

（1）作战适用性指标。作战适用性指标体系见表 16-7。

表 16-7　作战适用性指标体系

一 级 指 标	二 级 指 标	三 级 指 标	四 级 指 标
作战适用性	作战环境适用性	战场自然环境适用性	地形环境适用性
			昼夜条件适用性
			气象条件适用性
		复杂电磁环境适用性	短波电台适用性
			超短波电台适用性
			高速数据电台适用性
			卫星系统适用性
			雷达设备适用性
			定位导航设备适用性
	作战使用适用性	作战使用安全性	安全标识合理性
			操作使用安全性
			保养修理安全性
		人机适用性	操作使用便利性
			舒适性

续表

一级指标	二级指标	三级指标	四级指标
作战适用性	作战保障适用性	维修保养适用性	维修适用性
			保养适用性
		弹药保障适用性	弹药储存适用性
			弹药运输适用性
			弹药装填适用性
		资源保障适用性	备品备件齐备性
			设备设施适用性
			技术资料齐备性
			训练保障适用性
		铁路输送适用性	装卸载适用性
			紧急卸载适用性
			加固适用性
			体积适用性
			载荷适用性

（2）体系适用性指标。体系适用性指标体系见表16-8。

表 16-8　体系适用性指标体系

一级指标	二级指标	三级指标	四级指标
体系适用性	体系融合度	体系接入度	与上级组网能力
			与其他群队组网能力
			与陆航组网能力
			与空军组网能力
		信息融合度	与上级信息兼容性
			与其他群队信息兼容性
			与陆航信息兼容性
			与空军信息兼容性
	体系贡献率	侦察情报信息贡献率	敌情目标发现贡献率
			敌情目标识别贡献率
		火力贡献率	突击火力贡献率
			压制火力贡献率

（3）在役适用性指标。在役适用性指标体系见表 16-9。

表 16-9　在役适用性指标体系

一级指标	二级指标	三级指标	四级指标
在役适用性	质量稳定性	侦察情报装备质量稳定性	故障发生率
			严重危害问题发生率
		指挥通信装备质量稳定性	故障发生率
			严重危害问题发生率
		机动突击装备质量稳定性	故障发生率
			严重危害问题发生率
		火力打击装备质量稳定性	故障发生率
			严重危害问题发生率
		工程保障装备质量稳定性	故障发生率
			严重危害问题发生率
		后勤保障装备质量稳定性	故障发生率
			严重危害问题发生率
		装备保障装备质量稳定性	故障发生率
			严重危害问题发生率
	装备适编性	坦克分队	装备数量合理性
			人员编制合理性
			装备与任务适应性
		装甲步兵分队	装备数量合理性
			人员编制合理性
			装备与任务适应性
		火力分队	装备数量合理性
			人员编制合理性
			装备与任务适应性
		相关保障分队	装备数量合理性
			人员编制合理性
			装备与任务适应性
	装备适配性	侦察情报装备适配性	装备协同性
			资源保障通用性
		指挥通信装备适配性	装备协同性
			资源保障通用性
		机动突击装备适配性	装备协同性
			资源保障通用性

一级指标	二级指标	三级指标	四级指标
在役适用性	装备适配性	火力打击装备适配性	装备协同性
			资源保障通用性
		工程保障装备适配性	装备协同性
			资源保障通用性
		后勤保障装备适配性	装备协同性
			资源保障通用性
		装备保障装备适配性	装备协同性
			资源保障通用性

16.1.1.2　数据元分解

根据所构建的指标体系，按照指标评估的数据需求，遵循可实测的基本原则，对末级指标进行再分解，确定在作战试验中应采集的数据元，以机动突击能力指标为例，其所分解的数据元见表 16-10。

表 16-10　机动突击能力指标数据元分解

一级指标	二级指标	三级指标	四级指标	数据元
机动突击能力	机动能力	紧急出动能力	完成转级能力	转级时间
				装备完好率
			快速出动能力	出动时间
				出动率
		战术机动能力	越野机动能力	机动速度
				行军（开进）长径
				机动准确率
			障碍通行能力	通过时间
				通过率
	突击能力	冲击突破能力	冲击能力	冲击速度
				冲击目标准确率
			突破能力	突入阵地时间
				夺占目标时间
		目标打击能力	坦克连打击能力	命中率
				毁伤率
			装甲步兵连打击能力	命中率
				毁伤率

16.1.2　想定设计

16.1.2.1　作战背景和初始态势

数字化合成营装备体系作战试验以数字化合成营对坚固防御阵地进攻战斗为背景。

红方：数字化合成营在上级 1 个榴炮连、1 个自行高炮排、4 批 8 架次武装直升机和 4 批 8 架次歼击轰炸机的直接支援下，担负旅左翼前沿攻击任务，负责夺控 1 号高地、2 号高地、3 号高地地域，保障纵深攻击群在 3 号高地加入战斗，并配合纵深攻击群夺占纵深阵地。

蓝方：装甲步兵连，配属 1 个装步排、1 个坦克排、1 个迫榴炮排及 1 个超短波通信干扰站、1 个短波通信干扰站，在 6 批 12 架次武装直升机的直接支援下，反击受挫后退守至 XX 地区，企图依托坚固阵地，固守 4 号高地、5 号高地、6 号高地等要点，阻止红方向纵深发展攻击。

16.1.2.2　被试装备与配试力量

1）被试装备

被试装备为数字化合成营全部建制装备。

2）配试力量

着眼作战试验指标评估需要，按照红蓝双方体系作战的实际要求，数字化合成营装备体系作战试验的配试力量主要包括：旅基本指挥所、后方指挥所，旅属炮兵分队、防空分队，陆航武装直升机分队，空军歼击轰炸机分队，以及超短波、短波干扰分队。配试装备列表见表 16-11。

表 16-11　配试装备列表

配 试 力 量	配 试 装 备	数 量	红 蓝 方
旅基本指挥所	XX 型指挥车	1 台	红方
	XX 型综合信息指挥车	1 台	红方
旅后方指挥所	XX 型指挥车	1 台	红方
旅属炮兵分队	XX 型炮兵指挥车	1 台	红方
	XX 型自行火炮	4 台	红方
旅防空分队	XX 型防空指挥车	1 台	红方
	XX 型自行防空高炮	3 台	红方

配试力量	配试装备	数 量	红 蓝 方
陆航武装直升机分队	XX 型武装直升机	4 批 8 架次	红方
空军歼击轰炸机分队	XX 型歼击轰炸机	4 批 8 架次	红方
超短波干扰分队	XX 型超短波干扰系统	1 套	蓝方
短波干扰分队	XX 型短波干扰系统	1 套	蓝方

16.1.2.3　装备体系运用方案

1）力量编组

数字化合成营编组"8 队 1 所"，具体如下：

（1）左翼攻击队。主要担负前沿左翼助攻任务，并配合左翼纵深攻击队夺占纵深阵地。

（2）右翼攻击队。主要担负前沿右翼主要攻击任务，并配合右翼纵深攻击队夺占纵深阵地。

（3）左翼纵深攻击队。战斗发起后，随左翼攻击队行动，随时准备向左翼纵深发展进攻。

（4）右翼纵深攻击队。战斗发起后，随右翼攻击队行动，随时准备向右翼纵深发展进攻。

（5）情报侦察队。主要担负情报侦察和火力引导任务。

（6）火力队。主要担负火力支援作战任务。

（7）反装甲队。由营指挥所集中使用，主要担负对敌装甲目标远距离精确打击任务。

（8）综合保障队。抢救抢修组，主要担负装备抢修任务；医疗救护组，主要担负战场救护任务；后勤保障组，主要担负后勤保障任务。

（9）指挥所。主要担负作战筹划、协同控制等指挥任务。

2）作战行动

按照数字化合成营进攻战斗"一个过程"组织作战行动，分为战备等级转进、机动集结、组织战斗和战斗实施 4 个阶段。

（1）战备等级转进。该阶段按照"平转一"的要求，完成临战响应、部署任务、装备启封、油料加注、指挥信息系统建立、弹药请领分发及携运行物资装车等行动。

（2）机动集结。该阶段又分机动装载、铁路输送、卸载集结 3 个阶段组织行动。其中，机动装载阶段主要完成车辆编队、公路机动和铁路装载等行动；铁路输送阶段完成合成营装备的远程投送行动；机动集结阶段完成铁路卸载、战场机动及进入集结地域等行动。

（3）组织战斗。该阶段完成先期侦察、分析判断情况、拟制优选方案、下定战斗决心、拟制作战计划及组织战斗协同等行动。

（4）战斗实施。该阶段主要完成开进展开、火力打击、前沿突破、纵深战斗及转入防御等行动。

① 开进展开。按照警戒分队、火力队、左翼攻击队、右翼攻击队、反装甲队、营指挥所、左翼纵深攻击队、右翼纵深攻击队、综合保障队的序列，成 1 路纵队向作战地域开进，完成疏开展开，形成战斗队形，在机动过程中，完成防空袭、防化学袭击等情况处置任务。

② 火力打击。组织营属火力进行火力准备，重点打击敌炮兵阵地和前沿火力点，遂行迷茫射击，掩护工兵前出开辟通路。

③ 前沿突破。以右翼为主攻方向，以左翼为辅攻方向，从行进间向敌方防御阵地发起冲击，相互掩护迅速通过障碍区通路，对敌前沿一线防御阵地实施兵力突击，打开突破口，掩护纵深攻击队进入战斗。

④ 纵深战斗。右翼纵深攻击队、左翼纵深攻击队，利用前沿突破效果，快速进入战斗，向纵深发展进攻；情报侦察队适时引导陆航、空军和远程火力，精确打击纵深重要火力点，夺取敌核心阵地。

⑤ 转入防御。完成进攻战斗后，迅速调整部署，构建防御体系，完成伤员救治后送、装备抢修后送及油料弹药补给等综合保障任务，对反击之敌进行抗击。

16.1.3　科目设计

16.1.3.1　任务剖面设计

依据试验想定中设计的数字化合成营对坚固防御阵地进攻战斗装备体系运用方案，进行试验任务剖面构设，主要包括战备等级转进、机动集结、组织战斗和战斗实施 4 个阶段，如图 16-1 所示。

16.1.3.2　环境剖面设计

数字化合成营遂行对坚固防御阵地进攻战斗，可能影响的环境因素包括

地形环境、天候、气象、电磁环境及威胁环境等。根据试验想定所确定的相关内容，环境因素见表 16-12。

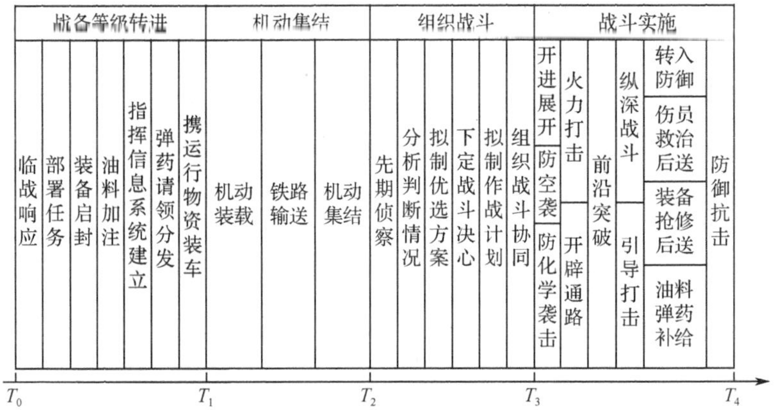

图 16-1　任务剖面

表 16-12　环境因素

环 境 因 素	可能的环境
地形环境	中等起伏地、城市道路
天候	白天、晚上
气象	晴、雨、雾
电磁环境	低强度、中强度、高强度电子干扰
威胁环境	装甲步兵连及其加强力量

依据任务剖面，分析可能的环境，形成环境剖面，见表 16-13。

表 16-13　环境剖面

环境因素	战 备 等 级 转 进	机 动 集 结	组 织 战 斗	战 斗 实 施
地形环境	城市道路	城市道路、中等起伏地	中等起伏地	中等起伏地
天候	白天、晚上	白天、晚上	白天、晚上	白天、晚上
气象	晴、雨、雾	晴、雨、雾	晴、雨、雾	晴、雨、雾
电磁环境	低强度、中强度、高强度电子干扰	低强度、中强度、高强度电子干扰	低强度、中强度、高强度电子干扰	低强度、中强度、高强度电子干扰
威胁环境	装甲步兵连及其加强力量	装甲步兵连及其加强力量	装甲步兵连及其加强力量	装甲步兵连及其加强力量

16.1.3.3 试验剖面生成

根据设计的任务剖面与环境剖面,与所构建的指标体系相结合,按照时序关系对数字化合成营装备体系作战试验任务进行描述,由于敌情威胁相同,在试验剖面的试验环境中不再体现。试验剖面见表 16-14。

表 16-14 试验剖面

时 间	试验内容	行 动	试 验 环 境			
			地形环境	天候	气象	电磁环境
$T_0 \sim T_1$	指控通信能力 综合保障能力 在役适用性	战备等级 转进	城市道路	白天 晚上	晴 雨 雾	低强度 中强度 高强度 电子干扰
$T_1 \sim T_2$	指控通信能力 机动突击能力 作战适用性	机动集结	城市道路 中等起伏地	白天 晚上	晴 雨 雾	低强度 中强度 高强度 电子干扰
$T_2 \sim T_3$	侦察情报能力 指控通信能力 作战适用性 体系适用性	组织战斗	中等起伏地	白天 晚上	晴 雨 雾	低强度 中强度 高强度 电子干扰
$T_3 \sim T_4$	侦察情报能力 指控通信能力 机动突击能力 火力打击能力 多维防护能力 综合保障能力 作战适用性 体系适用性 在役适用性	战斗实施	中等起伏地	白天 晚上	晴 雨 雾	低强度 中强度 高强度 电子干扰

16.1.3.4 试验科目构建

根据所构建的试验剖面,将试验行动按照层级进行划分细化,确定底层科目,并与试验指标相关联。数字化合成营装备体系作战试验的试验科目及与指标体系的映射如图 16-2 所示。

数字化合成营装备体系作战试验指标体系	底层科目								
	科目1	科目2	科目3	科目4	科目5	科目6	科目7	⋯	科目n
侦察情报能力	✓					✓			✓
指控通信能力	✓		✓			✓			
机动突击能力		✓		✓	✓		✓		
火力打击能力		✓		✓					
多维防护能力		✓		✓					
综合保障能力	✓		✓		✓		✓		✓
作战适用性	✓								
体系适用性			✓	✓			✓		
在役适用性	✓				✓				

图 16-2　数字化合成营装备体系作战试验的试验科目及与指标体系的映射

16.1.4　数据采集

16.1.4.1　数据采集人员编组

根据数字化合成营装备体系作战试验数据采集的实际需求，按照专职兼职相结合的原则，针对数字化合成营装备类型，区分专业，编 8 个数据采集组，如图 16-3 所示。各组设采集组组长 1 名，专职采集员和兼职采集员（一般由装备操作使用人员兼任）若干名。

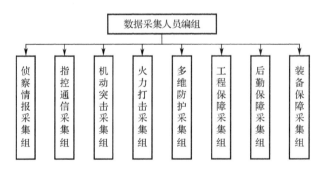

图 16-3　数据采集人员编组

（1）采集组组长。对各组装备能力数据采集工作负责；与承试部队数据采集联络员进行工作协调；组织指导数据采集员开展数据采集工作；统计汇总数据采集员采集的数据；对各数据采集员数据采集工作进行检验验收。

（2）专职数据采集员。在采集组组长的指导下开展数据采集工作；对兼职数据采集员进行数据采集业务培训、工作指导；按照组长工作安排采集相关能力数据；统计汇总兼职数据采集员填报的数据；对兼职数据采集员数据采集工作进行检验验收。

（3）兼职数据采集员。在专职数据采集员指导下开展工作；主要负责所操作装备的相关指标数据的采集工作。

16.1.4.2　数据采集实施计划

根据试验科目设置和作战试验的整体实施计划，在数据采集组人员安排的基础上，确定采集时机、采集位置、采集手段和采集方式，形成数据采集计划。数据采集计划表见表 16-15。

表 16-15　数据采集计划表

序号指标	时间阶段	数据采集组	采集位置	采集手段	采集方式	采集表
1-1	战备等级转进	…	…	…	…	…
2-1	机动集结	…	…	…	…	…
3-1	组织战斗	…	…	…	…	…
4-1	战斗实施阶段科目××××月××日	侦察情报采集组	营指挥车	采集终端	随队采集	1-1
4-2		指控通信采集组	营指挥车	嵌入式设备	随车采集	1-2
4-3		机动突击采集组	冲击出发线	采集终端	地段采集	1-3
4-4		火力打击采集组	炮兵阵地	采集终端	地段采集	1-4
4-5		多维防护采集组	指挥所地域	采集终端	地段采集	1-5
4-6		工程保障采集组	障碍区	采集终端	地段采集	1-6
4-7		后勤保障采集组	救护车	采集终端	随队采集	1-7
4-8		装备保障采集组	抢救车	采集终端	随队采集	1-8
…	…	…	…	…	…	…

16.1.5　评估总结

16.1.5.1　评估方法选择

针对数字化合成营装备体系试验评估的实际需要，综合运用层次分析法、ADC 法、灰色系统分析法、基线对比法、模糊综合分析法及 Delphi 法共 6 种方法，通过定量评估与定性评估相结合，科学全面评估数字化合成营装备体系作战效能和适用性，区分不同的数据采集类型和评估目标，分别选用不同的评估方法。

（1）总体效能评估方法。根据指标的相互逻辑关系，综合运用加权和法，对同级指标进行聚合，形成总体效能评估结论。

（2）采集指标数据的归一化方法。根据采集指标数据的特征，综合运用多种评估方法，针对数值型采集项，在可确定理想值或参考对比值的情况下，采用基线对比法，对绝对采集值进行归一化处理。例如，系统开通时间、系统撤收时间等定量化的时间描述指标，可通过确定最大或最小参考值作为基线进行数值区间映射的方法，实现指标的归一化处理。

（3）定性评估指标的定量化分析方法。采用 10 至 1 分等定性评估指标，通过模糊综合分析法进行定性指标的定量化分析处理。例如，对于作战计划综合表现等需要采用数据采集表进行问卷调查、模糊评判的指标项，可采用该方法进行定性结果向定量评估的映射转换。

（4）对采集为调查情况文字描述或视频资料的指标评估。基于分析评估系统，采用 Delphi 法进行专家评定。例如，对于安全防护等需要通过对系统总体情况进行资料分析以综合评估的指标项，采用专家打分方法进行评估。

（5）权重系数确定方法。针对指标重要性区分明显的同级指标，可采用层次分析法（AHP）确定权重系数；针对同级指标多、重要性区分不明显，且数据采集对象较多的指标，可采用熵权法确定权重系数。

16.1.5.2　评估模型构建

使用所选择的评估方法，针对不同指标的评估要求，分别构建数据元归一化处理模型、末级指标评估模型和指标聚合评估模型 3 类评估模型，以坦克连打击命中率归一化评估模型、指控软件防误操作效果归一化评估模型、坦克连火力打击能力评估模型、指控通信装备操作使用便利性评估模型及数字化合成营装备体系作战效能评估模型为例，对评估模型的构建进行说明，其他指标评估模型可参考上述方法建立。

1）数据元归一化处理模型

（1）坦克连打击命中率归一化处理模型。坦克连打击命中率归一化处理结果 N_{mz}，按照以下模型进行计算：

$$N_{mz} = \frac{H - H_{MIN}}{H_{MAX} - H_{MIN}} \qquad (16-1)$$

式中：N_{mz} 为坦克连打击命中率归一化处理结果；H 为实际采集的坦克连打击命中率平均值；H_{MAX} 为坦克连打击命中率最大参考值；H_{MIN} 为坦克

连打击命中率最小参考值。

（2）指控软件防误操作效果归一化处理模型。指控软件防误操作效果归一化处理结果 N_{r6}，按照以下模型进行计算：

$$N_{r6} = \frac{\sum_{i=1}^{n} V_i}{10 \times n} \qquad (16\text{-}2)$$

式中，N_{r6} 为指控软件防误操作效果归一化处理结果；n 为调查问卷的次数；V_i 为每一份调查问卷对指控软件防误操作效果的评价值（10 至 1，10 为最好，1 为最差）。

2）末级指标评估模型

（1）坦克连火力打击能力评估模型。坦克连火力打击能力主要包括命中率和毁伤率两方面，其评估模型构建如下：

$$P_{tk} = N_{mz} \times N_{bs} \times 100 \qquad (16\text{-}3)$$

式中，P_{tk} 为坦克连火力打击能力评估值；N_{mz} 为坦克连火力打击命中率归一化处理结果；N_{bs} 为坦克连火力打击毁伤率归一化处理结果。

（2）指控通信装备操作使用便利性评估模型。指控通信装备操作使用便利性通过调查问卷的方式进行数据采集，主要采集指控软件界面布局合理性、指控软件内容显示清晰性、指控软件消息提示明确性、指控软件信息查询便利性、指控软件系统反应快捷度、指控软件防误操作效果、指控软件帮助提示完善性、指控硬件振动条件下操作性、指控硬件防误操作效果、指控硬件系统反应快捷度、指控硬件显示器效果、通信硬件振动条件下操作性、通信硬件防误操作效果、通信硬件系统反应快捷度和通信硬件显示器效果的评价值，按照 10 至 1 分进行评价，10 分为最好，1 分为最差，其评估模型构建如下：

$$P_{bj} = \left(\omega_1 \times \frac{\sum_{i=1}^{8} N_{ri}}{7} + \omega_2 \times \frac{\sum_{j=1}^{3} N_{yzj}}{4} + \omega_3 \times \frac{\sum_{k=1}^{4} N_{ytk}}{4} \right) \times 100 \qquad (16\text{-}4)$$

式中，P_{bj} 为指控通信装备操作使用便利性评估值；N_{ri} 分别为指控软件界面布局合理性、指控软件内容显示清晰性、指控软件消息提示明确性、指控软件信息查询便利性、指控软件系统反应快捷度、指控软件防误操作效果、指控软件帮助提示完善性及指控硬件振动条件下操作性数据元归一化处理；N_{yzj} 分别为指控硬件防误操作效果、指控硬件系统反应快捷度及指控硬件显

示器效果数据元归一化处理；N_{ytk}分别为通信硬件振动条件下操作性、通信硬件防误操作效果、通信硬件系统反应快捷度和通信硬件显示器效果数据元归一化处理；ω_1为指控软件便捷性权重系数；ω_2为指控硬件便捷性权重系数；ω_3为通信硬件便捷性权重系数。

3）指标聚合评估模型

数字化合成营装备体系作战效能，包括侦察情报、指控通信、机动突击、火力打击、多维防护和综合保障能力，按照层次分析法，数字化合成营装备体系作战效能评估按照各下级指标的评估值做加权平均的方法进行计算，其评估模型构建如下：

$$P_{xn} = \sum_{i=0}^{6} \omega_i \times P_i \qquad (16\text{-}5)$$

其中，P_{xn}为数字化合成营装备体系作战效能；P_1为侦察情报能力评估值，ω_1为侦察情报能力权重系数；P_2为指控通信能力评估值，ω_2为指控通信能力权重系数；P_3为机动突击能力评估值，ω_3为机动突击能力权重系数；P_4为火力打击能力评估值，ω_4为火力打击能力权重系数；P_5为多维防护能力评估值，ω_5为多维防护能力权重系数；P_6为综合保障能力评估值，ω_6为综合保障能力权重系数。

16.1.5.3　评估计算分析

基于所采集的评估数据，使用已构建的评估模型，针对所构建的指标体系，按照数据元处理、末级指标评估和指标聚合评估的顺序，对数字化合成营装备体系的作战效能和作战适用性进行评估计算，形成评估结论。

1）数据元归一化处理

针对数据元分解中所确定的数据元，依据采集的评估数据，使用数据元归一化处理模型对所有数据元进行归一化处理，这是进行评估的基础。以坦克连打击命中率归一化处理和指控软件防误操作效果归一化处理计算为例，其他计算方法可参照这两种方法处理。

（1）坦克连打击命中率归一化处理计算。

① 基础数据。经采集得到坦克连打击命中率平均值和最大、最小参考值，见表16-16。

表 16-16　坦克连打击命中率归一化处理基础数据

基础数据项目	数　　值
坦克连打击命中率平均值（H）	83.93%
坦克连打击命中率最大参考值（H_{MAX}）	95%
坦克连打击命中率最小参考值（H_{MIN}）	5%

② 处理计算。根据评估基础数据（表 16-16），按照式（16-1）进行坦克连打击命中率归一化处理计算，即

$$N_{mz} = \frac{H - H_{MIN}}{H_{MAX} - H_{MIN}} = \frac{0.8393 - 0.05}{0.95 - 0.05} = 0.87$$

（2）指控软件防误操作效果归一化处理模型。

① 采集数据。通过调查问卷采集得到指控软件防误操作效果评价值见表 16-17。

表 16-17　指控软件防误操作效果调查结果统计

基础数据项目	调查结果										
问卷调查评分	10	9	8	7	6	5	4	3	2	1	分
指控软件界面布局合理性	2	6	38	33	21	0	0	0	0	0	次
调查问卷次数（n）	100										次

② 处理计算。根据基础数据（表 16-17），按照式（16-2）进行指控软件防误操作效果归一化处理计算，即

$$N_{r6} = \frac{\sum_{i=1}^{n} V_i}{10 \times n} = 0.74$$

2）末级指标评估

（1）坦克连火力打击能力评估。

① 基础数据。坦克连火力打击能力评估基础数据见表 16-18。

表 16-18　坦克连火力打击能力评估基础数据

基础数据项目	数　　值
坦克连火力打击命中率归一化处理结果	0.87
坦克连火力打击毁伤率归一化处理结果	0.91

② 评估计算。根据评估基础数据（表 16-18），按照式（16-3）进行坦克连火力打击能力评估计算，即

$$P_{tk} = N_{mz} \times N_{bs} \times 100 = 79.17$$

（2）指控通信装备操作使用便利性评估。

① 基础数据。指控通信装备操作使用便利性评估基础数据见表16-19。

表 16-19　指控通信装备操作使用便利性评估基础数据

评估基础数据项目	数　　值
指控软件界面布局合理性归一化处理结果（N_{r1}）	0.83
指控软件内容显示清晰性归一化处理结果（N_{r2}）	0.79
指控软件消息提示明确性归一化处理结果（N_{r3}）	0.77
指控软件信息查询便利性归一化处理结果（N_{r4}）	0.81
指控软件系统反应快捷度归一化处理结果（N_{r5}）	0.71
指控软件防误操作效果归一化处理结果（N_{r6}）	0.74
指控软件帮助提示完善性归一化处理结果（N_{r7}）	0.88
指控硬件振动条件下操作性归一化处理结果（N_{yzj}）	0.61
指控硬件防误操作效果归一化处理结果（N_{yzj}）	0.83
指控硬件系统反应快捷度归一化处理结果（N_{yzj}）	0.82
指控硬件显示器效果归一化处理结果（N_{yzj}）	0.78
通信硬件振动条件下操作性归一化处理结果（N_{ytk}）	0.69
通信硬件防误操作效果归一化处理结果（N_{ytk}）	0.73
通信硬件系统反应快捷度归一化处理结果（N_{ytk}）	0.76
通信硬件显示器效果归一化处理结果（N_{ytk}）	0.82
指控软件便捷性权重系数（ω_1）	0.42
指控硬件便捷性权重系数（ω_2）	0.31
通信硬件便捷性权重系数（ω_3）	0.27

② 评估计算。根据评估基础数据（表 16-19），按照式（16-4）进行指控通信装备操作使用便利性评估计算，即

$$P_{bj} = \left(\omega_1 \times \frac{\sum_{i=1}^{8} N_{ri}}{7} + \omega_2 \times \frac{\sum_{j=1}^{3} N_{yzj}}{4} + \omega_3 \times \frac{\sum_{k=1}^{4} N_{ytk}}{4} \right) \times 100 = 76.99$$

3）指标聚合评估

在完成指标体系中所有末级指标的评估计算后，使用层次分析法逐级进行指标聚合计算，完成指标体系中所有一级指标的评估，形成侦察情报、指控通信、机动突击、火力打击、多维防护和综合保障能力，以及作战适用性、体系适用性和在役适用性的评估结果。

最后，区分作战效能和综合适用性两方面，在一级指标评估计算的基础上，对数字化合成营装备体系进行综合评估。

（1）作战效能评估。

① 基础数据。作战效能评估基础数据见表 16-20。

表 16-20　作战效能评估基础数据

评估基础数据项目	数　　值
侦察情报能力评估值（P_1）	75.55
指控通信能力评估值（P_2）	77.12
机动突击能力评估值（P_3）	89.81
火力打击能力评估值（P_4）	80.89
多维防护能力评估值（P_5）	61.28
综合保障能力评估值（P_6）	71.19
侦察情报能力权重系数（ω_1）	0.17
指控通信能力权重系数（ω_2）	0.19
机动突击能力权重系数（ω_3）	0.24
火力打击能力权重系数（ω_4）	0.21
多维防护能力权重系数（ω_5）	0.09
综合保障能力权重系数（ω_6）	0.10

② 评估计算。根据评估基础数据（表 16-20），按照式（16-5）进行数字化合成营装备体系作战效能评估计算，即

$$P_{xn} = \sum_{i=0}^{6} \omega_i \times P_i = 78.67$$

（2）综合适用性评估。

① 基础数据。综合适用性评估基础数据见表 16-21。

表 16-21　综合适用性评估基础数据

评估基础数据项目	数　　值
作战适用性评估值（P_7）	78.98
体系适用性评估值（P_8）	62.19
在役适用性评估值（P_9）	70.28
作战适用性权重系数（ω_7）	0.38
体系适用性权重系数（ω_8）	0.35
在役适用性权重系数（ω_9）	0.27

② 评估计算。根据评估基础数据（表 16-21），按照式（16-5）进行数字化合成营装备体系综合适用性评估计算，即

$$P_{sy} = \sum_{i=7}^{9} \omega_i \times P_i = 70.75$$

4）比较分析

基于评估计算结果，从侦察情报能力、指控通信能力、机动突击能力、火力打击能力、多维防护能力、综合保障能力及作战适用性、体系适用性和在役适用性方面，对数字化合成营与传统坦克营和机械化步兵营进行比较，比较结果如图 16-4 所示。通过比较分析可知，数字化合成营相比传统的兵种营，在侦察情报能力、指控通信能力、机动突击能力和综合保障能力方面有较大进步。

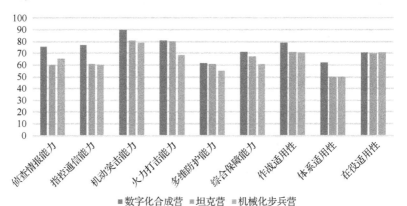

图 16-4　装备体系评估比较

16.2　装备在役考核示例

本节简要介绍某合成旅装备一体化联合检验。一体化联合检验是装备作战试验与在役考核的高级形式，检验对象是部队成体系装备，检验背景为一体化联合作战，组织实施结合部队演训活动或专项活动，重点检验成建制部队装备体系的作战效能、作战适用性、体系适用性及在役适用性。

16.2.1　指标设计

围绕一体化联合作战合成旅装备体系的功能特点与作战运用需求，按照"一能三性"构建评估指标体系，"一能"指战场感知、指挥控制、机动突击、信火打击、多维防护、综合保障能力，"三性"包括装备作战适用性、体系适用性和在役适用性。

（1）效能评估指标体系。以指挥控制能力指标体系为例，它主要由系统构建能、辅助决策能、任务规划能、精确控制能和自主协同能 5 个一级指标构成，见表 16-22。

表 16-22　指挥控制能力评估指标体系

一 级 指 标	二 级 指 标	三 级 指 标
系统构建能力	预案制作能力	基础环境准备时效性
		编成编组制作时效性
		网络规划制作时效性
	系统开通能力	预案数据分发时效性
		参数加注时效性
		开通调试时效性
	系统撤收能力	通信装备撤收时效性
		指控装备撤收时效性
	系统重组能力	关键节点瘫痪后的重组时效性
		编成编组调整后的重组时效性
辅助决策能力	情况研判能力	敌情研判时效性
		我情研判时效性
		战场环境研判时效性
		概要情况判断结论自动生成能力

续表

一级指标	二级指标	三级指标
辅助决策能力	战术计算能力	通用计算能力
		联合作战计算能力
		专业计算能力
	方案生成能力	方案拟制能力
		方案优选能力
	异地同步决策能力	研讨建立时效性
		研讨支撑能力
		研讨实时性
任务规划能力	计划辅助生成能力	方案到计划的映射能力
		计划冲突检测能力
		计划综合表现能力
	计划并行拟制能力	指挥要素并行拟制能力
		联合计划拟制能力
	任务计划分发能力	分发可靠性
		分发时效性
精确控制能力	战场态势更新能力	战场态势更新速度
		战场态势更新精度
	控制信息流转能力	指挥所内部之间数据指挥能力
		对下级指挥所数据指挥能力
		越级数据指挥能力
		对上级指挥响应能力
	任务监控能力	定位导航能力
		行动监控能力
	人装物弹信息掌控能力	战果战损统计能力
		在储在运物资信息掌控能力
自主协同能力	目标引导协同能力	侦察分队引导地面火力能力
		侦察分队引导陆航能力
		侦察分队引导空军能力
	火力支援协同能力	炮兵与陆航协同能力
		炮兵与地面突击力量协同能力
		炮兵与航空协同能力
		防空与陆航协同能力
		防空与空军协同能力

一 级 指 标	二 级 指 标	三 级 指 标
自主协同能力	兵力突击协同能力	战斗单车之间协同能力
		指挥车与指挥车协同能力
		步兵与坦克协同能力
	勤务支援协同能力	作战群队与工程保障分队协同能力
		作战群队与防化保障分队协同能力
		作战群队与后勤保障分队协同能力
		作战群队与装备保障分队协同能力

（2）作战适用性评估指标体系。作战适用性评估指标体系由作战环境适应性、作战使用适应性和作战保障适应性 3 个一级指标构成，见表 16-23。

表 16-23　作战适用性考核指标体系

一 级 指 标	二 级 指 标	三 级 指 标
作战环境适用性	战场自然环境适用性	地形环境适用性
		昼夜条件适用性
		气象条件适用性
	复杂电磁环境适用性	短波电台适用性
		超短波电台适用性
		高速数据电台适用性
		卫星系统适用性
		雷达设备适用性
		定位导航设备适用性
作战使用适用性	作战使用安全性	安全标识合理性
		操作使用安全性
		保养修理安全性
	人机适用性	操作使用便利性
		舒适性
作战保障适用性	维修保养适用性	维修适用性
		保养适用性
	弹药保障适用性	弹药储存适用性
		弹药运输适用性
		弹药装填适用性

续表

一 级 指 标	二 级 指 标	三 级 指 标
作战保障适用性	资源保障适用性	备品备件齐备性
		设备设施适用性
		技术资料齐备性
		训练保障适用性
	铁路输送适用性	装卸载适用性
		紧急卸载适用性
		加固适用性
		体积适用性
		载荷适用性

（3）体系适用性评估指标体系。体系适用性评估指标体系由体系融合度和体系贡献率 2 个一级指标构成，见表 16-24。

表 16-24　体系适用性考核指标体系

一 级 指 标	二 级 指 标	三 级 指 标
体系融合度	体系接入度	与上级组网能力
		与陆航组网能力
		与空军组网能力
		与战支组网能力
	信息融合度	与上级信息兼容性
		与陆航信息兼容性
		与空军信息兼容性
		与战支信息兼容性
体系贡献率	侦察情报信息贡献率	敌情目标发现贡献率
		敌情目标识别贡献率
	火力贡献率	突击火力贡献率
		压制火力贡献率
	防空贡献率	空中目标预警率
		防空打击成功率
	信息对抗贡献率	干扰效能
		防护效能

（4）在役适用性评估指标体系。在役适用性评估指标体系由质量稳定性、部队适编性、装备适配性 3 个一级指标构成，见表 16-25。

表 16-25　在役适用性考核指标体系

一 级 指 标	二 级 指 标	三 级 指 标
质量稳定性	质量水平差异性	通用质量特性差异率
		专用质量特性差异率
	质量水平变化率	通用质量特性变化率
		专用质量特性变化率
	故障发生率	装备故障发生率
	严重危害问题发生率	装备严重危害问题发生率
装备适编性	任务适编性	作战方向适用性
		作战地域适用性
	数量适编性	装备数量满足度
	人员适编性	人员数量适用性
		专业岗位适用性
		技术等级适用性
装备适配性	机动同步性	自行机动同步性
		运输机动同步性
	火力协同性	火力范围协同性
		打击目标协同性
		毁伤能力协同性
	信息通联性	与上级信息通联性
		与友邻信息通联性
		与下级信息通联性
	战保协调性	作战与抢救抢修协调性
		作战与弹药输送协调性
		作战与油料供应协调性
		作战与信息安全协调性
	资源保障通用性	油料保障通用性
		抢救抢修通用性

16.2.2　想定设计

试验装备体系和试验环境是想定设计中的主体和重要内容。想定总体设计需要围绕列装部队主要作战方向和作战任务，构思面向关键问题的战场环境、装备运用方式和对抗形式，确定作战试验想定的总体作战企图、对抗双方作战体系、作战样式及其主要作战行动。

根据作战效能和部队适编性评估需求，确定红方部队和蓝方部队的兵力编成和装备编配。

按照"要素齐全、典型编成"的原则，参加装备一体化联合检验的红方兵力为陆军某合成旅加强部分电子对抗力量、陆航，同时得到空军航空兵、战略支援部队的信息支援力量支援。

按照部队使命任务和基本作战原则，蓝方兵力为某合成旅 1 个合成营，约 600 人。

以"合成旅××立体夺控要点要域行动"为演练课题，以某基地为演练模拟战场环境，设计基本想定。

16.2.3　科目设计

为了完成试验内容，获取指标体系数据，需要在试验想定背景下进行试验科目设计，同时设计检验内容。以合成旅岛上立体夺控要点要域行动实兵对抗检验性演习为例，按照岛上作战全过程，区分作战筹划、战斗实施 2 个阶段组织实施，设计先期侦察、作战筹划、开进展开与信火打击、立体突破、夺要抗反及攻防转换与阻敌增援等演练科目，依据"一能三性"指标体系同步设计检验内容。

16.2.3.1　先期侦察

1）部队行动设计

（1）展开侦察配系。具体包括：

① 根据上级敌情通报和补充指示，拟制下发侦察计划，构建侦察体系，完成侦察筹划。

② 各兵种专业侦察力量完成战斗筹划。

③ 各侦察队组展开部署，做好先期侦察准备。

（2）多维立体监侦。具体包括：

① 空中协同侦察。空中侦察队使用无人机对敌防御阵地实施全域普查。

② 机动抵近侦察。抵近侦察队使用光电、雷达系统，对敌前沿装甲目标、火力点及工事障碍实施侦察甄别；机动侦察队利用夜暗等不良天候掩护，隐蔽穿插至敌浅近纵深，使用单兵雷达、战场电视及传感系统等侦察装备，对敌主阵地部署调整和重要目标实施补充侦察。

③ 敌后渗透监视。敌后侦察队隐蔽渗入敌纵深要点，综合运用手持侦察仪、雷达及电视等手段，监视敌纵深炮防阵地、指挥所和反击兵力等重点目标，伺机引导空航、察打一体无人机对要害节点目标实施精确打击。

④ 多源兵种侦察。合成战斗群侦察组对机动沿途道路及敌警戒兵力实施侦察；工兵侦察组、防化侦察组分别对开进展开地域工事障碍、核生化环境实施重点侦察、勘测预警，侦察情况上报相应兵种指挥席位，融合汇总至侦察情报组。

2）检验内容

重点检验内容：数字化旅空中、地面侦察力量区域覆盖、全时监视和远程通联能力；无人机按区域、频点组织全域普查与重点详查的任务分配和情报规则；地面多源侦察能力；旅侦察情报体系内聚外联的能力及情报印证、去重、融合、处理和分发的规则流程；数字化旅指挥信息系统组网能力和信息通联能力；侦察装备的作战适用性、体系适用性和在役适用性。

16.2.3.2 作战筹划

1）部队行动设计

（1）侦察情报融合。侦察情报组实时接收上级、友邻、空航、陆航、战支及本级专业侦察、兵种侦察情报结果，分 3 级处理各侦察终端获取的情报信息，实施情报印证、融合、处理，生成情报产品，依照分发规则按需推送至指挥所各要素及各群队。

（2）快速指挥决策。具体包括：

① 指挥所各组依托系统精细分析战场环境、精确计算作战能力，快速生成并动态更新情况判断结论。

② 指挥决策组汇总战场综合态势并提出决心建议，快速调整战斗决心，组织各席位同步调整方案计划、协同标绘各类要图，形成决策成果，并按多种方式下达至各群队。

（3）快速指挥控制。具体包括：

① 根据推送的情报产品和战斗决心，综合火力组调整联合火力打击计

划，形成作业成果并下发；

② 电子对抗席拟制电子进攻目标清单、电子对抗方案和电子对抗计划（指示）。

③ 后方指挥所组织弹、救、供、运、修等保障行动补充筹划，调整下发保障方案计划。

④ 信息保障组调整网络规划，组织预案开通和通联测试。

⑤ 各群队指挥所根据基本指挥所下发的指令和文书，完成补充筹划，调整作战决心。

2）检验内容

重点检验内容：旅指挥信息系统融入体系、组网通联和信息保障能力；基于信息系统的异地同步决策、数据调阅查询、辅助计算分析、协同拟制计划及精确调控行动能力；防光电、雷达侦察能力；指控通信装备体系的作战适用性、体系适用性和在役适用性。

16.2.3.3　开进展开与信火打击

1）部队行动设计

（1）信火一体打击。具体包括：

① 占领阵地射击，对新发现敌便携式防空导弹阵地射击。

② 空中火力突击队根据指令，对新发现远程火炮阵地实施空中火力突击。

③ 电子对抗队展开对敌前沿、浅近纵深内的营连指挥网、火力协同网实施干扰，破坏敌通信链路，使敌指挥体系瘫痪，降低敌防御能力。

④ 炮兵群分别对敌迫击炮阵地、一线连指挥所、侦察预警设施、电子战系统、敌防空阵地、直升机起降场及纵深后装保障设施等目标实施分火监视射击。

⑤ 陆航火力突击队武装直升机在敌后侦察队引导下，对发现的敌营指挥所实施空中火力突击。

⑥ 陆航引导炮兵打击。武装直升机实时评估打击效果并引导地面火力实施补充打击。

（2）先期驱警战斗。具体包括：

① 合成战斗群进行先期驱警，在侦察分队引导下，负责清除沿途警戒兵力和障碍。

② 火力协同拔点。合成战斗群在侦察分队引导下，对敌警戒阵地和战

斗前哨阵地行压制射击。

（3）立体快速机动。具体包括：

① 各群队按基本指挥所下发导航路线，规划行军路径，设置行军时间，并利用系统下达机动命令，组织快速接敌。

② 基本指挥所的指挥决策组基于系统任务规划和行动监控构件，对照实时共享态势，调控兵力、火力、保障行动。

（4）直瞄拔点掩护。具体包括：

① 各夺控群火力队根据群指挥所推送的不同类型目标，采取快速变换弹种的方式，向敌浅近纵深转移火力，支援掩护破障行动。

② 左、右翼夺控群突击车、步兵战车交替掩护，快速占领射击阵位，以精确火力压制前沿之敌。

③ 步兵战车搭载步兵班组利用炮兵和突击火力掩护效果，打击敌装甲目标和机枪火力点。

（5）多法开辟通路。具体包括：

① 防化保障队集束火箭发射车对敌前沿实施烟幕遮障，支援掩护合成战斗群开辟通路。

② 工程保障组综合扫雷车使用火箭爆破器，采取火力打、机械扫、人工爆等方式，人机结合扫雷破障，开辟突击通道。

2）检验内容

重点检验内容：情报分级处理、分类分发规则流程；各级基于网络的任务规划、精准控制、自主协同、信息支援能力；旅与上级、友邻、军兵种部队及内部指挥协同链路；信息攻击筹划、电子侦察和信息压制能力；炮兵群侦控打评链路和快打快撤能力；侦察-陆航协同链路，侦察引导炮兵打击的手段；陆航评估火力毁伤、引导炮兵补充打击协同手段；时敏目标发现即打击的火力快速反应能力；步兵、突击分队、炮兵分队基于任务的自主协同；一体化作战背景下新型数字化旅整建制多路战场机动能力；遭敌核生化袭击时的洗消能力；动中综合保障能力；作战群队与工程保障分队协同能力；合成旅装备体系的作战适用性、体系适用性及在役适用性。

16.2.3.4　立体突破

1）部队行动设计

（1）联合火力掩护。具体包括：

① 炮火掩护。炮兵群逐次向敌纵深转移火力，摧毁残存或压制新发现的敌装甲目标和火力点，压制纵深内敌炮兵，以不间断的火力掩护左、右翼夺控群攻歼前沿阵地之敌。

② 空中火力掩护。空中火力突击队对敌纵深内未毁伤和新出现的重要目标实施空中火力突击；陆航火力突击队采取临空待战方式，对敌防御前沿及浅近纵深直接影响左、右翼夺控群行动的装甲目标和火力点实施精确拔点。

（2）前沿冲击突破。基本指挥所指挥合成战斗群展开冲击突破，实时掌控战场态势，具体包括：

① 一线快速破防。动态集中兵力火力突破敌防御前沿，实施连续强击，打开突破口。

② 尽远先敌开火。反装甲队进至××高地附近区域，主动感知战场态势，对敌纵深装甲目标和坚固工事实施尽远拔点。

③ 调整侦察部署。侦察情报组指挥侦察情报队相应侦察队组临机调整监视任务，快速前移侦察阵地。

（3）空地协同拔点。具体包括：

① 抵进侦察组对蓝方浅近纵深重要目标实施战场监视，并评估火力打击效果，视情引导炮兵群火力队实施火力打击。

② 敌后侦察组重点对蓝方纵深防御力量和机动反击力量进行监视，引导炮兵群机动炮队实施远程火力打击。

（4）纵深超越攻击。具体包括：左、右翼夺控群发起越点攻击，实施立体快速超越，实施攻击；反装甲队配合合成战斗群对敌纵深装甲目标实施精确拔点；机降战斗队实施机降，配合实施立体要点夺控；陆航武装直升机实施空中火力突击。

2）检验内容

重点检验内容：夺控群快速展开、协同冲击突破能力；依托系统调控部队行动的精准控制能力；引导打击协同能力、空炮突击协同能力、兵火突击协同能力；地面侦察兵指挥打击能力、炮兵侦察车指挥打击能力、合成营呼唤火力打击能力；克服多种地形限制和工事障碍的能力；合成旅装备体系的作战适用性、体系适用性及在役适用性。

16.2.3.5　夺要抗反

1）部队行动设计

（1）火力延伸护送。具体包括：

① 炮兵群与各夺控群建立直接支援关系，支援掩护穿向纵深突进；对敌纵深弹药所、炮兵预备阵地实施火力打击。

② 空中侦察队无人机对炮兵预备阵地实施立体侦察监视，连续上报目标毁伤情况并校正火力，直接引导实施补充打击。

（2）立体速决控要。具体包括：

① 正面快速突击。攻击群向敌纵深核心要点实施快速连续突贯。

② 机降越点夺控。陆航火力突击队实施火力开辟，然后掩护运输直升机跟随进航。

③ 对纵深残敌实施分向围歼、各个击破，夺占并控制关键节点。

（3）综合协同制反。根据敌反击征候，定下抗反决心，下达抗反指令。具体包括：

① 集火复合打击。炮兵群在无人机引导下，采取全群集火射击的方式，对机动反击之敌集结地域实施多弹种复合打击。

② 空地火力拦阻。合成战斗群对出现的机动反击之敌实施快速火力拦阻，并临机召唤陆航武装直升机对装甲目标实施空地联合突击，支援合成战斗群夺控队纵深夺要。

③ 兵力协同抗击。各夺控队采取正面抗、翼侧打、障碍阻的方式，破坏敌反击行动。

（4）组织抢救抢修。具体包括：

① 伤员前接后送。各战斗群指挥所修改战损情况，指挥卫勤力量前出至战损集中点开展紧急救治。

② 装备抢救清障。技术保障组现场进行装备战损评估，确定维修策略并上报至预备指挥所抢救抢修席，按照"分析决策、路径规划、定位搜寻、抢救清障、返回上报"的流程组织重损装备抢救清障。

2）检验内容

重点检验内容：步兵突击分队与旅属炮兵建立直接支援时的火力反应能力；无人机侦察获取-引导打击-毁伤评估一体的综合能力；合成战斗群与陆航、机降协同手段；基于信息系统的精确指控、精确打击、精确评估、精确

保障能力；合成旅装备体系的作战适用性、体系适用性及在役适用性。

16.2.3.6 转入防御与阻敌增援

1）部队行动设计

（1）立体围歼清剿。具体包括：合成战斗群对残敌进行分割围剿；机降战斗队配合合成战斗群进行清剿；反装甲队对依托工事固守的残敌实施精确拔点。

（2）转入机动防御。具体包括：

① 建立防御部署。各所、群队迅速调整部署，完成攻防转换；各群队占领有利地形，展开防御配系，上报防御态势信息。

② 阻敌机动驰援。各群队按防御部署，扼守要点要域，配合空降突击群卡口控道，阻击跨区驰援之敌。

（3）战力动态重组。根据战力重组命令，统计汇总部队状况，重新调整网络规划，组织全系统联通测试，实现系统重组。

（4）直达综合保障。具体包括：

① 弹药物资补给。各战斗群队汇总上报油料、弹药及器材消耗情况，组织油料、弹药及器材补给。

② 装备拖救后送。

2）检验内容

重点检验内容：基于网络预案的战力动态重组能力；任务转化后，生成防御方案的辅助决策能力；指挥所依托系统精准调控部队部署能力；人员、装备、物资、弹药等信息掌控能力。

16.2.4 数据采集

装备一体化联合检验主要按照"部队行动、试验评估"两条线路组织实施。其中，"部队行动"线路由导演部依据想定和部队行动方案组织；"试验评估"线路由评估组按照试验实施方案组织实施。试验具体实施过程中的主要工作是数据采集，因此数据采集表、数据采集方案的设计是试验实施方案设计的重点。下面，以陆军某合成旅装备一体化联合检验为例，介绍数据采集方法与手段及数据采集表、数据采集方案的设计。

16.2.4.1　数据采集方法与手段

（1）考核基本数据、过程数据和装备基础数据。数据由检验评估人员通过数据采集系统事先录入或使用便携式数据采集终端人工输入。

（2）检验考核条件数据。通过战场环境传感器自动采集录入（温度、湿度、风速等气象数据和复杂电磁环境数据）或检验评估人员使用便携式数据采集终端人工输入的方式进行。

（3）作战能力数据。根据其类型的不同，检验评估人员分别采用嵌入式专用采集设备、便携式数据采集终端人工录入和调查问卷系统等方式进行采集。

① 装备状态及有关性能数据采取装备嵌入式数据采集等方式，在不改变装备和操作的前提下，融合总线采集或传感器采集技术，采集不同装备考核数据信息。

② 指控通信类信息采用指控通信数据采集设备对发送和接收的指控通信数据进行采集。

③ 音频、视频数据采取视频信息采集系统进行采集录制，自动存储。

④ 火力打击等能力的考核数据采取靶标数据自动或人工采集方式，充分利用现有实体靶标和模拟靶标，通过实时感知或试后统计等方式进行数据采集。

⑤ 其他需要人工采集的定性、定量数据，通过便携式数据采集终端或人工记录方式，进行在线或离线的数据采集。

（4）装备适用性数据。根据数据采集要求的不同，分别由检验评估人员使用便携式数据采集终端、人工记录方式进行数据采集，或由装备操作使用人员填报调查问卷进行采集。

16.2.4.2　数据采集表设计

依据指标体系和试验大纲设计数据采集表，内容主要包括：采集表编号、数据采集单位、采集人、数据类别、采集装备、基础数据（采集时间、天候状况、采集地点、装备信息）、专项条件数据、能力或适用性数据及装备故障信息等，其示例见表 16-26。

表 16-26　数据采集表示例

数据类别	□××能力 □××能力 □××能力 □××适用性 □××适用性 …	采集装备	□××装备 □××装备	采集表编号	××—01
				数据采集单位	
				采集人	

基础数据	采集时间 （yy-mm-ddhh:mm）	起：		终：	
	天候状况	□晴□雾□雨□雪□阴□多云			
	采集地点	地名：（X：Y：H：）			
	装备信息	摩托小时_____；行驶里程_____； 列装时间_____；发射总弹数_____。			

专项条件数据					

能力数据	检验阶段	检验内容			数据元	采集数据
		二级指标	三级指标	四级指标	数据项	
	指控系统构建	预案制作能力	基础环境准备能力	地图数据准备时效性	地图数据准备时间	
				装备数据准备时效性	装备数据准备时间	
				席位软件配置时效性	席位软件配置时间	
			编成编组制作能力	编成编组制作时效性	编成编组制作时间	
			网络规划制作能力	网络规划制作时效性	网络规划制作时间	

装备故障信息	故障发生时间	故障发生部位	故障现象

16.2.4.3　数据采集方案设计

数据采集方案主要包括：数据采集人员编组、各数据采集组职责与分工及数据采集计划等。数据采集计划主要包括：检验阶段与部队行动、数据采集内容（指标体系、数据元）、采集位置（装备）、采集方式与手段、采集人员及采集表号等，其示例见表 16-27。

表 16-27　数据采集计划示例

检验阶段与部队行动	数据采集内容		采集位置（装备）	采集方式手段	采集人员	采集表号
	指标体系	数据元				
一、先期侦察与机动展开						
① 作战准备与系统开设	1.1.1 基础环境准备能力	地图数据准备时间 装备数据准备时间 席位软件配置时间				
	1.1.2 编成编组制作能力	编成编组制作时间				
	1.1.3 网络规划制作能力	网络规划制作时间				
	1.2.1 预案数据分发能力	预案数据分发时间				
	1.2.2 参数加注能力	参数加注时间				
	1.2.3.1 指挥所开通调试能力	指挥所开通调试时间 指挥所开通成功率				
	1.2.3.2 各群队开通调试能力	各群队开通调试时间 各群队开通成功率				
	1.2.3.3 指挥所到各群队的链路开通调试能力	指挥所到各群队的链路建立完成时间 指挥所到各群队的链路建立完成成功率				
二、信火打击与前沿突破						
…	…	…	…	…	…	…

16.2.5　评估总结

试验结束后需要编制试验工作总结和试验评估报告。其中，试验工作总结报告由承试部队编制，一般包括以下内容：工作概况、主要做法、数据采集情况、装备问题初步分析与评估及关于装备改进、使用、保障等方面的意见和建议等。试验评估报告由技术总体单位编制，根据采集的数据（实时采集数据、日常数据和历史数据），按照试验大纲要求，结合承试部队试验工作总结报告中的装备问题初步分析与评估结论，开展综合分析评估。其主要内容包括：实施情况概述、评估内容界定、评估指标计算方法、采集数据综

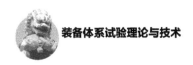

合分析、分析评估结论及相关意见和建议等。下面给出装备一体化联合检验作战效能中的指控能力、作战适用性、体系适用性和在役适用性评估结果。

16.2.5.1　作战效能评估

指控能力评估结果见表 16-28 所示。

表 16-28　指控能力评估结果

评 估 指 标	评估值（P_i）	权重系数（ω_i）	评估结果
系统构建能力（P_1）	69.5	0.2	13.9
辅助决策能力（P_2）	71.6	0.2	14.32
任务规划能力（P_3）	75.3	0.2	15.06
精确控制能力（P_4）	84.5	0.2	16.9
自主协同能力（P_5）	78.6	0.2	15.72
指控分系统能力评估值（P_{ZK}）			75.9

指控能力评估值为 75.9，总体评价为一般。

（1）系统构建能力评估值为 69.5，评价为一般。主要原因是预案制作时间、系统开通能力时间较长，造成系统构建效率较低等。

（2）辅助决策能力评估值为 71.6，评价为一般。

（3）任务规划能力评估值为 75.3，评价为一般。

（4）精确控制能力评估值为 84.5，评价为良好。

（5）自主协同能力评估值为 78.6，评价为一般。

16.2.5.2　作战适用性评估

作战适用性评估结果见表 16-29。由表可知，装备作战适用性的评估值为 75.20，总体评价一般。

表 16-29　作战适用性评估结果

评估基础数据项目	评估值（P_{7l}）	权重系数（ω_{7l}）	评估结果
战场环境适用性（P_{71}）	84.98	0.41	34.84
作战使用适用性（P_{72}）	61.88	0.38	23.51
作战保障适用性（P_{73}）	80.22	0.21	16.85
作战适用性（P_7）			75.20

（1）战场环境适用性。该项目的评估值为 84.98，总体评价良好。

（2）作战使用适用性。该项目的评估值为 61.88，总体评价较一般。存在问题分析略。

（3）作战保障适用性。该项目的评估值为 80.22，总体评价良好。

16.2.5.3 体系适用性评估

体系适用性评估结果见表 16-30。由表可知，装备体系适用性的评估值为 60.11，总体评价较一般。

表 16-30 体系适用性评估结果

评估基础数据项目	评估值（P_{8i}）	权重系数（ω_{8i}）	评估结果
体系融合度（P_{81}）	51.18	0.55	28.15
体系贡献率（P_{82}）	71.03	0.45	31.96
体系适用性（P_8）			60.11

（1）体系融合度。该项目的评估值为 51.18，总体评价较差。存在问题分析略。

（2）体系贡献率。该项目的评估值为 71.03，总体评价一般。

16.2.5.4 在役适用性评估

在役适用性评估结果见表 16-31。由此可知，装备在役适用性的评估值为 82.38，总体评价良好。

表 16-31 在役适用性评估结果

评估基础数据项目	评估值（P_{9i}）	权重系数（ω_{9i}）	评估结果
质量稳定性（P_{91}）	79.13	0.38	30.07
部队适编性（P_{92}）	90.89	0.33	29.99
装备适配性（P_{93}）	76.95	0.29	22.32
在役适用性（P_9）			82.38

（1）质量稳定性。该项目的评估值为 79.13，总体评价一般。存在问题分析略。

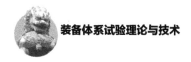

（2）部队适编性。该项目的评估值为 90.89，总体评价优。

（3）装备适配性。该项目的评估值为 76.95，总体评价一般。存在问题分析略。

参考文献

王凯. 合成第××旅一体化联合检验评估报告[R]. 北京：陆军装甲兵学院，2019.